태교시리즈 4

신비로운
출산태교

태교시리즈 4

신비로운 출산태교

임동근 지음

이담 Books

머리말

태교연구 10여 년이 넘어 출산태교를 완성했다. 본격적 태교 5단계론에서 보면 넷째 단계요, 이때 태아는 완성된 인간으로 엄마의 몸에서 떨어져 나가는 단계라 하겠다.

발생, 태생을 거쳐 탄생(출생)이라는 관문을 통과하는 시기. 열 달간 그렇게도 열심히 훌륭한 아기를 만들겠다던 노력이 결실을 맺고 세상에 나오게 되는 시기다. 출산이 얼마나 신비했으면 노인네들은 아기가 배꼽으로 나온다고 했을까를 생각해 볼 만큼 위대하고 장엄한 연출을 하게 된다.

한편 과학이나 의학에서도 출산의 어려움을 덜기 위해 심혈을 기울여 노력했지만 사실상 출산방법은 예나 지금이나 크게 변한 게 없다는 게 옳다. 변한 게 있다면 겨우 메스를 가하는 정도라 하겠는데, 그것은 현대 과학으로 재조명해 볼 때 많은 것이 지적되고 있다.

아무리 옛날방법이라 해도 섭리의 자연분만보다 나을 게 없으며 몇 가지 잘못의 원인이 있다면 우리는 접근하여 깊이 파헤쳐 보지 않을 수 없다. 그래서 없는 자료를 모으고 비교·관찰했으니 내일의 엄마가 될 분들에게는 도움이 될 것이라고 확신한다.

　이제 태교는 괄목할 정도로 발전하여 남녀노소를 막론하고 귀중성, 필요성에 공감하고 있고 강의도 진행되고 있으니 앞으로 우리나라 2세들의 훌륭한 탄생에 기대를 걸어 본다.

　미국에서도 이에 관심을 가져 철학 박사학위까지 수여한 데 대하여 감사드리며 앞으로는 정규교육 과정의 여성학, 유아교육, 가정학, 건강교육, 생활과학에도 커리큘럼이 생길 것에 기대를 건다.

　전환기적 사고가 물질만능에서 정신적 인간 위주로 바뀌는 이때 원천적으로 훌륭한 인간, 영특한 인간을 배출하지 않고는 경쟁에서 살아남지 못한다는 것을 알 때 우리는 다시 한번 태교에 관심을 쏟는다. 백년대계는 태교가 그 시작임을 명심하며……

임동근

목차

머리말 5

 제1장 기다리던 출산에 즈음하여

산훈 13/ 인공분만에 대해서 16/ 출산 방법의 개선 19/ 출산 드라마 22

제2장 각국의 출산모형 비교

출산모형 비교 27/ 일본의 좌산 29/ 소련의 수중분만과 해중출산 31/ 미국의 분만 방법
변화 33/ 프랑스의 라마즈법 35/ 무통분만법 37

제3장 분만 전후

분만의 징후 41/ 자연분만의 진행 44/ 분만의 종류 48/ 분만이상과 교정 50/ 비만아 분만
의 경우 52/ 마른 아이 분만의 경우 54/ 출산 시 남편의 협조 56/ 출산의 고통을 지혜롭게
58/ 분만 촉진제 남용은 금물 61/ 출산 시의 태아(신생아)는 초능력 63/ 출산 직후의 포옹
이 평생 간다 66/ 시대의 흐름에 따른 분만사례 비교 68

제4장 산후 조리와 정상적 신생아

산후 조리 77/ 산후의 이상증상 79/ 산후의 성생활 80/ 산후의 신체적 변화 81/ 모유를
잘 나오게 하는 방법 83/ 젖분비는 자극으로 85/ 모유 수유 시 주의사항 86/ 유방의 여러
가지 증상 87/ 배내똥과 모유 90/ 정상적 신생아 92/ 신생아의 발육과 생리 94

제5장 신생아의 이상질환과 예방

출산 전 산모의 예방진단 103/ 임신 중 당뇨병 105/ 분만 시 주의점과 이상치료 107/ 제왕절개를 했더니 110/ 아기가 거꾸로 114/ 아기 고환 만져보기 116/ 임신부의 비만, 거대아 낳는다 119/ 태아 심장병의 유발원인 122/ 신생아의 질환과 예방법 124/ 신생아의 황달 129/ 선천성 신생아 질환과 모유 131/ 정신박약증 체크 133/ 유아 천식의 원인 135

제6장 생활과학과 첨단소식

출산용품은 내 손으로 139/ 신생아의 울음 142/ 유아의 울음 패턴 145/ 인간의 뇌신비 어디까지 147/ 신생아의 지능은 어떤가 150/ 냄새로 의사소통 154/ 신생아는 먹지 않고도 한 달 산다 156/ 모유가 좋아요 158/ 모유수유 거부 이유 161/ 모유를 먹이면 날씬해진다 164/ 모유수유가 어려운 분 165/ 모유수유로 고른 이빨을 166/ 모유 관련 용품 168/ 항생제나 인삼 먹은 엄마의 젖 170/ 모유를 팩으로 보관 175/ 생우유와 빈혈 177/ 아기를 왼팔로 안는다 179/ 웃음은 영양식보다 좋다 181/ 불포화지방산(DHA) - 뇌기능 향상 183/ 녹차에 항암·항AIDS 효과 185/ 전자레인지-식중독의 원인 187/ 유산균 효과 발표회 188/ 생체조절 식품 190/ 콩단백질의 효능 192/ 확인된 간장의 효과 195/ 마늘도 좋은 것이다 198/ 흔히 있는 부인병 201/ 임부의 소변이 암 예방약 203/ 소변을 마신다 1 205/ 소변을 마신다 2 207/ SIDS 위험(유아돌연사 증후군) 210/ 동물에 주입된 성장 호르몬제 212/ 고층빌딩 증후군 214/ 고층아파트 비정상 분만 확률 216/ 운동의학 전문센터 218/ 이것도 운동이다 220/ 또 하나의 운동방법: 기공(氣功) 223/ 집에서 하는 태아의 건강 체크 225

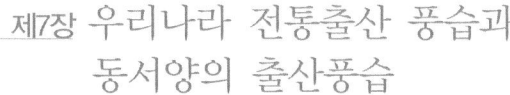

제7장 우리나라 전통출산 풍습과 동서양의 출산풍습

1. 전통출산과 그 풍습

기원(祈願) 229/ 전통순산법(안산) 230/ 출산 관련 풍습들 231/ 전통출산 233/ 그 미투리 내다 버리세요 234/ 억척 며느리의 출산 235/ 탯줄 끊기와 해독방법 237/ 배꼽은 어떻게 239/ 전통 산후 조리 240/ 주위 환경 241/ 삼칠일(세이레) 243/ 조선시대의 부덕 245

2. 동서양의 출산풍습

입산(立産): 서서 낳는다 248/ 우리나라의 출산풍습 250/ 중국의 출산 풍습 253/ 인도의 출산풍습 254/ 유럽의 피레네족 255

3. 민간요법

소금의 효용 256/ 밀가루와 생강즙 256/ 송이버섯-기형아 예방 257/ 쑥의 효과 258/ 호박 259/ 월경불순 침으로도 해결 259

제8장 출산과 관련된 민속과 생활

한국의 색깔 265/ 샤머니즘 1 267/ 샤머니즘 2(심령학) 270/ 택일출산의 허와 실 274/ 미국의 심령과학 어디까지 277/ 그 외국여성은 갠가 283/ 신 추석선물 구입 방법 285/ 완벽한 남편과 불완전한 남편 288/ 혼수목록에 태교책 하나 290/ 왜 한 달도 안 된 아기를 데리고 다니나 294/ 물에 대하여 1 296/ 물에 대하여 2 299/ 물에 대하여 3 301/ 우리는 식도락 민족 303/ 건강식품과 건강 식생활 1 305/ 건강식품과 건강식생활 2 309/ 김치를 맛있게 311/ 여성의 역할 314/ 난자의 생리(받으려는 생리) 316/ 물질 위주 탈피, 가정행복 위주로 320/ 지식개혁이 미래를 좌우 324/ 맹모삼천지교의 현대적 의미 328/ 1억 5천만 년의 신비를 간직한 신생아 331/ 영재교육 333/ 0세의 이브카 씨의 의견 336/ 옛 일본왕은 백제의 제후였다 347/ 채홍(採紅)의 역사를 되새김－치욕의 역사 351/ 거품경제와 대공황의 교훈 356/ 며느리의 말씨 360/ 새로운 모형 창출 363/ 정도를 헤아리자 366/ 우리의 자각 372

제9장 자료편: 부모은중경

부모은중경(父母恩重經) 379

제1장

기다리던 출산에
즈음하여

산훈은 문자 그대로 올바른 출산, 무사한 출산을 유도하기 위한 넷째 단계의 태교라 하겠다.

인류는 오랫동안 어려운 출산을 탈 없이 잘해 왔다. 그것은 자연의 순리를 따르는 일이었으며 일정한 진통과 산도를 통한 생명 탄생의 드라마였다.

그러나 요즘은 편한 방법, 아프지 않은 방법을 선호한다며 선진국의 의학적 방법에 의존하는 경우가 종종 있다. 하지만 선진국에서도 문제가 제기되고 있는 불완전한 과학이나 의술이 낳은 바람직하지 못한 결과에 접하게 될 때 이제부터라도 올바른 출산에 대한 인식은 재고되어야 한다고 본다. 더욱이 고도의 정보사회로 가는 길목에서 바삐 움직이지 않으면 안 되는 산모들의 소홀한 산후 조리는 두고두고 부인병의 원인이 되고 게다가 심할 경우에는 이상현상에까지 영향을 미치는 상황도 배제할 수 없어 출산에 직면한 분은 산훈(産訓)에 대한 올바른 이해가 뒷받침되어야 할 것 같다.

그러나 여기에서 산훈이 어떤 특별한 방법의 제시라고는 말할 수 없다. 하지만 인류가 오랫동안 실시해 왔던 산훈의 이면에 숨은 뜻을 발견함으로써 잘못 유행되었거나 오도된 지식을 바로잡아 불행을 예방하자는 데 이 책의 목적이 있다.

돌이켜보면 이제 우리는 서구문화, 선진문화의 도입으로 합리적이고 과학적인 생활방식에 더 익숙해 있다. 그러나 그들 중 좋지 않은 점, 우리와는 맞지 않는 점들도 분명히 있다. 여기서는 그 잘못된 바를 새 과학으로 재조명하여, 바로잡아야겠다고 생각되는 점들을 분석하는 가운데 더 좋은 방법의 발견이나 지혜를 터득하게 하고자 한다. 그럼으로써 출산을 앞둔 임신부 여러분의 판단에 보탬이 되었으면 한다.

kepler의 법칙 1, 2, 3을 발표한 근대 역학(力學)의 선구자(독일의 천문학자) kepler가 도서관에서 우연히 4~5천 년 전의 책을 접했다가 "자기가 창출했다고 여겨왔던 천체 이론이 이미 그 책에 쓰여 있는 것을 보고 놀랐다"는 이야기가 있다. 그러고 보면 예전의 것이라고 모두 비과학적이요, 미신적이라 할 수는 없다.

오히려 그것들을 현대 과학과 비교·관찰함으로써 지혜가 창출될 수 있다면 그것을 밝혀 보자는 마음과 실험대상이 되었던 여러 결과에서 출산을 앞둔 임신부 여러분의 판단에 보탬이 되었으면 하는 마음으로, 네 번째의 산훈을 낸다.

오묘하고 신비로운 출산의 드라마를 책으로 엮다 보니 그것이 꼭 의학적인 의미를 지니는 것보다는 오히려 다양한 사례 속에서 자신들에게 필요한 방법을 찾을 수 있도록 하는 것도 의미 있는 일이라 여겨진다.

한 세대가 지나면 다른 세대가 그 자리를 메우듯 우리의 맥을 잇는 생명이 대지를 향한 포효를 준비하는 이때 과연 임신부들은 출산의 준비가 다 되었는지를 묻고 출산이 과연 그렇게 어렵고 힘든 일인지 의심도 해본다. 그리고 그것은 신의 섭리니까 당연히 해낼 수 있을 것이라고 자신감도 갖게 하고 싶다.

어려움을 생각하면 쉬운 방법을 찾게 되지만 우리 아기가 영특하고 건강하게 자라 두고두고 행복할 것을 생각하면 섣불리 수술을 하거나 약을 복용하게 되지는 않을 것이라고 생각하며 이 책을 통해 여러분들에게 지혜를 터득할 수 있는 기회를 주고자 할 뿐이다.

과학과 의학은 계속 발전하지만 인간의 생명이 싹터 열 달의 태중 생활을 해야 하는 것, 진통 없이는 분만할 수 없다는 것은 자연의 이치이자 변하지 않는 천리(天理)임을 잊지 말도록 하자.

전문가들의 연구는 끊임없이 진행되고, 많은 사례의 연구발표도 계속된다. 무통 분만을 위하여 출산방법을 서둘러 정할 필요는 없다. 여러 방법의 장단점을 알아보고 난 후 결정해도 늦지 않을 것이다. 이제부터 마음 굳히고 좋은 방법, 이상 없는 방법을 찾는 데 힘을 쏟자.

인공분만에 대해서

　현대의술은 출산 때 왜 자꾸 메스를 가할까? 왜 마취를 할까? 물론 그렇지 않으면 위험할 수도 있으니 안전한 분만을 위해 한다고 하나 제왕절개는 나쁘다는 일본의 의학실험도 발표되니 문제가 된다.

　이미 선진국에서는 메스를 가하는 확률이 줄어들어 우리나라의 10분의 1도 안 된다는 의학 보고가 있으며, 자궁 속에 있는 태아의 입장에서 보면 수술은 태아가 진정으로 바라는 바가 아니라 비명을 지르며 도망하려는 행동을 보였다는 보고가 있다. 이를 접할 때 우리는 지난 일을 돌이켜보지 않을 수 없다(1권 『미혼태교』 2권 『신혼태교』에 자세히 설명되어 있음).

　임신부들은 자기의 분신인 아기를 위해서 예나 지금이나 변함없이 열 달을 열심히 노력해 왔다. 행여 잘못되지나 않을까? 태아가 싫어하지나 않을까? 나쁜 영향이라도 미치지 않을까? 열심히 태교를 실천하면서 긴 세월을 보내왔다. 그런데 우리는 왜 탄생의 기쁨을 안겨 줄 최후의 그 순간에 태아를 놀라게 하고 비명을 지르며 도망가게 해야 하는 걸까? 마이크로 카메라에 찍힌 인공분만 시의 태아의 표정을 본 여성들이라면 제왕절개를 대수롭지 않게 결정하지는 못할 것이다.

혹 골반에 이상이 있거나 태아의 위치가 제대로 안 되어 있는 경우, 또는 아기가 너무 커서 자연분만에 무리가 있는 경우 등은 몰라도 수천, 수만 년을 시행해 왔던 자연의 섭리를 단지 진통의 어려움을 피하겠다는 의미 하나만으로 새로운 고통을 만든대서야 어디 될 법이나 한 일인가? 태교를 잘한 산모들은 아기가 제자리에 오게, 또 너무 크지 않게도 할 수 있다.

요즘은 '나실 때 괴로움 다 잊으시고' 하는 '어머니의 은혜'라는 노래가 무색할 지경이다. 많은 임산부들이 절개를 하고 있다니, 그것은 귀여운 아기의 탄생은 바라지도 않는 처사라고 할 수 있다.

우리는 이제부터 왜 그런 일을 미연에 방지하지 못했나 하는 점과 어떻게 하면 방지할 수 있을까 하는 데 대하여 한 가지씩 풀어 보고자 한다.

그런 일은 인간이 동물만도 못한 일을 하는 것일 수도 있으며 자기가 해내야 할 일을 무조건 남에게 의탁하려는 어리석음이라 해도 잘못됨이 없을 것이다.

의학은 잘못된 일, 잘못될 가능성이 있는 경우에는 의지할 수밖에 없는 것일 수는 있지만 아무 이상이 없는 임산부에게까지 적용해도 될 절대 완전한 것이라고는 할 수 없다. 그러므로 정확히 알고 부득이한 경우에만 이용하는 지혜를 터득해야겠다.

최소한 발생, 태생, 탄생에 있어서 원칙적인 것, 기본적인 것, 깊은 의미가 있는 것 등을 함부로 손을 대서는 안 되는 것으로 금기 내지는 터부시해 왔던 것을 상기한다.

그럼에도 불구하고 그것이 발달한 의학적 방법이 아니겠느냐는 막연한 생각으로 편하다니까, 아프다니까 해보려는 요행심, 유행이나 따르려는 문맹인 같은 행위는 재고되어야 할 일로 생각한다.

옳은 방법을 알아보고 찾아 보려고는 하지 않고 함부로 되는 대로 한다면 열 달 동안 그렇게 열심히 애쓴 보람이 사라질 수도 있고 또 훌륭한 예비부모의 행위라 할 수도 없으니, 내 아기의 무사한 출산을 위해 자신부터 선진된 사고와 행동을 위해 노력해야겠다.

인간은 태어날 때 벌써 운로가 결정된다는 설이 있다. 그래서 어떤 사람은 사주로 택일 출산을 하는 경우도 있지만 이것도 부질없는 욕심의 산물이며 보다 좋은 방법은 순리에 적응하는 일이라 하겠다. 신은 필요 없는 산도를 만들지 않았으며 불필요한 진통을 겪게도 하지 않으셨다.

그런데 그 이유도 모르며 쉬운 방법을 찾다가는 더 큰 어려움에 빠질 요소도 발견되고 있으니 우리는 선진 문화인답게 차근차근 짚고 넘게 되기를 빈다. 그것이 억지를 쓰라는 의미는 아니며 순리의 노력을 하라는 뜻으로, 그래서 이 책을 읽는 우리만이라도 제대로 하려는 사람이 되어야겠다.

그러면 후에 그것이 얼마나 값진 것이었나를 알게 될 것이다. 그것은 현대에 와서도 미신적이거나 원시적인 방법이라 할 수 없는 이유이며 개선된 전통적 방법은 선택적으로 우리가 취할 좋은 방법이 될 수 있기 때문이다.

출산 방법의 개선

그간에는 이런 문제를 다루는 학문이 따로 없었다. 그리고 옳게 가르쳐 주는 기관도, 과정도 없었다. 그래서 때가 되면 으레 남이 하는 대로 따라가기만 하면 되는 것으로 여겼기에 문화국민으로서의 품위나 자부심이 마련되지 못했다.

그래서 이제부터는 무조건 따라가거나 하는 행동에서 벗어나기 위해서도 잘할 수 있는 방법에 눈을 떠야 한다.

출생은 바로 아기 인생의 시작인데 이 시작이 잘못되면 어떻게 할까 하는 점과 불완전한 출산은 재고되어야 할 점이 있는 중대사라 여겨진다면 본 태교는 이런 지혜에 접근하는 길이 될 것이다.

신은 왜 우리에게 산도라는 걸 만드셨을까? 분명히 목적이 있을 것이다. 그것을 우리가 이유 없이 무용지물로 만든다면 그것은 마치 눈이 나쁘지도 않은데 인공 안구를 해 넣는 일, 심장이 나쁘지도 않은데 인공 심장을 해 넣는 일과 같고 또 다리를 다치지도 않았는데 의족을 하는 것과 다를 것이 없다.

순리란 좋은 것, 아름다운 것, 영원한 것이며 무엇과도 바꿀 수 없는 것이기에 지키자는 것이지 나쁘다면 순리라 할 수 없다. 순리를 지키면 만사가 형통하고 보다 좋은 길이 열리고 오히려 편한 것이기에 지키자는 것이니 어쩔 수 없는 경우를 빼고는 순리를 지키는 것이 열 번 더 잘하는 방법이라 하겠다.

순리를 활용하는 사람은 머리 좋고 질병에도 강하며 자라는 데도 큰 어려움이 없는 아기를 낳지만 역리나 편리의 다른 방법을 쓴 사람들은 키울 때도 뜻하지 않게 힘든 일을 겪는 것을 본다.

그것은 간단히 말해 아기가 포악해진 경우나 모유를 수유하지 못한다든가 하는 경우에 눈곱이 자주 낄 때 코가 마를 때도 모유 몇 방울이면 될 것을 꼭 병원에 가거나 약물에 의존하지 않으면 안 된다는 생각 등에서도 쉽게 볼 수 있다. 즉, 어떤 아기는 눈동자의 초점이 한 곳에 모이는 일이 없나(사시), 성격이 이상하여 소리를 지르는 일, 라텍스 우유 꼭지를 빨아서인지 말을 잘 못한다는 의심도 갖게 하는 등 그 외 여러 가지 병적 미숙현상 등이 엄마를 괴롭힌다.

시대가 어떻든 남이 어떻게 하든 아는 길로 바로 가기 위해 많은 것을 제공하고자 한다. 최소한 그래야 선진 문화인으로서 부끄럼이 없이 출산하고 육아하지 남이 했다고 불확실한 방법을 쫓다가는 자신도 모르는 사이에 어디로 가고 있는지 의아해하는 경우가 있으므로 주의를 환기시키며 앞으로는 복을 잃는 사람이 되지 않게 하기 위해서도 여성들에게 맡겨진 중요한 몫인 출산에 대해서 신중을 기하기를 바란다.

자연은 위대하다. 그러나 인간은 자연을 극복하고 사는 방법을 터득해 왔고 따라서 생활은 편해지고 있다. 그러나 그렇다고 한 치 앞은 볼지라도 열 치 앞을 내다보지 못하는 인간은 급기야 성층권의 오존층을 파괴하고, 산성비를 내리게 하고, 또 여러 가지 오염을 일으키고 있는 현상을 보듯 인간이 자연을 거스르는 상황까지 전개하고 있다는 것을 생각할 때 우리는 우리가 알아야 할 기본적인 일에 대해 주저하지 말아야 할 것이다.

아기는 결코 일회용이 아니기 때문이다.

출산 드라마

진통이 10분대로 잦아지고 산기가 있자 임산부는 분만대로 간다.
얼마 있다가 "아이쿠, 아랫배가 쥐어뜯는 것 같아요" 소리친다.

그랬다가 다시 사르르 아프기도 하고 몇 번씩 반복되어 오는 통증.
몸이 붓는 것 같기도 하다.

"왜 이렇게 아프죠?"

너무 힘이 든다. 세상이 끝날 것만 같은 심정이다.

조금 있다가 또 "아유, 죽을 것만 같아요."

그러자 옆에서는 "조금 참아라", "신이 그렇게 그냥 놔두지는 않으
실 테니까", "여자는 다 그런 걸 겪는 거란다" 하는 어머님의 말씀도
들린다.

"다시 힘을 주어 봐."

"머리가 나오려면 힘을 주어야 해."

그러나 "힘이 없어, 힘을 줄 수가 없어요."

얼마 후 조산원이 "조금 쉬세요! 쉬었다 아기 머리가 보일 때 힘을

몰아쉬면 쉬워질 거예요."

그러자 "아이구" 하는 소리가 난다. 조금 있다가 "아, 또 진통이에요. 음-."

그러자 아기가 요동을 친다.

"조금 더, 조금 더."

옆에서 조산원이 돕는다. 이때 초능력의 태아도 엄마를 돕는가 보다. 머리가 보이기 시작한다.

"음, 아이쿠" 하다가 다시 한번 힘을 주는데 아기가 쑥 나온다. 시원하면서도 허전한 느낌, "으앙" 하는 아기 울음소리와 함께 됐구나 하는 안도감이 온다.

이런 것이 신으로부터 정해진 자연분만 과정이다.

신은 왜 이리 어려운 과정을 통해야만 탄생의 기쁨을 맛보게 하셨는지는 몰라도, 이렇기 때문에 모자는 끊으려야 끊을 수 없는 끈끈한 사이로 즐거울 때나 괴로울 때나 생을 같이하며 살게 한 것이 아닌가 하는 생각도 든다.

어디서 데려다 키우는 양부모가 있기로서니 양부모의 정이 생모의 것만 하랴는 어머님들의 지극한 말씀이 있다. 그래서 아기는 정해진 산도로 태어나야 하고 이렇게 태어난 아기가 탈 없는 아기, 건강한 아기, 영특한 아기가 되고 바람직한 육아가 되는 것이다. 태아가 출생의 순간에 공포와 비명을 지르고, 그 좁은 자궁 속에서도 놀라서 도망가려 한 모습을 보였다면 그런 출산을 바람직하다고 볼 수 있겠는가?

제왕절개·흡입분만 등은 뭐가 잘못돼도 많이 잘못된 것이지 정상분만이라고 볼 수 없다. 정상분만, 자연분만으로 되돌아가 자연의 섭

리에 의한 방법으로 분만을 실시하는 것은 무엇보다 중요한 과제라
하겠다.

참으로 좋은 분만을 원하는 분이라면 순리에 의한 분만을 택하자.

제2장

각국의 출산모형 비교

출산모형 비교

각국의 출산방법을 고찰해 보면 참으로 다양하다. 더욱이 출산의 고통을 덜어주기 위한 노력은 대단하다.

여기에서 우리는 과연 좋은 출산방법의 개발을 위해 얼마나 노력하고 있으며 또 그 방법들이 잘 실시되고 있는지 이것들과 비교 관찰하는 기회를 마련한다.

그간 살펴본 방법으로는 소련의 수중분만, 프랑스의 라마즈법, 미국의 액티브바스, 러시아의 정신예방성 무통분만법, 일본의 좌산 등이 순리의 방법을 개량한 자연분만법으로 현대 의학의 제왕절개보다는 합리적인 자연출산 방법이라는 평을 받고 있다.

돌이켜보면 인간은 그동안 서거나, 웅크리거나, 누운 자세로 끈을 붙잡거나, 상체를 약간 일으킨 자세로 출산을 해왔다.

그런데 경험자들에 의하면 실지로는 누운 자세보다 상체를 약간 일으킨 자세가 편하고 자연스럽다고 한다. 17C 이후 서구에서는 침대에 누워서 출산하는 방법이 고안되어 우리도 병원에서 그런 방법을 사용하고는 있지만 실제는 그보다 더 효과적인 방법이 있다는 것이다.

이런 출산법은 우리의 전통문화 속에서 찾아볼 수 있다. 그러나 그것을 잘 발전시키지 못해 현대는 서구의 방법에 무조건 의탁하게 되었는데 앞으로는 문화 국민이 된다는 면에서 참고가 되었으면 한다. 그동안 우리는 너무나 외국의 방법에 의존해 왔다. 그리고 우리의 전통적인 출산 방법에 대한 자료가 부족했던 것도 그 한 이유가 될 것이다.

일본의 좌산

일본에서 연구된 좌산(비스듬히 앉아서 낳는 방법)의 장점은 다음과 같다.

① 힘을 주기 편하다.

② 분만의 시간이 단축된다.

③ 눈높이가 높아져 볼 수 있어 덜 불안하다.

덧붙여 설명하면, ① 누운 자세일 때 산도(출구)가 약간 위쪽을 향하므로 아기를 떠받쳐야 하는 것 같은 느낌을 주지만 좌산의 경우 산모의 자세가 반쯤 세워져 있어, 힘 줄 방향, 힘 줄 곳을 알아 편안하게 아기를 내려 미는 듯한 느낌이고 그래서 아기는 무게에 의해 부드럽게 내려오게 된다는 것이다.

②는 분만 2기로 가장 어려운 과정인데 좌산을 하면 이 시간이 단축되므로 고통을 훨씬 덜 수 있다고 한다. 그것은 힘주기가 효과적이기 때문이다.

③ 산모의 눈높이가 의사나 간호사의 눈높이와 비슷하게 되어 지금 의료진이 무엇을 하고 있는지 그 행동이나 표정을 읽을 수 있어 막연하거나 불안하지 않으므로 자연스레 마음이 편안해진다는 것이다.

그러나 이 출산법에 장점만 있는 것은 아니다. 그 단점은 다음과 같다.

① 회음파열이 일어나기 쉽다.

② 분만 출혈량이 많을 수 있다.

자세히 설명하면, ① 힘주기가 수월하여 과다하게 힘을 주게 된다. 그 결과 아기의 출산 진행이 빨라져 회음부의 팽창 속도와 맞추지 못하여 파열 현상을 가져오는 일이 종종 있다.

② 혈액하강으로 골반질 내에 혈액이 고이는 일이 있어, 연산도강이나 거대아 분만 시는 출혈의 위험이 있을 수 있다.

이에 대한 예방법으로는 수축하는 동안 상체를 뒤로 젖히고 휴식을 취하거나 스킨 마사지를 하여 분만 출혈을 줄이는 것이다.

좌산의 방법으로 출산한 경험자의 이야기를 들어 보니 다소의 단점은 있지만 산모에게는 불안하지 않고 힘주기 좋은 장점이 많을 것이라고 한다. 아기가 나와주기를 기다리기보다는 내가 낳는 것이라는 실감이 가는 분만법이라는 것이다. 앞으로는 우리도 참작의 여지가 있겠다.

일본에서는 이 분만법의 보급을 위해 의료기구(산모용 의자)까지 만들었는데 만약 좋은 방법이라고 확인된다면 우리라고 기계(기구) 제작이 안 될까. 그 문제는 효과에 있으니 실험적 영역에서 좋은 결과가 나오길 기대할 뿐이다.

소련의 수중분만과 해중출산

소련에서는 일찍부터 수중분만이 태아를 위해서도 좋고, 산모의 분만 고통을 덜어 준다고 하여 수중분만을 권장하고 있다.

그것은 양수 속에서 자란 태아가 출생 직후 겪게 되는 공기에서의 거부 반응이나 정신적 안정을 위해 좋다는 것이다. 그래서 많은 여성들이 호응한다지만 실제로는 좀 더 두고 연구해 보아야 할 문제이다.

인간이 어류가 아닌 이상 물속, 바닷물 속에서 출산하는 것이 과연 타당성이 있을까를 생각해 보며 연구가 진행됨에 관심을 둘 뿐이다.

수중분만은 수온을 맞추어 줄 수 있겠지만 해중출산의 경우 바닷물은 염분이 다량 함유되어 있고 수온을 임의로 조절하기가 용이하지 않다는 점에서 이 방법에 대해서 의아한 생각이 든다.

그러나 출산이 자연스레 진행되고 출생된 아기 역시 물결에서 편안한 기분을 갖는다. 물론 아기는 곧바로 건져져 탯줄을 끊기 전에 엄마의 품에 안겨지는데 이런 부분은 또 좋은 방법으로 공감하게 된다.

이때 자세는 반 비스듬히 앉은 자세, 즉 양좌우로 뒤에서 남편이 가슴으로 안아주고, 산모의 두 손은 남편의 목을 휘감고 힘을 주며, 아기는 조산원이나 여의사가 받는다.

　요즘 병원 같으면 소독을 하며 침대에서 휴식을 취하도록 엄격히 규제하는데 소련의 수중분만의 경우 산모가 선 채로 아기에게 젖을 물리는 것으로 보아 출산의 고통이 그리 심하지는 않았던 것 같고 출산이 별일 아닌 것 같은 장면이 있는데 연구결과가 나오길 기대한다.

미국의 분만 방법 변화

　최근 들어 미국의 분만 방법이 많이 바뀌고 있다. 한동안은 의학적 방법이라고 해서 산부인과에서 제왕절개, 회음절개, 흡입분만 하는 것이 유행하더니, 그 단점이 발견되어 가급적 수술은 피하고 자연분만을 권하게 되었다. 또 거기 참석하는 사람도 의사에서 조산사(산파)로 바뀌고, 또 새로운 방법으로는 아기의 아버지를 대기시켰다가 분만 순간 입실시켜 막 빠져나오는 신생아의 머리에 아버지의 손길이 닿도록 하는 데까지 발전을 시켰다.

　그것이 병원의 기계적 심장박동 측정기를 사용하는 쪽으로 기울었지만 그보다도 주변의 사랑과 협조가 더 중요하다는 쪽으로 바뀌고 있으며, 이유는 어느 시대건 분만에 경험 있는 분들의 도움이 제일이라며 직업적 의료진의 책임이행이라는 측면보다는 친정부모, 시부모들이 참석하여 돕게 하는 쪽으로 방향전환을 하는 것으로 매스컴이 전한다.

　그것은 병원의 잘못 때문이 아니라 생명의 출생, 탄생이라는 성대한 드라마에 대한 인식의 변화라고 볼 수 있다. 그래서 편하고 쉽게 하기 위한 여러 가지 방법이 연구되고 실시되었지만 그것이 내포한 불완전한 인간성, 인간관계 등과 성장할 때 문제되는 여러 가지 원인이 이것과 무관하지 않다는 데서 의미를 발견한다.

과학은 어려운 문제를 해결하느라 무진 애를 쓰고 방법 창출에 있어서도 많은 노력을 기울였지만 인간의 생명을 다룸에 있어 어줍지 않은 기계사용이나 아이디어가 잘못 결론지어져 요즘은 오히려 복고적 방법으로의 선회가 요구되기도 한다.

이런 관점에서 요령을 발전시킬 수 있으되 방법 자체를 바꾸려는 여하한 노력도 결코 자연의 방법에는 도달하지 못한다고 할 때 우리는 숙연히 순리적 방법을 재음미하는 일에 게을러서는 안 되겠다.

인류문명이 발전하고 문화가 변해간다 하더라도 과학적 방법, 의학적 방법이 완전하게 되기에는 무언가 아직은 부족하다고 해석되며 우리는 우리 방법을 개선하는 데 주저하지 말아야겠다.

왜냐하면 인간 탄생이 막중한 일이요, 중요하기 때문이며 한번 잘못한 일은 되돌리기가 쉽지 않기 때문이다.

프랑스의 라마즈법

라마즈법은 호흡 운동을 남편과 함께 하는 것으로 소개되고 있다. 원리는 정신예방적 차원의 조건반사를 응용하여 마음과 신체를 능동적으로 호흡 및 연상(聯想)에 접근시켜 근육을 이완하고 불안을 해소하므로 진통을 잊고, 분만에 임하게 하는 자연분만 방법이다.

처음에 러시아의 파블로프라는 의사에 의해 고안되었다가, 프랑스 의사 라마즈에 의해 발전된 것으로, 파블로프의 조건반사는 강아지에게 맛난 음식을 주려니까 침을 흘리더라는 것이었는데 그의 제자인 에로파봐는 전기 쇼크로 같은 결과를 얻어냈다.

이 부정적인 자극도 긍정적인 신호로 작용할 수 있다는 데 착안하여 분만의 진통을 긍정적인 방향의 신호로 바꿀 수는 없을까 하며 라마즈는 훈련을 이용하여 감수성을 좋은 기분으로 돌리는 데 사용했다. 이렇게 하면 산모에게 엔도르핀이 증가하여 통증에 대한 감응이 좋은 쪽으로 역할하게 된다.

이 좋은 쪽의 감응이란 말하자면 우리가 바닷가를 거닐 때 기분이

상쾌했던 일을 연상하는 것이며 나름대로 기쁜 일이 있었던 때를 회상하여 지금도 그 기쁨을 계속하고 싶은 욕망이 솟도록 노력하는 것으로, 이것은 손목 발목의 힘을 빼는 릴랙스로부터 시작된다.

호흡 방법은 분만 전기, 분만 중기, 분만 후기, 만출기로 나뉘는데 처음 자궁구개가 조금 열렸을 때는 정상호흡의 1/2 정도로 하고, 4~5cm 정도 열렸을 때는 정상호흡의 1.5~2배의 심호흡으로, 9~10cm일 때는 가쁠 정도로 빠르게, 만출기는 대변 볼 때와 같이 힘을 준다는 것이다.

그러나 주의할 점으로는 첫 번째 단계의 정상호흡의 1/2 호흡을 잘 못하면 산소공급 부족 현상이 올 위험이 있으며, 두 번째 단계의 심호흡 때는 호흡이 평상시의 2배를 초과하면 이산화탄소가 과배출되어 손발이 차가워질 수 있고 머리가 어지러울 수 있어 조심을 요한다. 세 번째 단계의 호흡 역시 초과하면 좋지 않으므로 사전에 충분한 훈련을 해야 한다. 이 라마즈법 또한 많은 경험과 결과의 축적에 의해 확실하게 발전되고 완전해지기까지 서서히 접근되어야겠다.

어느 분은 이 방법으로 아기를 무사히 출산하였는데 중요한 것은 남편이 옆에서 잘 도와준 덕분이라고 했다. 이렇게 하여 인공분만인 제왕절개를 하지 않고도 어려움 없는 출산을 했다고 기쁨을 회상했는데 앞으로는 이 방법도 더 연구 발전시켜 보다 완전한 출산법이 되기를 기대해 본다.

우통분만법

1. 정신 예방성 무통분만

러시아의 리콜라에프 박사가 고안해 낸 심리적 '조건반사'를 응용한다는 이 방법은 임신 중에 훈련했던 호흡법이나 보조동작을 분만 시에 활용하여 마음의 안정을 도모하는 것이다.

예비부모 교실에서는 분만에 대한 올바른 지식을 잘 익혀서, 진통을 고통으로 느끼는 불안이나 공포를 일소하고 정신적 안정을 꾀하게 한다.

마사지 등의 보조동작으로 긴장을 완화시켜 고통을 절감시킬 수 있다.

2. 무통 자연분만법

1930년경 영국의 딕리드(산부인과)에 의해 제안된 이 방법은 출산 시 경험하게 될 통증을 가볍게 하기 위해서는 무엇보다 불안을 없애는 것이 중요하다 하여 출산 지식을 미리 습득하게 해주는 방법이다.

이런 사고(思考)는 후에 소련의 정신 예방성 무통분만과 프랑스의 라마즈법의 원리로 이용되기도 했는데 분만의 메커니즘을 알아두면 안정된 상태에서 분만할 수 있다는 것이 내용이다.

오랜 시간의 출산 과정에서 생길 수 있는 근력저하를 방지하고 출산시간이 길지 않게 느껴지게 하기 위해 임신 중에 운동 등을 해주도록 유도한다.

그 외에도 약제에 의한 무통분만이라든가 침술에 의한 무통분만법 등 여러 가지가 있으나 어쩔 수 없는 경우가 아니면 이런 방법은 택하지 말아야 한다. 그것은 태아에게 미치는 영향 때문이다.

전신마취와 국부마취의 논의가 분분하지만 효과는 차치하고라도 우선 태아가 그것을 싫어한다는 것을 안다면 가급적 태아에게 해로운 행동은 삼가는 것이 좋겠다.

출산 시 마취의 후유증에 대해서는 뒤에서 다시 설명하고자 한다.

제3장

분만 전후

분안의 징후

분만 예정일이 가까워지면 우선 마음의 준비부터 하자.

일반적으로 초산부는 불안·초조로 잠을 못 이루거나, 순산할 수 있을지 걱정이 되겠지만 그간의 경과가 이상 없다면 마음을 편안히 하고 분만에 임하는 것이 좋다.

순산을 원하는 사람이라면 분만의 기초 지식을 익히고 진행될 순서에 잘못이 없는지 신경을 쓰면 된다.

아기는 자기가 나오고 싶을 때 나오는 것이지 서두른다고, 또 억지로 힘준다고 나오는 것이 아니라는 것을 알고 "아가야 나오고 싶을 땐 신호를 보내라" 하며 진통의 간격을 주시하면 된다.

현대 의학에서 보는 출산 시 나타나는 증상은 다음 세 가지이다.

① 규칙적인 수축현상이 일어난다. 등 하부에서 배 쪽으로 옮겨지는 수축현상은 태아를 나오기 쉽도록 한다.

② 출혈(전징)이 일어나는데 이것은 자궁 경부에서 나오는 점액질로 아기가 밀어내는 것이다.

③ 양수분출, 즉 태아를 감쌌던 물주머니가 터진다.

분만이 가까워지면서 나타나는 징후는 다음과 같다.
① 태동이 약해진다.
② 위의 압박감이 서서히 사라진다.
③ 소변이 잦아지고 분비물이 많아진다.
④ 다리 근육이 땅기고 허리가 뻐근해진다.
⑤ 불규칙적으로 전 진통이 일어난다.

출산징후는 자궁구가 열리기 시작하는 것을 말한다. 이때 자궁구 근처의 난막이 벗겨지며 약간의 혈액이 점액과 섞여 나오는데 술잔 하나 정도의 다갈색이다.

진통은 자연의 신비한 현상으로 초기에는 사르르하고 왔다가 차츰 10분 간격으로 줄어든다. 이것을 전후하여 이슬이라는 분비물이 비치는 것이 보통인데 만약 출혈이 심하다든가 할 때는 의사의 지시를 받는 것이 좋다.

파수는 자궁구가 완전히 열렸을 때 일어나며 태아와 양수를 싸고 있는 난막이 터져 양수가 흘러내리는 것을 의미한다. 그러므로 파수는 출산의 임박을 알리는 신호다.

분만이 시작되면 자신은 이제부터 신의 섭리에 의해 성스러운 엄마가 되겠구나 하는 마음가짐으로 힘쓸 준비를 하며 다음 세 단계를 무사히 넘기자.
① 만출력이라 하고 자궁 경부의 근육을 수축하여 태아를 밀어내는

힘. 즉 복압(배 힘)이다. 이때 파수가 산도를 미끄럽게 도와주고 태아는 이때다 하고 산도를 통과하려 애쓴다.

② 태아의 노력은 좁은 산도를 빠져나가려 머리둘레를 줄인다. 엄마의 골반형에 맞추어 머리를 회전하며 빠져나가는 데 적응하려는 운동과 선회하는 운동을 겸하여 엄마를 돕는다.

③ 산도 위쪽의 골상도가 느슨해지며 아래쪽 자궁 경관의 질, 외음부 연산도도 부드럽게 늘어나 태아가 통과하기 쉽게 해주는데 이것이 엄마와 아기가 힘을 합쳐보는 첫 번째 삶으로 순리의 현상이라 한다.

이때 태아는 온몸의 피의 흐름을 정지시킬 정도로 고통스럽지만 탄생을 위하여 힘을 쓴다.

그러나 이렇게 하는 과정에서 태아는 들이마신 양수를 밀어내기도 하고, 이것이 좁은 산도를 나올 때 신경을 자극하여 뇌나 위장을 발달하게 하는 요인이 된다고 볼 때 이 자연의 섭리보다 더 위대한 것은 없다고 생각되며 이런 경로를 거쳐서 엄마와 아기는 떼려야 뗄 수 없는 정이 생긴다는 것이다.

자연분만의 진행

분만은 초산이냐 경산(두 번째 분만)이냐에 따라서 소요되는 시간이 다르다. 보통 초산은 10~12시간이지만 경산의 경우는 6~8시간이 걸린다.

분만에는 진통 발작과 간혈이 있는데 전자는 밀어내는 힘이요, 후자는 휴식이라 하며 휴식하는 동안의 혈액 순환과 산소공급은 원기 회복의 요소이며 이것의 상호작용에 의해 균형이 잘 이루어질 때 분만이 순조로우며 만약 균형이 잘못되어 자궁이 파열될 때 산모나 태아는 위험하게 된다. 연산도의 열상이 모체에 저해 요인이 되므로 시간을 잘 배분하는 것과 시간 내에 분만이 끝나야 한다는 것은 중요한 일이다.

제1기는 개구기로 20~30분 간격으로 10초 정도씩 가벼운 통증이 오고 이슬이라고 하는 혈성 점액이 보인다. 이때는 태아의 머리가 통과할 수 있을 정도로 열린다.

진통이 일어나며 자궁 내부의 압력에 의해 난막(태아를 싸고 있는 막)을 밖으로 밀어내어 자궁구가 열리게 되는데 자궁구는 손가락 4~5개가 들어갈 정도, 약 10cm까지 벌어지며 진통은 복통이나 설사 시의 통증과는 다른 생리적인 것으로 20분 간격에서 10분, 5분 간격으로 점점 빨라진다.

전반부에는 여유 있게 힘을 주어야 하며 후반부를 위한 힘을 저장한다. 식사는 수분이 많고 소화가 잘되는 것으로 하고 가능하면 방광이나 직장을 비워야 하기 때문에 배뇨와 배변을 잊지 말아야 한다.

후반의 진통이(2~3분 간격에서 50초 정도의 간격으로) 시작되면 아기 머리가 골반대로 진입한 것으로 압박과 고통이 함께 온다. 급기야 자궁구가 열리면 힘이 주어지고 태아의 모습이 밖으로 드러나게 된다.

제2기는 만출기로 이때는 아기가 완전히 모습을 드러내게 된다. 초산은 1시간, 경산은 20분 정도 걸린다.

아기가 하강하면서 골반신경, 직장, 항문을 압박하므로 산모의 팔, 다리에는 자연적으로 힘이 들어가 저절로 용(힘)을 쓰게 되는데 여러 번의 힘주기를 되풀이하는 동안 태포(양수 주머니)가 터져 태아가 빠져나오기 쉽게 된다. 이것을 파수라 한다.

힘주는 요령으로는 숨을 깊이 들이마신 뒤 조금씩 뱉으며 진통에 맞추어 숨을 멈췄다가, 배변할 때와 같이 항문을 향해서 혼신의 힘을 쏜다.

힘을 줄 때 소리치는 것은 힘을 약화시키는 것이며 힘을 한곳으로 모아야 한다.

진통은 큰 파도가 밀려오는 듯이 오므로 잠시 진통의 파도가 사라지면 전신의 힘을 빼고 근육을 이완시킨다.

이때는 태아도 쉬게 된다(쉬고 싶을 것이다). 이때 주의할 점은 개조자와 호흡을 일치시켜 길게 힘을 주어야 하므로 국부에 심한 통증이 있고 배변이 나와도 상관하지 말고 산도를 향해 있는 힘을 다 준다.

발로와단축호흡 상태가 되면 진통이 잠시 멈추더라도 아기의 머리가 들어가지 않는다. 이때 탄생은 눈앞에 있는 것이다. 숨은 짧게 입은 약간 벌려 얕게 하고 아기가 스스로 나오도록 돕는다. 머리가 나오면 어깨, 몸, 다리가 계속 나오게 된다.

분만 개조자는 회음부가 찢어지지 않도록 주의하면서 아기를 받는다. 신생아는 태어나면 바로 호흡을 하고 울기 때문에 개조자는 즉시 신생아의 얼굴을 닦아 오물이 눈이나 코, 입 속으로 들어가지 않도록 한다.

분만 3기의 처치는 양수를 닦는 것으로부터 시작된다. 그 일부가 눈, 코, 입 등 주위에 있을 것이니 잘 닦아 주고 기관 내에 있는 양수를 토해내 "응아" 하는 첫 울음소리를 듣게 된다.

아, 이 얼마나 고대했던 삶을 향한 포효랴! 이제 엄마도 아기도 기나긴 출산의 드라마에 종지부를 찍게 된다.

그 후 탯줄을 자르고 아기는 옮겨지고 태반과 난맥은 자궁벽에서 떨어져 나와 5분 또는 6분 후 가벼운 진통과 함께 저절로 흘러나오게 되는데 약간 힘을 주면 더 쉽게 나온다. 이때 아기를 5분 또는 10분간 안는데 이것이 엄마와 아기가 같이 있다는 신호로 소홀할 수 없는 중요한 행동이다. 이것으로 엄마와 아기는 태중 밖에서도 같이 있다는 것을 암시하게 되는 중요한 순간이다.

태아 분만으로부터 후산까지는 전체가 10~30분 걸리는 것이니 태반 반출도 이 동안에 이루어진다.

분만 후 산모는 충분한 휴식으로 들어간다. 그러나 1~2시간 정도는 출혈 가능성 때문에 회복기를 갖는 것도 바람직하다.

전 출혈량은 300~400cc가 보통인데 출혈이 500cc 이상인 경우는 이상 상태이니 정확하게 판단하여 속히 조치를 취하도록 한다(이것은 개조자가 판단함).

분만의 종류

의술, 약, 마취 등의 발달로 무통이라는 이름을 걸어 몇 가지 방법이 시행된다는 말이 있으나 태교를 전문으로 연구하는 입장에서는 권할 만한 것이 없다. 뭐니 뭐니 해도 분만은 자연분만이 제일이며 완전하지 않고 오랫동안 임상실험이 되지 않은 방법은 그리 바람직하지 않다고 하겠다.

그러나 프랑스에서 왔다는 라마즈법(이것은 호흡조절을 익히는 것)은 정신요법이니 그 해(害)는 없을 것으로 앞장에서 설명한 바와 같고, 유도분만, 계획분만은 이름은 그럴듯한데 특별한 사유가 있으면 몰라도 권하고 싶은 생각이 없다.

더욱이 흡입분만, 감자분만, 제왕절개 등이 있다지만 그 장단점을 알고 나면 두려운 것도 있어 자연분만에 비할 것이 못 된다.

공연히 장점만 듣고 했다가 후회하는 분들을 많이 보았는데 그때는 이미 늦었다. 배는 떠나갔고 이제는 그렇게 한 사람들이 가야 할 길을 갈 뿐 아무도 돌이킬 수 없다.

그래서 몇 가지를 더 전하려 했지만 생략한다. 어쩔 수 없는 경우라면 몰라도 모두 가능한 한 자연분만하기를 권하며 태교를 충실히 실행한 분은 어려운 경우가 생길 이유가 거의 없으므로 정상분만할 수 있도록 노력하기를 바란다.

분만이상과 교정

 의학적으로 '분만이상'이라는 용어가 있다. 가령 산도의 이상, 만출력 빈약 이상, 모체의 이상과 태아 자세와 부속물의 이상, 그리고 몇 가지 어려운 이상이 있다.

 그러한 이상을 태교 책에서 다루고 싶지는 않지만 한 가지 '골반위', '중족위'라고 하는, 출산 시 아기의 발이 먼저 나오는 현상이 늘고 있다는 데 아연실색하며 그런 것을 왜 미리 교정하지 않았을까 하는 것과 원인에 대해 알아본다.

 임신 7~8개월 때 진찰 결과로 알았다. 그런데 원인과 교정 방법이 없으니 그대로 지나쳤다. 그렇게 되니 자연히 자연분만을 못하고 병원의 권유로 제왕절개를 했다고 하는데, 그렇다면 그 원인은 무엇일까? 요즘 여성들은 대개 서서 일하거나 의자에 앉아서 일한다. 집에는 세탁기, 냉장고, 오븐 등 문명의 이기들이 주부를 편하게 하며 청소도 청소기로 하므로 서서 일하게 되어 있다. 그러나 아기가 거꾸로 있으면 불편하지 않겠나 하는 것이 많은 연구하는 사람이나 경험한 어른들의 의견이다. 아기는 물론 쪼그리고 있겠지만 우리가(물구나무 서기를 할 때도 단시간은 좋지만 오래하지 못하는 이유와 비교한다) 다시 생각해 보자.

옛날엔 빨래를 해도, 걸레질을 해도, 낮아서 허리를 굽히거나 무릎을 대고 하거나, 쪼그리고 앉았다 일어났다 하는 일이었다.

여기서 한 가지 지혜를 터득하자. 다른 때는 몰라도 최소한 출산기가 되면 이런 운동에 접근해서 태아의 모습이 어떻게 변하는가에 노력을 기울여 보자. 이건 돈이 드는 일도 어려운 일도 아니며 간단히 교정할 수 있는 값진 일이다.

현대 의학에서도 골반의 교정을 위해 임신 7~8개월 때 흉술위(胸·位)의 자세를 자주 취하라고 했다. 공복 시나 잠자기 전 팔을 굽혀 엎드려서 히프를 위로 올리고 가슴이 방바닥에 닿을 정도의 자세를 약 10분 정도 취한다. 그리고 늘 잠자던 자세를 반대로 하며 허리 굽혀 앉았다 일어섰다 하기를 하루 몇 번씩 해보라. 1~2주 계속하면 태아가 자세를 바로하게 된다. 만약 잘 안 될 경우 좀 더 계속 되풀이 하면 정위치로 돌아오게 된다. 이것은 어렵지 않은 상식적인 이야기이다.

이렇게 간단한 방법을 모르는 산모들이 그 원인을 모른 채 종국엔 절개분만으로 출산을 하는 경우가 종종 있으니 이런 것을 미리 알아 두면 크게 도움이 될 것이다.

이건 의학적 지식이며 또한 태교적 방법으로 임산부 자신이 잘 알아 행할 범주의 일이다.

비만아 분만의 경우

출산 때 체중이 70kg 이상이 되는 임산부는 일반 병원에서 잘 받아 주려고 하지 않지만 설혹 받는다 하더라도 산과적 합병증이 우려되기 때문에 고위험군 취급을 받게 된다.

비만 임산부는 자연분만이 어려워져 종국에는 감자 분만이나 진공 흡입분만으로까지 가며 이런 과정에서 아기에게 상처를 입히는 수가 생긴다.

그뿐 아니라 출산 시기가 늦어져 저혈당 증세를 보이는데, 이는 출산에 필요한 인슐린의 과다 소비로 오는 현상으로 심하면 뇌세포의 손상을 가져올 수 있기 때문에 어려운 경우를 만든다는 것이다.

정상 체중을 유지하려는 임신부는 얼마간 음식을 제한하면 분만 때까지 3~5kg의 감량은 쉽다고 한다. 그러나 영양 좋은 음식을 과잉 섭취하면 체중 증가는 태아와 같이 늘어난다. 무조건 잘 먹어야 한다고 잘못 알고 있는 임산부는 잠깐 동안에도 비대해져 거대아(4kg 이상)를 낳을 확률이 15~30%가 된다. 때문에 현명한 여성은 임신 전

체중과 임신 중 체중 증가에 대하여 자주 비교하며 태아 성장의 이상 유무까지도 체크한다.

현대 신생아의 표준 체중을 남아 3~3.5kg, 여아 2.8~3.25kg로 본다면 자신의 체중과 합해 얼마나 되는지 알 수 있다. 그러나 그보다 훨씬 높을 경우 일단 비만이 아닌가 염려해 봐야 한다.

비만은 출생 시 어려움뿐만 아니라 유아 시절에까지도 영향을 끼쳐 먹는 것을 너무 밝혀 엄마를 걱정스럽게 함은 물론 밤낮 다리와 허리가 아프다고 엄마를 괴롭힌다.

물론 출산 때에도 머리는 나왔지만 어깨가 더 커서 나오지 않는 경우 의사들은 다른 기구에 의존하는 수밖에 없다는데 이는 후에 기형의 어떤 어려움을 겪을 우려를 내포한다. 그뿐 아니라 소아 비만은 고지혈증, 당뇨, 지방간 등의 합병증을 일으킬 위험이 있으므로 결코 좋다고는 할 수 없다.

마른 아이 분만의 경우

처녀 시절엔 몸매를 생각하여 칼로리 적은 음식, 소량 섭취 등으로 살찌는 것을 예방하느라 애들을 쓴다.

그러나 임신, 출산을 전후하여 여성은 달라져야 한다. 그럼에도 불구하고 체중이 늘지 않거나 또는 입덧이 너무 심해서 제대로 먹지 못해 저체중이 되는 경우 태아에게도 문제가 생긴다.

더욱이 흡연, 저혈압, 신장염 같은 질병 치료약 등을 항상 복용하는 경우, 문제는 문제를 일으키고 종국에는 저체중아를 만들어 조산 및 저산소증의 빈도가 높은 결격의 원인이 되기도 하고, 혹은 태아 때부터 출생 후 영아에 이르도록 발육부진이라든가 정신적·신체적 미숙아가 될 위험이 있다고 한다. 더구나 이런 산모에게서는 빈혈을 일으키는 경우와 조기파수 등의 합병증이 확률상으로 높다.

그래서 임신 중에도 체중이 45kg을 넘지 못하는 임산부는 임신 중기부터라도 체중 증가에 필요한 음식 섭취를 위해 노력해야 하며 맛있는 음식을 맛있게 먹는 방법 찾기에 심혈을 기울여야 한다.

임신 5~6개월인데도 50kg가 넘지 않을 때는 저체중아를 염려하여 자신에게 호르몬 분비 이상이나 심장질환 등과 관계있는 내과적 합병증은 없는지를 체크하는 것이 좋다.

음식은 되도록 칼로리가 많고 영양가 높은 갓 조리한 음식으로 섭취 열량을 증가시키는 것도 바람직한 일이다. 그렇다고 쓸데없이 보약 같은 것에 의존하지 말며 가급적 식생활 개선으로 간간한 소금기 있는 멸치 같은 것을 씹는다든지 하며 어려움을 이기는 방법이 있으며 규칙적이고 즐겁게 먹는 방법을 연구해야 할 것은 예부터 "식보보다 더 좋은 건강 방법은 없다"라는 말을 되새기며 무엇이 구미에 맞는 것인가를 찾아야겠다. 그렇지 않는 한 임시변통의 건강 유지가 될 수밖에 없다.

보약에 의존하다 다른 기능이 나빠졌다는 이야기가 있으니 조심하여야겠다.

출산 시 남편의 협조

　현대는 남편도 아내의 출산을 모르는 척하지 않는다. 미국에서는 직장에 있다가도 전화 연락이 오면 병원으로 달려가 가운을 입고 대기하다가 출산의 마지막 진통이 시작되고 머리가 보이기 시작하면 즉시 산실로 들어가 처음 세상에 나오는 아기의 머리에 손을 대고 거부 반응을 일으키지 않게 하려는 노력을 한다.

　그것은 타인의 손이 아닌 씨를 제공해 준 아빠의 손이라는 데에서 정신적·심리적 안도감으로 탄생을 맞는다는 의미이며, 요즘 변해가는 진통완화 방법으로는 아빠 될 사람이 엄마 될 사람과 같이 분만 공부를 하러 간다는 이야기도 있다.

　진통과 출산을 가볍게 넘기려는 훈련인데 이때 아빠가 동행해 연습에 동참한다는 것은 산모를 안심시키려는 의미와 산모의 괴로움을 나누어 보겠다는 의미와 산모의 기억력이 불충분할 때 "아, 그게 아니고 이렇게 하는 거예요" 하며 틀린 곳을 바로잡아 준다는 의미가 있어 바람직하다.

물론 자기 차로 편하게 데려다 준다는 의미도 배제하지 않으며 여자는 부인이 되면 곧잘 남편에게 기대거나 의지하기를 좋아해, 어려울 때 남편이 옆에 없으면 공연히 불안해하거나 초조해하기 때문에 이런 정신적 공허감을 다소나마 감쌀 수 있는 노력이라 하기도 한다.

그런데 참고사항이 있다면 그것은 남편에 따라 다른 데가 있다. 어떤 남편은 비위가 약해 그런 장면을 보면 얼굴이 창백해지고, 또 그것을 목격한 후 부인에게서 멀어진다고도 한다.

그것을 흉하거나 징그럽다고 생각하거나 또 아기 낳아 넓어졌을 것을 연상해서 그렇겠지만 이런 일을 염려해서 예전부터 "아기 낳은 자리는 죽 떠먹은 자리"라 하기도 했다.

이것은 성스럽고 자연의 순리적 행위이지만 인간은 늘 잠깐 무엇을 잘못 보거나 잘못 생각했을 때, 그것이 머릿속에 남아 생각을 달리할 수도 있다.

그래서 남들이 좋다고 하더라도 나에게도 똑같으리란 법은 없으니 나에게도 같은 효과가 될 것인가, 안 될 것인가에 대해서는 미리 이야기해 보고 결정하도록 해야겠다.

후에 이런 결과에 대해 "남은 괜찮은데 당신은 뭐 어쩌고저쩌고" 하며 싸움의 구실이 된다면 안 하니만 못한 결과를 낳을 수도 있기 때문에 우리는 늘 이런 결과에 대한 것을 미리 점검해 보는 지혜가 필요하다 하겠다.

출산의 고통을 지혜롭게

　아내의 출산 고통을 함께 나눈다는 말은 일견 듣기에는 달콤한 말
인 듯하여 남녀평등을 논하는 현대에는 꼭 그래야만 1등 남편, 우등
아빠가 되는 것으로 이야기되고 있지만 이것은 그 양태에 따라 장단
점이 될 수도 있다.

　원래 선진 미국에서 시작된 "터치"는 태아가 세상에 나오는 첫 순
간을 낯도 성도 모르는 의사나 간호사의 손이 신생아를 만지는 것보
다 혈육인 아빠의 피부와 맞닿게 함으로써 거부반응을 일으키지 않
게 한다는 좋은 의미였다. "남편도 입덧을 하더라"는 연구는 체질적
특수성이나 정신적 교감의 작용이라는 의미였지만 분만의 고통을 함
께 나누기 위한 노력이라는 점에서 바람직한 일이라고 본다.

　그래서 분석해 보고자 하는 것인데 '라마즈 분만법' 하면 아는 분
도 있겠지만, "부부가 함께 익히니 좋다", "아기를 함께 낳는 기분이
든다"는 표현으로 말하기도 하는데 실제로는 "남편에게 추한 모습을
보이기 싫다"고 표현하는 분만과정이 과연 어떨지 생각해 볼 일이다.

부부가 함께 고통을 나눈다니 좋을 것 같지만 그것은 후에 부부간에 균열이 생길 위험이 있다는 데서이다. 사실 연세 많은 부모님들은 그것이 꼭 그래야 할 이유 있는 행위가 아닌 한 그러기를 바라고 계시지는 않다.

우리는 동물도 물고기도 곤충도 아니다. 만물의 영장이라는 인간이기 때문에 발전적이고 과학적 방법이라 해서 덜 고통스러운 방향 모색은 할수록 좋다. 그러나 일시적인 유행이거나 잠깐 떠들썩하다 사라지는 모방이 아니기를 빈다.

오랫동안 실험되고 많은 사람의 경험에서 산모나 태아에게 아무 이상이 없고 또 부부간에도 균열이 가지 않는 타당성 있는 방법에 귀를 기울일 필요가 있다.

그것은 생명의 탄생이기 때문이다. 생명은 아무렇게나 만들어져서도, 또 낳아져서도 안 된다. 물론 키우는 데도 그렇지만 여러 번 외국의 새 방법이 도입됐다가 스르르 자취를 감추는 여러 폐단을 보았기 때문에 노파심에서 하는 말이라 하겠지만 새겨볼 일이다.

그간 육아법도 여러 가지가 우리를 울렸다. 틀림없이 선진국형의 훌륭한 방법이라고 하기에 너도나도 쫓아가 그것을 익히고 내 아기만은 그렇게 육아해 보겠노라고 하던 엄마들이 요즘 왜들 그렇게 고통스러워하고 괴로워하는지를 알아보니 선진국 방법의 무분별한 도입에 따른 폐단 말고는 없었다.

그래서 태교 책은 그런 것들을 파헤쳐 알게 하는 임무도 스스로 진다.

아직 시작인 것 같은 이 방법에 대하여 왈가왈부할 수는 없지만 임신부는 먼저 파악하는 데 힘을 쏟고, 확신이 섰을 때 응하는 지혜를 위하여 내용의 일부를 활용한다.

현대 태교는 "하지 말라", "먹지 말라"는 금기 위주의 지침이 아니라 예비부모가 되려는 사람들의 지혜를 창출하는 데 도움이 되는 글을 써서 알리는 것이니 잘 참작하기 바란다.

임산부의 운동도 좋은 것이지만 잘못하여 해가 될 수도 있으므로 여러 각도에서 분석해 보고 틀림없다는 생각이 들 때 해도 늦지는 않을 것이다.

전에는 제왕절개도 무통분만이란 이름으로 불렸었고, 영아 육아도 독방에서 엎어 재우라 했었고, 모유보다 우유가 더 좋다고 했었다. 그렇지만 지금 어떠한가?

이제 다시 생각하면 끔찍스러울 만큼 잘못된 일들이었기에 이런 일이 없게 하기 위해 하는 말이다.

分娩 촉진제 남용은 금물

아기는 엄마 스스로의 힘으로 낳아야 건강하며 대자연의 섭리도 그렇게 하게 되어 있다. 그러나 요즘 일부 병원에서 분만 촉진제를 남용함으로써 태중의 아기는 청천벽력 같은 충격을 받게 되고, 이것이 화근이 되어 신생아는 뇌성마비 등 현상의 우려를 낳고 설사 거기까지는 안 간다 하더라도 정신적·신체적 충격으로 그 후유증이 평생 갈 수도 있으니 부득이한 경우 말고는 촉진제 사용을 삼가야 한다고 대구 한의대 이사장은 경고하고 있다.

이것이 잘못되면 천재적·영재적 자질을 갖고 태어났어도 바보가 될지도 모르며 목도 제대로 가누지 못하는 아이가 될지도 모른다는 것이다.

원래 태아는 어머니의 자궁을 떠날 시기가 되면 엄마와 이별하려고 자궁 안을 돌게 되는데 이렇게 자연히 돌아서 양수와 합류해 내려오면 쉽게 나온다. 그러나 요즘 산모나 의료인이 너무 편하려고 또 고통 없이 아기를 낳겠다고 분만 촉진제를 사용한다면 이건 큰 위험을 안고 있는 것이라 할 수 있으며 만약 분만의 고통이 없으면 모자 간의 끈끈한 애정도 그만큼 줄어 육아하는 동안 많은 어려운 문제에 봉착하게 된다는 것을 알아야 한다.

조사해 보면 자연분만한 모자는 인정미가 있고 정신 건강도 좋다. 그러나 자주 병원을 찾는 알레르기성 소아천식, 감기를 사철 앓는 어린이, 정신적 독립을 못하고 응석받이로만 자라는 어린이, 학교 가기를 싫어하는 어린이, 심지어 10대 청소년의 범죄가 늘어나는 이유가 분만촉진제 사용빈도와 일치한다는 보고도 있다는 것을 알자.

이런 관점에서 볼 때 현명한 어머니는 진통 주기가 빨라져 병원을 찾았을 때도 설혹 너무 일찍 입원했더라도 분만촉진제 같은 것은 거부해야 한다는 것이며 그래야 머리 좋고 건강한 아기를 낳을 수 있을 것이다. 조금 고통스럽다는 이유로 편한 것을 택했다가 불행을 자초해서는 안 될 것이다.

아기는 엄마 스스로의 힘으로 낳는다는 생각과 출산의 고통을 감수하겠다는 마음가짐 그리고 세상에 쉬운 일치고 가치 있는 일 없다는 생각으로 임하며 분만의 고통에 대한 대가는 두고두고 얻게 될 것임을 알고 인공분만으로 행복을 잃는 일이 없기를 권한다.

출산 시의 태아(신생아)는 초능력

악어가 알에서 태어나는 모습이나 거북이가 알을 깨고 나와 바닷물을 찾아가는 모습을 보고 있노라면 태아가 신생아로 바뀌는 순간에도 어떤 신비한 힘의 초능력 같은 것이 있다는 생각을 해본다.

아직 과학이 거기에까지 미치지 못해 또는 연구가 미진해 그렇지만 태어난 지 2~3일된 신생아에게 있는 초능력을 보면 출생 때도 초능력이 있을 법하다.

그것은 모든 생물의 탄생을 보면 식물에서는 싹이 터질 때, 물고기, 날짐승, 또 곤충은 애벌레가 껍질을 벗을 때 볼 수 있고, 야생 동물들도 새끼가 나와 보를 벗기면 곧장 걷고 잠시 후 뛰는 모습에서도 볼 수 있다.

그 힘이 언제부터 어디서 생겼을까?

분명 그것은 태어나기 전에 축적된 힘이며 태어나자마자 발산되는 힘이라고 보아 틀림없다.

그렇다면 만물의 영장인 인간인데 더욱이 열 달이란 긴 시간을 태내에서 축적된 힘인데 우리가 아는 이상의 어떤 힘이 있을 것이다. 흔히 표현하기는 핏덩어리니, 갓 태어난 것이니 하지만 신생아는 분명 어떤 힘의 결집체로 탄생에 임한다고 봐도 무방하다.

그럼에도 불구하고 아기 낳기가 힘들다. 출산하다 생명을 잃는 일도 있다는 등의 몇 가지 경우를 우려하여 너도나도 안전한 병원으로 가자는 이유는 무엇일까?

그야 물론 의학이 발달하고 전문의가 있고 또 의료보험도 있으니 할 것이다. 그러나 병 체크나 치료가 아닌 분만까지를 환자들이 많은 곳에 자신도 환자가 되어 병원을 택해야 할 것이냐는 데에 문제를 제기하며 어려운 출산, 위험한 분만이 아닌 이상 복잡한 곳보다는 조용하고 편한 곳을 택하는 것이 더 바람직하지 않겠느냐는 것이 경험한 부모님들의 의견이다.

신생아는 엄마의 적절한 진통과 태아가 출생하는 순간의 초능력으로 태어나는 것이 마련된 순리이며 이래야 아기가 영특하고 건강하며 후에도 이상 없이 잘 자란다는 이치를 이해할지 모르겠으나 요즘의 많은 결과론을 보며 지적하고 싶은 일면이다.

아기는 분명 엄마가 낳는 것이지만 태아 자신도 자궁 속에 더 있을 필요가 없어 나가려 하는 것이기 때문에 엄마를 도와 어떤 능력(힘)을 발휘한다는 것이며 이런 힘과 엄마의 노력이 잘 맞을 때 순산은 결실을 맺고 그 후의 일도 잘 진행된다는 것이다. 그러므로 출산은 산모도 알고 원하는 방향으로 유도되는 것이 바람직하며 자연의 섭리에도 합당한 분만만이 좋은 결론에 도달한다.

미국의 산부인과 학회의 연구에 의하면 출산할 때는 태아나 산모 양쪽에 호르몬 분비를 촉진 내지 억제하는 능력이 있다고 하며 이것은 엄마가 자신을 갖고 기쁜 출산을 하려 하면 태아 쪽에서 호르몬 분비가 촉진되어 태아가 초능력의 힘을 발휘하여 엄마를 도와 쉬운 출산이 되도록 하는 것이 아니겠느냐는 것이며 엄마 쪽에 마취주사라도 가해 산모의 호르몬을 억제하면 태아는 무력해진다는 의미로 해석되나 새로운 발표에도 귀 기울이는 선진 사회의 출산부가 되게 하기 위해 덧붙인다.

출산 직후의 포옹이 평생 간다

병원에서 출산하든 어디서 출산하든 출산 직후, 그러니까 산후의 기본적인 처치가 다 된 시점에 "산모는 아기를 자기 왼쪽 가슴으로 안아라" 하는 것이 요즘 미국의 연구로 일본에까지 퍼진 모자간의 포옹이다.

예전엔 우리도 일반적으로 그렇게 했다. 그런데 현대는 의학의 고도성장으로 그런 일은 사소한 것으로 접어 두고 모든 행위가 기계적으로 기술적으로 발달하다 보니 중요한 한 장면 또는 한 과정을 빠뜨리는 경우가 생겨 지적하게 된다.

선진 미국에서 여러 가지 실험을 하고 또 출생 후 자녀에게서 생기는 문제, 모자간에서 발생한 문제들을 심리적으로 분석하여 동물들을 대상으로 실험한 결과 이 모든 문제는 원천적으로 탯줄이 끊어진 상태에서 생긴 모자간의 포옹과 밀접한 관계가 있다고 판단했다.

임신 중 모자는 탯줄로 연결되어 같이 먹고 숨 쉬고 느끼기까지 했었는데 갑자기 탯줄이 끊어지게 되니 이것은 마치 밧줄을 타고 산을 오르던 사람이 밧줄이 끊어졌을 때 당황하게 되는 상황과 비슷하다. 여하튼 빨리 포옹하여 어찌할 바를 모르는 아기의 정신적·심리적 안정을 도모해 주어야 한다는 것으로 의견이 모아진 것이라고나 할까.

동물도 자연분만을 원칙으로 하며 또 출생한 새끼를 어미는 계속 핥아주며 보살피고 가슴으로 감싸는 것을 본다. 귀찮다고 내팽개칠 수도 있을 테지만 그렇지 않은 것은 무슨 이유일까? 이런 것으로부터 착안하여 예전의 방법과 연결하여 예의 분석해 보니, 의학의 발달로 더 잘되는 줄 믿고 있던 일 속에도 잘못된 일면이 있는 것을 발견하고 이러한 문제는 소홀히 다룰 일이 아니라는 데서 그 중요성을 발견했다.

더욱이 이 문제는 평생을 두고 형성될 엄마와 아기 간의 정과 마음의 연결고리라 한다면 출산 때 이보다 더 중요한 일은 없을 것으로 생각된다.

여러 가지 균의 침입을 예방·치료하는 일, 아기의 건강을 체크하는 일 등은 의학이 담당해 주니 염려할 것은 없고 인간과 인간 사이에 있어야 할 일은 인간관계로서만 가능하며 의학이 담당할 분야는 아니니까 이에 각별한 주의를 환기시키고자 한다.

이 이야기는 다른 장에서도 언급되겠지만 외국의 연구 보고서에 나타난, 빠트려서는 안 될 중요한 일이기에 따로 지적하는 것이니 그 이유를 알아야 한다.

출생 후 아기는 커가면서 다양한 환경의 변화를 겪게 되지만 부모와 자식 간의 연은 끊을 수 없는 것이고, 바뀔 수도 없는 것, 또 멀어질 수도 없는 것이어서 이것이 잘 유지되기 위해 출생 직후의 포옹은 거의 절대적이라 할 수 있으니 꼭 실천하기 바란다.

시대의 흐름에 따른 분만사례 비교

1. 55년 전의 분만

그때만 해도 우리는 일제강점기에서의 생활이었다. 서구 문화로 일찍 개화한 일본은 산파제도가 발달하였고 산파(조산사)는 한 동네에 한두 곳은 꼭 있었다. 그래서 임신이 되면 미리 연락을 해두곤 했다.

최 권사님의 경우도 마찬가지였다. 충북 충주에서 출산을 한 권사님은 5~6개월 전에 연락을 해두었더니 산파는 지나는 길에 들려 상황을 물어보고 그때그때 필요한 지식을 일러 주었다.

9개월이 넘으면서부터는 방문 횟수가 잦아졌다. 언제쯤 출산일이 될 것이라고 일러 주었으며 그때쯤엔 거의 매일 방문을 했다.

아기 낳는 날(분만일)엔 웬일인지 늦어서 집에서 모시러 쫓아갔다. 산파는 준비를 하고 있었으며 곧 달려왔다.

반듯하게 눕히고 가죽끈을 주는데 한쪽은 고리같이 된 것을 발에 끼우라고 한다. 두 개로 양쪽 발에 끼우고 긴 줄을 손에 둘둘 말아 감고 자신의 길이에 맞게 조정을 했다. 그것은 힘주고 싶을 때 붙잡는 대용품이었다.

발바닥엔 발모양의 나무판이 끼워져 잡아당길 때 발에 지장을 주지 않았다.

힘은 아무 때나 주지 않는다고 지도를 해준다. 5분 간격의 진통이 오고 양수가 터지며 아기 머리가 밖으로 나온다고(보인다고) 하며 이제 힘주라고 지시한다.

그래서 있는 힘을 그곳에 집중하니까 어렵기는 했지만 스르르 하며 뭐가 쑥 빠져 시원해지는 것을 느꼈다.

"응아" 아기 우는 소리가 들렸다. "옥동자예요" 하는 소리와 함께 "아들이다", "고추야" 하는 소리가 옆에서 돕던 분들에게서 나왔다. "휴" 이제 끝났구나, 순산이었다.

또 어떤 분의 이야기로는 옛날 덧문엔 문고리가 있어 문고리를 이용하여 거기에 끈을 맨 뒤 그 끈을 잡아당겼다는 이야기도 들었다고 하신다.

그 후 모유는 어떻게 하였는지 알아보니 자신은 젖이 잘 돌지 않아 2일 후부터 먹였다고 하는데 아기는 2일 정도 굶겨도 괜찮다 하며 혹 먹이고 싶으면 엷은 설탕물 정도를 먹였단다. 그때는 우유병도 없었으니 수저로 몇 번 떠 넣어 주는 것이었다.

2. 50년 전의 가정분만

50년 전엔 일반적으로 가정에서 분만을 했다. 천안에서 한의원하는 집안의 며느리였는데 진통을 하면서 핏덩어리가 나오고 하혈을 하니까 "전치태반이구나" 하시며 산모의 생명이 위험하다며 약을 지어 빨리 달여 먹게 했더니 괜찮아졌는데, '전치태반'이란 아기보다 태반이 먼저 나와 자궁 입구를 막는 것이다. 반전치태반도 있다.

두 번째는 진통이 하도 심하니 불소산을 지어 주셔서 먹었더니 진통이 좀 가라앉았다는 경험담이며, 세 번째가 42년 전 일인데 그 동네엔 의사가 있어 집으로 왕진하여 여러 가지를 지도했을 뿐 약을 지어 준다든지 주사를 놓는 일은 없었고 회음절개나 제왕절개도 물론 하지 않았다. 여름 8월경이었는데 6시경부터 진통이 시작되고 11시경에 분만을 했으니 4~5시간 걸린 것이라는 이야기이다. 입원하여 3~4시간 후에 모래주머니가 터지더니 금방 낳았다는데 약 30분 걸렸을까. 분만을 하고 보면 다 그런 거지, 뭐 그렇게 시끌벅적할 일도 아니라는 것이다.

문제는 회음절개도 않고 그냥 낳을 수 있는데 병원에서는 빨리 나오게 하려고 여기저기 몇 군데 가위질을 하기 때문에 곪지 말라고 마이신 등을 복용하여 초유를 못 먹이는 것이 안타깝다는 것이다. 또 회음절개를 하면 자연 1주일 정도는 앉는 것과 소변 볼 때의 불편함과 통증은 표현키 어렵다. 그러니 과연 회음절개가 꼭 필요한 것인가는 신중히 생각해 보는 것이 발전된 사회의 사고라 하겠다.

과학과 의학은 계속 발전하지만 신의 섭리가 무엇인지는 몰라도 좀 더 쉽게 위험 부담을 더는 방안이나 통증을 덜 느끼게 하기 위한 방법이라 하여 절개를 시도하는 것 같은데 그것이 완전한 방법이 아니어서 그런지 후에 약간의 문제가 되는 것으로 보아 꼭 그렇게 해야 되는 것인지? 매우 안타까운 일이다.

시대는 자꾸 발전한다. 발전하는 시대에 발맞추어 되도록 완전한 방법이 모색되어 메스를 가하거나 약을 복용해 아기에게는 천금 같은 초유를 못 먹이는 일이 없기를 빈다.

그래서 이 출산 태교는 여러 가지 선진 제국의 방법을 제시하고 비교 관찰하게 하는 것이니 참고가 되었으면 한다.

3. 40년 전의 분만

서울 중구 신당동에서 있었던 일로, 겨울 출산이었는데 그때까지
만 해도 산파가 와서 가정분만을 도와주었다.

누구나 그랬듯이 산모는 바로 누워 있었고 옆집 할머니께서 도와
주셨는데, 할머니는 무릎으로 산모의 머리와 어깨를 받치고 산모의
어깨를 잡아 주셨으며 산모는 힘줄 때 할머니의 팔목을 잡았던 걸로
기억된다. 산파는 아래쪽에서 다리를 잡아 주고 힘줄 때 박자를 맞추
어주니 리드미컬하다고나 할까 별로 어려움이 없었다.

7~8시간의 진통 시간이 있었으나 막상 5분 간격의 진통은 2~3회
에 지나지 않았다. 순산이어서 그랬는지는 몰라도 자궁의 상처는 거
의 없었다.

산후 처리는 산파가 알아서 척척 처리하는 것을 보았고 태반처리
는 할머니께서 깨끗한 창호지에 싸서 태웠다는 이야기를 들었다.

젖은 하루 반이 지나서야 돌기 시작했고, 먹여 보았지만 워낙 양이
적어 곧 끊겼다. 그래도 시간을 맞춰서 겨우겨우 먹었고 2~3일째부
터는 점점 불어 불충분하나 보채지 않을 정도는 먹일 수 있었다.

신생아는 탯줄에서 얻은 영양이 있어서인지 젖을 많이 먹지 않아
도 부족을 느끼지 않는 것 같았는데 며칠 지나면서부터는 꿀꺽꿀꺽
먹음으로써 나날이 다른 모습이 되는 것을 보았다.

4. 35년 전 어느 언니의 출산(똥싸개 산모)

35년 전의 출산으로 가정분만이었는데 출산 때 시어머니가 머리

쪽에서 양손을 잡아 주어 마지막으로 힘쓸 때 굉장히 도움이 되었다고 한다.

그러나 웬일인지 나는 미리 힘을 주어야 하고 미리 힘을 주면 그때 변이 한 박자씩 나온다. 그래야 그다음 정작 힘줄 때 쉬워진다. 아기를 셋이나 낳았지만 그때마다 변을 먼저 보고 아기를 낳았다.

변은 물론 냄새며 치우느라 보조원들이 야단이지만 그렇게 되는 것을 어찌할 수 없다. 그래서 두 번째는 시어머니께서 미리 준비해 주셨기 때문에 갈아 치울 이부자리가 있어 그냥 바꾸어 버리는 것으로 어려움을 덜 겪었지만 하여튼 사람에 따라 여러 가지 양태가 있는 것 같다.

주위에 도와주러 온 사람들도 많고 어떻게 보면 창피한 일이지만 '아기가 나올 것 같아요' 하고 이야기하면 경험자들이 이때다 하며 힘을 줘라 하고 방법을 가르쳐주어 힘을 주었지만 어찌된 일인지 그만 변이 쏟아지는 것을 모면할 수 없었다. 이제 와서 생각해 보니 이것도 연구의 대상이 될 수 있다면 하여 창피를 무릅쓰고 속심을 털어 놓는 것이다.

그래도 아기들이 건강하고 영특하게 잘 자란 것을 보면 오히려 제왕절개나 회음절개를 해서 문제의 아기를 낳는 것보다는 낫지 않을까 한다.

문제는 자연분만이 좋은 것으로 알고 있으면서도 이 걱정 저 걱정하다가 무조건 병원에 의탁하는 일인데 자신도 알아야 할 일만은 알고 있어야겠다는 뜻이고 의사에게 맡기면서도 자기 의견만 내세우라는 뜻은 아니다.

현대는 병원에서 이런 경우를 생각해 출산할 때 변을 먼저 보게 하거나 관장을 시켜 변을 미리 보게 하고 있다. 그러나 이런 경우는 아주 희소하며 어떤 사람은 출산 전에 물만 마셔서 변 볼 것이 없었다니 각기 자기에 맞는 방법이 무엇인가 미리 알고 있는 것이 좋겠다.

5. 30년 전 병원분만 사례(졸면서 진통을 겪었다)

30여 년 전만 해도 우리나라 분만은 산파로부터 병원 분만으로 패턴이 바뀌고 있었다.

그래서 정확히 언제부터 무엇을 어찌해야 할 것이냐는 문제는 확실하지 않았고 형편만 괜찮으며 하루라도 일찍 입원을 하자는 쪽으로 의견이 모아진 듯했다.

손 부인의 경우를 보면 7일 저녁부터 약간의 진통이 시작되어 친정어머님께 여쭈어 보니 진통이 드문드문 온다면 아직 시간 여유가 있으니 내일 아침 부지런히 밥을 해먹고 오라고 하신다. 그날 밤 내내, 진통이 오면 깨고 진통이 사라지면 잠들고, 정말 잠이 쏟아져 참을 수 없을 정도였다. 그다음 날도 별일 없이 하루가 거의 다 갔다. 다른 사람의 경우와 비교해 보면 졸면서 진통을 겪는 출산은 오래 걸린단다.

일단 병원에 입원했다. 저녁 이후부터 진통 간격은 줄어들기 시작했다. 그러나 별로 급하지는 않았다. 병원에 있으니 어려움 같은 것도 없었다. 간호사의 정기 체크는 계속되었지만 시간이 좀 걸릴 것 같다는 의견이다.

자정이 가까워지면서 진통이 빨라졌다. 모래집물(양수)이 터지고 의사는 분만이 가까워졌음을 알려 주었다. 그 후 약 30분 동안은 5분 간격의 심한 진통을 하더니 3일 만인 새벽 0:30분께 출산을 했다.

그때만 해도 초산이니까 어려움을 피한다고 회음절개를 했는데 이유는 그냥 두면 자궁 입구가 손댈 수 없이 막 흩어지기 때문이라고 하여 지시에 응했는데 예전엔 그렇게 하지 않고 어떻게 됐을까가 궁금하다.

회음절개(이것도 몸에 칼을 대는 것인데)는 다행히 마취는 안 하는 것이지만 분만 후엔 마이신을 복용해야 되니 초유는 못 먹인 게 내내 아쉬웠다. 그러나 요즘같이 제왕절개한 후 모유를 아주 못 먹이는 것은 아니고, 2~3일 후 퇴원하고 나서는 모유를 먹일 수 있었다.

근래에는 모유의 중요성을 재인식하고 나니 초유를 먹이려면 출산 시 몸에 칼을 아주 안 대거나 분만 후 마이신 등 약을 복용하지 않아도 되는 방법의 개발이 시급하다 하겠고 보다 발전된 분만방법은 없는 것인지, 그러기 위해서는 분만 전부터 자연분만을 하겠다는 노력이 중요하다고 느껴진다.

제4장

산후 조리와 정상적 신생아

산후 조리

출산 후 산모의 건강 회복은 3×7=21일이지만 보통 7~10일이면 어느 정도는 안심할 수 있다.

자궁의 회복도 약 10일쯤 지나면 많이 수축된다. 원상회복이 되기까지는 약 6주 걸린다.

또 질과 회음도 급속히 원상태로 회복된다. 그러나 절개 후 봉합했을 경우는 3주쯤 걸린다.

오로는 2~3일은 적색으로, 4~5일에는 갈색으로, 8~10일에는 황색으로 변하나 3~4주간 백색으로 지속되다 1개월 후에는 완전히 없어진다.

산후 첫 월경은 사람에 따라, 수유 방법에 따라 다른데 우유를 먹이면 3개월 정도 후부터, 모유를 먹이면 6개월~1년 후부터 있는 것이 정상이다.

출산 때 소모한 엄청난 힘을 회복하기 위해 산모에게는 수면과 휴식이 필요하다. 식사는 영양 있는 것, 담백한 것, 피를 맑게 하는 것을 많이 섭취해야 모유가 풍부해지고 회복도 빠르다. 이때는 질적, 양적으로 충분히 섭취하자.

배뇨는 6~8시간 내에 하게 되며 배변은 2~3일 이내에만 하면 좋다.

산후의 이상증상

산후에 이상한 통증이 계속될 때에는 체크해야 한다. 몇 가지 예를 들어본다.

- 외음부 통증: 분만 때 절개한 부분이 15일 이상 아플 경우에 검사한다.
- 소변 때 통증: 소변이 자주 마렵거나 배뇨 때 통증이 있을 때 방광염 검사를 한다.
- 부종: 10일 이상 부종이 가라앉지 않을 때 신장검사를 한다.
- 출혈: 분만 후 한 달이 지나도록 오로에 혈액이 섞여 나올 때는 자궁 안의 난막이 남아 있거나 자궁복고 분전증일 수 있으니 병원의 지시를 받는 것이 바람직하다.

산후의 성생활

　성생활은 일반적으로 건강이 어느 정도 회복되는 1개월 후부터가 좋다. 그러나 처음 2~3주간은 조심스럽게 또 깊지 않게 큰 충격이 없는 방법으로 전개하는 것이 바람직하다.

　산후 얼마간은 여성의 발로인 선의 분비가 좋지 않으니 되도록 부드럽게 하는 윤활제를 사용하는 것도 지혜에 속한다.

출산 후의 모체는 상당히 연약해진다. 배의 근육이 이완되고 뼈마디가 늘어나며 어떤 사람은 머리카락이 빠지는 일도 있지만 곧 회복된다.

기미·주근깨가 생기는 일, 임신선이 남는 일이 있으나 두려워할 필요는 없다.

요즈음 여성들이 우유로 수유하게 되는 경우 모체에 축적된 지방 때문에 고생하며 다른 운동으로 살빼기를 한다고들 하는데 이것은 병을 만들고 약을 먹는 경우와 같은 것이라 할 수 있다. 어쩔 수 없는 경우를 제외하고는 모유 수유에 힘쓰는 편이 낫지 않을까 한다.

또 산욕기에는 체온이 상승하고 맥박이 흐려지는 경향이 있다. 맥박은 7~10일이면 정상으로 되돌아온다.

분만 시의 출혈 때 적혈구와 혈색소의 감소는 2주 내에 회복된다. 분만 시 약 10kg의 체중이 감량되는데 이는 분만 시 약 5,000mg의 발한과 이뇨로 약 2,500mg의 체액 손실이 있기 때문이다. 그 외에도 임

신 시 달라진 피부색도 산욕기를 지나면서 서서히 정상으로 되돌아
온다.

- 질: 3~4주가 지나면 원상으로 회복되는데 입구가 다소 벌어질
  수 있다.
- 외음부: 2주 정도면 회복되나 처녀막은 열상을 입은 상태로 남는
  다. 회음절개도 이때쯤 회복된다.
- 복벽: 시일이 지나면서 서서히 회복되나 1~2개월간 복대나 산
  욕 체조를 하면 도움이 된다.
- 유방: 아기의 건강을 위해 풍만해지는데 계속 수유를 하는 것이
  좋다. 산모의 초유는 아기의 태변을 쉽게 배변하게 하고 질병 예
  방, 생명력을 왕성히 하며 3~4일 후의 성유는 영양이 풍부하여
  성장에 도움을 준다.
- 월경과 배란: 모유를 수유하면 약 1년간은 월경이 없다. 그러나
  사람에 따라 다르다. 중요한 것은 사후 무월경일 때라도 배란은
  규칙적으로 있으니 임신에 대한 주의는 필요하다.
- 자궁수축: 모유 수유 시 아기가 젖을 빠는 자극에 의해 유즙분비
  가 왕성해지고 자궁 회복에도 크게 도움이 된다.

모유를 잘 나오게 하는 방법

　모유가 잘 나오고 안 나오고는 체질과 관계가 있다. 그렇다고 그것이 유방의 크기에 비례하는 것은 아니며 질적인 문제라 볼 때 좋은 모유는 산모의 영양섭취에 달렸다고 보는 것이 정확하다. 그러므로 산모는 되도록 많은 음식을 고루 섭취하여 필요한 영양소가 충분히 축적되도록 해야 한다. 그러면서도 유방이 잘 풀려야 한다(젖이 잘 돌아야 한다).

　예전에는 벌겋게 달군 쇠붙이를 담갔다 뺀 막걸리를 마시거나 돼지족 삶은 물을 마셨다. 우족·맥주·우유를 마시기도 했다.

　수유 시 유방의 청결 문제는 늘 신경을 써야 할 중요한 일이다.

① 수유 전에는 붕산수와 따뜻한 물로 닦아 깨끗이 하여 아기가 빨기 좋게 한다.

② 젖꼭지가 갈라져 아플 때는 젖을 물리지 말고 더운 물수건으로 마사지하여 젖을 짜낸다.

③ 상처가 있을 때에는 수유를 중단하고 자극이 없는 연고를 사용

한다. 상처가 아물면 다시 젖을 물린다.

④ 함몰유두(젖꼭지가 안으로 파묻힌 경우) 시 산모는 손가락으로 젖꼭지를 잡고 주위의 갈색 부분을 눌렀다 놨다 하는 동작을 자주하여 젖꼭지가 밖으로 나오게 한다.

젖분비는 자극으로

아기가 젖을 빨면 유선의 표면 신경이 자극되어 뇌호르몬 분비가
촉진된다. 그러므로 처음에 젖이 잘 나오지 않는 산모들도 아기에게
자꾸 빨리면 차츰 잘 나오게 된다.

그런데 젖이 부족하다고 느끼던 중 젖이 고였다고 아까워서 축적
해 두는 경우가 있는데 짜버리는 것이 바람직하다. 이 경우 젖이 탱
탱해져서 분비를 멈추면 유선염이 될 우려가 있으니 아기에게 실컷
빨게 하여 젖을 비워야 또 새로운 젖이 생기는 것이다.

젖은 마음이 안정되어야 잘 고인다. 산모가 불안하거나 고민이 있
으면 젖이 안 생긴다. 그러므로 아기를 위하여 편안한 마음을 갖도록
한다.

주위 사람이나 남편의 협력을 얻어내는 현숙함을 보이자. 그리고
사소한 트러블이나 번거로운 일을 피하는 상호 이해에 도달하자.

모유 수유 시 주의사항

1. 기쁜 마음, 애정으로 수유한다.
(불쾌한 상태일 때는 양질의 젖이 아니다.)

2. 혐오감이나 흥분 상태의 수유는 나쁘다.
(그럴 땐 피했다가 마음을 가라앉힌 후 수유한다.)

3. 부부생활 직후 수유를 삼가라.
(모유의 질이 다르다는 의견이 있다.)

4. 힘든 일을 한 후엔 조금 안정 후 수유하라.
(좋은 에너지의 모유가 아닐 수 있다.)

5. 브래지어의 착용은 보온의 효과가 있다.
(젖이 차가워지면 잘 안 나오는 수가 있으니 브래지어를 착용하되 너무 꼭 끼는 것은 피한다.)

유방의 여러 가지 증상

유방충혈

유방에 젖이 차 있거나 혈액순환이 잘 안 되어 고이면 유방에 통증이 온다. 이때 유방이 붓고 벌겋게 되어 아프면서 열이 난다. 주로 초산의 산모들에게 나타나는 것으로 며칠간 또는 몇 주간 계속되기도 하는데 아기가 규칙적으로 힘차게 빨게 되면 자연히 없어진다. 그러나 심한 경우 두통, 전신권태, 근육통으로까지 발전하여 유방염(유종)이 될 수도 있으니 유의하자.

그럴 때는 손으로 젖을 풀어 짜고 부드럽게 해주어야 한다. 아기는 젖을 빨게 되고 젖이 없어지면 통증도 사라진다. 따뜻한 물수건으로 찜질하는 방법도 좋다.

유선염(화농성유선염, 유선후방농양)

일반적으로 유방에 염증이 생기는 것은 출산 2～3주경 연쇄상균·포도상구균의 침입으로 발생하는데 속히 병원 치료를 받는 것이 좋다.

방치했을 경우 고름이 생겨 젖을 만드는 조직이 파괴되면 고열이 난다. 치료를 위해 병원에서는 항생제를 쓰게 되는데 이렇게 되면 약 10일간은 아기에게 젖을 먹일 수 없게 되니 이런 일이 없도록 미리미리 해야 된다.

예방은 균의 침입을 막는 청결에 있어 잘 닦고 자주 소독하면 얼마든지 예방이 가능한 것이니 유의하자.

유즙분비 부전

유선 조직의 발육부진 또는 호르몬 분비 부진으로 정신적 타격, 영양 불량, 경구 피임약 사용 등으로 생기는 병이라 할 수 있다. 이런 현상은 산모의 이상 체질로 유선 자체의 발육이 불충분하거나 호르몬 분비가 불완전한 경우다.

이런 것은 유방 마사지나 주사로 치료해야 하므로 모유를 분유로 바꾸는 한이 있더라도 병원에 가보는 것이 좋다.

유두열상

이것은 젖꼭지 끝이 갈라져서 젖을 물리기 힘든 상태를 말한다. 젖꼭지에는 자체 분비되는 기름이 있지만 비누 세척을 하면 건조해져서 갈라진다. 또 모유 분비가 잘 안 되거나, 함몰유두, 소유두의 경우 젖둘레를 빨지 못하고 젖꼭지를 찾아 빨려고 할 때 유두가 헐 수 있다.

이런 때는 아기에게 젖을 잘 물리도록 하는 것이 첫째요, 마른 젖꼭지에는 크림 등을 발라 마르지 않도록 하는 것이 둘째로 중요하다. 그러나 수유할 때는 물로 크림을 잘 닦아내야 한다.

또 젖꼭지가 너무 아플 때는 하루 정도 젖을 끊는 것이 좋다. 그렇

지만 젖이 고이면 안 되니 유축기나 손으로 젖을 짜내도록 한다. 상
태가 심하지 않을 때는 크림 바른 젖을 공기에 자주 말린다.

또 60w짜리 전구를 50cm 떨어진 곳에 설치하고 20분씩 하루 3번
정도 쪼여 주는 것도 좋은 방법이다.

배내똥과 오유

분만 후 탯줄 자르는 일은 30~40분이 경과한 후에 하는 것이 이상적이다. 그것은 신생아의 온갖 맥이 여태까지는 배꼽에 집중되어 있던 상태라서 출산 시에 긴장됐던 일들이 약간의 시간이 경과해야 안정되기 때문이란다.

그러나 요즈음은 병원 분만이 유행하며 병원에서는 바로 절단하고 마는데 탯줄을 훑으면서 영양분을 전해 주면 다 끝나는 것으로 의미가 성립되는 것 같다.

바쁜 세상에 분만이 끝났으면 그만이지 뭘 기다리겠느냐고 하겠지만 탯줄 절단에 관련된 역학 관계는 재고되어야겠다는 의견이 이웃 일본에서 나오고 있다.

초유는 만 하루, 즉 24시간이 경과한 후에 먹이게 되는 것이 정상이며 이때쯤이 되면 까만색의 배내똥이 나온 후와 맞먹는데 그것이 배설되지 않은 상태에서 모유나 우유를 먹이게 되면 어떤 경우 배설물이 묽어져 위장으로 올라와 위장 장애를 일으키는 원인이 될 수도 있다. 옛날에는 이것을 꼭 지키도록 했다는데 그것은 조물주의 섭리와도 꼭 맞는 것이 엄마 젖은 하루 반이나 이틀 후부터 조금씩 돌기 시작한다는 경험자들의 말과 일치한다.

일반적으로 모유는 3일째가 되어야 만족할 만큼 먹일 수 있다고 하는데 그러기 직전에 있을 중요한 일은 새끼손가락만 한 아기 배내똥이 완전히 배설되는 것이라고 하는 것을 보면 이 오묘한 진리에 참으로 머리 숙여 순종해야겠다는 생각이 들게 된다.

물론 사람에 따라 약간씩 다를 수는 있어 어떤 신생아는 3일 전이라도 완전 배설이 끝나며 이런 경우는 모유도 빨리 나오고 충분히 2일 후반부터 먹이게 된다는 것이며 임산부는 자신의 체질이 어느 쪽에 속하는지를 알아야겠고 조력자(부모, 형제, 간호사)는 배설이 완전히 됐는지를 판단해 주는 것도 매우 중요한 일이라 하겠다.

배내똥은 오랫동안 체내에서 축적된 찌꺼기여서 한방에서는 나쁜 것(독소)이라고까지 말하는데 그것이 그럴 것으로 생각되는 것은 짐작하고도 남음이 있다.

이것이 완전 배설되기 전 잘못 풀려 장이나 위에까지 올라올 경우 아기는 토하게 되고 그다음엔 모유도 먹기 싫겠고 또 먹어도 소화장애를 일으키는 연쇄반응이 일어날 것은 뻔한 일이다.

훌륭한 엄마가 될 분은 이런 이치에 명석한 판단을 할 줄 알아야 하며, 그래야 후에 아기가 왜 이러는지 몰라 쩔쩔매는 일이 없을 것이다.

정상적 신생아

우리나라 신생아들의 정상적 몸무게는 평균 약 3.2kg이며 키는 약 50cm 정도이다.

생후 3~4일간은 몸무게가 잠시 줄 수도 있으나 1주일 후부터는 200g 이상씩 부쩍부쩍 는다. 피부는 연분홍색이며 체온은 37℃가 정상이다.

며칠간 몸에는 미끈미끈한 물질이 흘러나오나 3~4일 후면 없어지고, 체온조절 능력이 부족하여 외부의 영향을 많이 받는다.

어떤 자극을 받으면 반사반응을 잘 일으키는 것은 신경·근육이 발달한다는 의미로 해석해도 좋다.

본능적으로 무엇을 찾으려 하고 또 쥐고 싶어 하는 것은 조건 반사의 일종이다.

정상적 신생아는 많이 잔다. 그것은 새로운 환경에 적응력을 키운다는 의미이며 밤낮 구별 없이 몸이 요구하는 잠을 즐긴다. 아마도 하루 15시간 이상 어떤 때는 20시간 자는 아기도 있다. 그러나 차츰 수면 시간이 줄어든다.

어떤 때는 놀라기도 하며 무엇을 옹알대는 것 같기도 하고, 이상한 표정을 짓기도 하는데 이것을 배냇짓이라 한다. 전에 있었던 어떤 일이 연장되는 것, 아니면 출산되는 동안에 느꼈던 어떤 일이 잠재해 있다가 표현되는 것으로 볼 수 있다.

아기가 울 때는 의미가 있다고 보아야 한다. "아기울음은 언어"라고 말하듯 요구를 울음으로 표시하는 것이니 배가 고프다는 건지 혹은 어디가 불편한 것인지를 빨리 알아차리는 것이 훌륭한 엄마의 출발이다. 방법은 잘 살펴보는 것이다.

생활이 향상된 요즘 신생아의 체중은 매년 조금씩 변하지만 평균은 아래와 같다.

	남아		여아	
	출생 시	1개월	출생 시	1개월
체중	3.3~4kg	5~6kg	3.1~3.6kg	4.8~5.7kg
신장	51~55cm	56~62cm	50~53cm	55~59kg
두위	33~35cm	37~42cm	32.5~34cm	36.5~40cm
흉위	32.5~34.5cm	37.5~42.5cm	31.5~33cm	36.5~40.5cm
머리둘레	34~36cm		33~35cm	
뇌무게	150g		145~150g	

감각

아기는 태어나면서부터 오감 육각을 발동하여 새 환경과 접촉한다.
① 시각: 아기의 눈에 빛을 비추면 눈을 감는 듯한 반응을 보인다.
　　　이런 일은 생후 2~3일 이내에 관찰할 수 있다. 밝은 데서 물체

를 움직이면 눈이 물체를 따라서 움직이는 것을 볼 수 있다. 2
개월이 되면 시선의 폭은 180도까지 넓혀진다.

② 후각: 출생 2~3일부터는 엄마 냄새를 안다. 젖을 갖다 대면 냄
새를 맡고 입으로 찾으며 기쁜 표정을 한다.

③ 미각: 쓴맛, 단맛의 감각을 표현한다.

④ 청각: 양수와 잔털이 제거되면서 예민해진다. 들려오는 소리에
반응하려 하며 엄마의 목소리를 좋아한다. 일주일 후부터는 음
파를 감지할 정도가 된다.

⑤ 촉각: 손에 쥐어주는 것은 무엇이든 꼭 쥐려고 한다. 찬 것, 뜨거
운 것에 민감한 반응을 보이는 것으로 보아 특히 입술과 혀의
촉각이 발달되었음을 알 수 있다.

맥박과 호흡

신생아의 맥박은 변동이 심하다. 잠들었을 때는 1분에 90회 정도,
깨어 있을 때는 180회 정도 뛴다. 호흡도 1분에 30~40회가 정상이나
60회가 넘을 수도 있다. 이때는 이상이 있는 것이다. 신생아의 호흡은
횡경막과 복부 근육의 운동으로 관찰한다.

반사운동

신생아의 운동 기능은 머리에서 발 쪽으로 발달해 간다. 자극에 대
한 반응은 주로 척추와 중뇌의 반사작용으로 일어난다. 뺨에 무엇을
갖다 대면 머리를 돌리는 것, 손가락을 손에 쥐어 주면 꼭 잡는 것,
입에 많이 넣어 주면 구역질하는 것 등은 여기에 속한다.

수면

18~20시간 잔다.

체온

37.5℃가 정상이며 그 이상일 때는 열이 있는 것이다.

탈수열

출생 후 2~4일경에 흔히 일어나는데 38℃~40℃가 되며, 다른 이상은 없다. 이때는 모유의 분비량 부족이니 보리차나 포도당 등 수분을 보충해 주면 곧 혹은 다음 날쯤 가라앉는다.

반점

엉덩이에 푸르거나 잿빛을 띠는 반점은 몽고반점으로 무릎이나 어깨 부위에서도 볼 수 있다. 동양인에게 80%, 백인에게는 10% 정도 발견된다.

머리카락

머리카락이 많은 아기와 적은 아기가 있지만 몇 개월 지나면 다 빠지고 새로운 머리카락이 나오기도 하니 최종 머리색은 지나봐야 한다. 그래서 잠은 왼쪽, 오른쪽 번갈아 눕힌다.

솜털

신생아는 몸 전체가 솜털로 덮여 있다. 특히 이마, 등, 팔, 다리, 어깨 부근에 많이 나 있다. 보통은 임신 8개월쯤에 없어지는 것인데, 시간이 지나면 없어지므로 염려할 필요는 없다.

피부

신생아의 피부는 쉽게 변한다. 수면 중의 손과 발의 색은 암적색이나 자색의 얼룩덜룩한 점이 나타난다. 이것은 혈관의 운동 신경이 미숙하고 혈액순환이 잘 되지 않기 때문이다.

몸의 중앙선을 경계로 한쪽은 붉고 한쪽은 창백해지기도 하는데 이것은 수면 중의 자세에서 비롯된 일시적 현상이다.

만약 전신이 창백하고 맥박이 느리면 산소 부족을 의심하고 맥박이 너무 빠르면 빈혈, 탈수현상인가에 신경 쓴다.

태지

크림과 같은 황백색 물질로 피부를 덮고 있는 기름류다. 상피세포와 피지선의 분비물은 4~5일 이내에 건조된다.

낙설

코·무릎·팔·둔부 등의 피부가 이불 등 천에 의한 마찰 또는 분뇨의 자극에 의해 벗겨지는 것을 의미한다. 보통 2~4주경에 나타나는데 기저귀 등을 자주 갈아 주며 잘 보살피면 된다. 목의 주름에 끼는 때도 마찬가지이다.

대천문, 소천문

앞머리 가운데 이마 바로 위의 약간 오목한 부분(말랑말랑한 곳)이 대천문이고 머리 뒤에 있는 부분이 소천문으로 기운의 샘이다. 1년쯤

후 굳기까지 조심해야 한다.

호흡

호흡(운동조직)은 태중에서 정해지지만 출생 이후엔 많은 변화가 있다. 첫 호흡은 첫 울음에 의하여 30초 이내에 하게 되는데 닫혔던 폐가 열림으로 시작된다.

위장계통

식도의 근육이 발달되어 있지 않아 토하기가 쉽다. 그것은 젖먹일 때 공기 분출이 되지 않아서이니 트림을 시키면 된다.

순환계통

태아에서 신생아가 되기까지 순환계는 엄청난 변환을 한다. 출생하면서부터는 탯줄로 받던 산소나 영양공급이 중단되고 자급자족해야 한다. 이때는 심장의 좌우 심방 간이 완전히 막혀 버린다. 그러나 그간에도 폐를 통한 호흡이 서서히 진행되어 별무리는 없게 된다.

소화량

출생 직후는 40~50cc 정도지만 2~3주부터는 80~90cc 소화하고 5~6개월 되면 200cc를 거뜬히 소화한다. 위와 장내에서 음식물이 소화·흡수되는 시간은 2~3시간 정도이다.

소변

신생아는 첫날부터 소변을 본다. 분량은 첫날 하루 동안은 30cc 정도이지만 1주 후부터는 200~300cc를 본다. 1개월이 지나면서는 500cc를 본다. 횟수도 첫 주는 7회 안팎이며 2주가 지나면 15회로 된다.

체온유지

신생아는 체온조절을 잘하지 못한다. 그래서 실내 온도가 너무 높거나 낮으면 좋지 않다. 평균 20~25℃를 유지하며 50~60%의 습도를 만들어 주면 건강에는 이상 없다.

치아

젖니는 보통 5~9개월 사이에 나오며 2년 반이면 완성된다. 그러나 어떤 아기는 15개월 후에 나오는 경우도 있다.

제5장

신생아의 이상질환과 예방

출산 전 산모의 예방진단

　정신박약은 대부분이 선천적 원인에 의한 것으로 이를 미리 발견하면 조기치료로 불행을 예방할 수 있다.

　정신박약 현상은 주로 뇌세포에 치명적 손상을 주는 감염증에서 오므로 각종 세균 바이러스에서 오는 매독, 헤르페스, 풍진 등의 예방에 신경을 써야 한다. 이런 것은 이미 임신 전에 체크를 받아야 하지만 혹시라도 임신 중에 감염이 되었다면 출산 전 진단으로 예방할 수도 있다.

　감염 원인인 기생충은 고양이의 대변이나 흙에 기생하는 '톡소플라스마'이며 임신 말기일수록 감염률이 높다고 하니 임산부는 애완동물을 가까이하지 말 것이며, 육류 요리를 할 때도 장갑을 끼고 하며 반드시 손을 다시 씻도록 주의를 해야 한다.

　헤르페스는 입, 혹은 생식기를 통해 감염되며, 생식기 근처에 포진이 생기는 것이다. 만약 임신 말기에 감염되었을 경우에는 정상 분만이 위험하므로 인공분만을 하면 전염은 면할 수 있다. 그러나 뇌세포에는 문제가 있을 수 있다.

또 풍진은 호흡기를 통해 오며, 거대봉입체는 성행위·체액·수혈 등으로 전파되고, 매독 등도 성행위에서 오는 것은 다 아는 사실이다. 이런 증상은 대개 임신 초기에 발견될 수 있어 유산을 시키는 것이 가장 좋은 방법이라고 했지만 혹시라도 모르고 있다가 임신 중기 이후 발견되면 어렵다. 치료는 할 수 있다 하더라도 완치 가능한가에는 문제가 있고, 태아는 임신부가 주사를 맞는 것 자체를 싫어하므로 금기에 속한다.

요즘은 의학이 발달하여 많은 치료를 가능케 하지만 태아에게 미치는 영향은 별도로 떼어놓고 하는 이야기이므로, 태아를 생각하고 태교를 미리 잘하여 아기를 훌륭히 키우고자 한다면 애초에 이런 일이 생기지 않도록 하는 것 외에 다른 좋은 방법은 없다.

그러므로 예부터 임산부, 예비부모는 삼가는 것을 제일로 한다는 말이 무슨 의미였는가를 알게 된다. 태중의 아기는 엄마와 탯줄로 맥이 통해 숨쉬고, 먹고, 생각하지만 임산부가 병에 걸렸다고 맞는 주사나, 먹는 약을 같이 맞거나 먹어도 될 정도로 완벽한 상태가 아니라는 것, 그래서 그것이 무서운 독으로 화할 수 있다는 것을 참작하여 치료 방법이 있으니 걱정 없다는 식으로 쉽게 생각해서는 안 된다는 것을 이 기회에 강조한다.

임신 중 당뇨병

서울대학교 의대 산부인과에서 '1988~1990년'까지 2년간 임신부 348명을 조사한 결과 임신성 당뇨 증세가 100:1로 나타났다고 보고했다.

이런 일이 없기를 바라지만 나타난 결과가 이러니 예방적 차원에서도 이 사실을 전하지 않을 수 없다. 더욱이 이런 증세의 임산부가 그냥 아기를 출산하면 거대아를 낳거나 자궁·산도에 손상을 준다는 우려까지 있고 보니 알 것은 알아두어야겠다.

그렇다고 너무 염려하며 병원에 자주 가거나 하는 일이 있어서는 안 되겠고 이런 일이 왜 생길까를 알아 그런 일이 없게 하는 것이 태교의 지혜이니 참고하여 예방법을 찾도록 하자.

임신 전에 당 대사의 장애가 없었던 여성도 임신과 연관하여 당뇨 증세가 생기는 일이 있다. 그간 선진국에서는 흔히 있었지만 이젠 우리나라에서도 발생 빈도가 잦아졌으니 원인이 무엇인지 아는 것이 중요하다.

원래 우리 인체는 음식물에 포함된 당분이 흡수되면 혈액 중에 분

포되어 췌장에서 분비된 인슐린에 의해 불필요한 당을 당단백이나 당지질로 만들어 따로 저장하는 기능이 있다.

그런데 임신성의 경우는 평소에 이런 증세가 없었던 사람임에도 생기는 현상으로 여러 호르몬의 왕성한 분비가 췌장에 부담을 주어 일어난다는 것이다. 정상이면 대개 출산 뒤 없어지기도 하지만 임신 전에 스테로이드 성분이 포함된 약물을 많이 복용했거나 비대증 등으로 살이 많이 찐 여성에게 자주 나타나는 것으로 비만과 당뇨는 연관이 깊다. 또 나이 들어 출산할 경우도 발생빈도가 많으니 이런 점 유의하도록 하자. 또 당뇨는 유전성이 강해 직계 가족 중 환자가 있는 경우 임신한 여성은 꼭 체크해 보도록 권하고 싶다.

치료는 현재 각 대학병원들에서 하고 있는 식이요법에 관한 교육으로 90%가 가능하다고 하니 되도록 이런 방법으로 치료하면 좋겠고 평소에도 과다한 당분 섭취는 피하는 것이 바람직하다.

요즈음 많은 음식이 달다. 어느 음식점의 식사는 유난히 맛이 있다는 이야기에서 뭔가 느끼는 것이 있어야 하며 되도록 신선하고 심심하여 신진대사가 잘되는 음식을 섭취할 것과 많은 운동으로 좋은 소화와 배설에 노력하는 것이 필요하다.

분만 시 주의점과 이상치료

　뇌성마비의 상당 부분은 극히 드문 일이지만 분만과정의 어려움으로 인해, 산소 공급을 제대로 받지 못한 뇌세포의 일부가 사멸되어 일어나는 현상이다.

　난산이거나 미숙아를 출산하게 될 경우 태아가 양수를 마시거나 오물을 삼켜 일시적이나마 호흡을 하지 못하는 증세에서 일어난다고 말한다. 따라서 정상분만이 아닐 경우는 병원의 응급처치가 뒤따라야 한다.

　정신지체아는 전 인구의 3%에 달한다고 하며 중증 4천~5천 명이 특수시설에 수용되어 있다. 미국은 30년 전부터 일본은 20년 전부터 예방법을 잘 실천하며 증가를 억제·예방하고 있으며, 우리나라에서도 조기검사로 이상을 발견하면 치료가 가능하여 상당수가 정상아로 되었으나 1~2개월만 늦어도 대사이상으로 뇌손상을 받는 수가 있다니 때를 놓치지 않도록 해야겠다. 정신지체아 발견은 특수필터지에 발뒤꿈치에서 채혈한 피를 떨어뜨려 아미노산 대사이상을 가려내면 된다. 방법이 간편하며 비용도 많이 들지 않고 특수기구도 필요치 않다.

또 미숙아의 경우 인큐베이터에 들어가면 40% 이상의 고농도 산소에 노출되어 눈의 망막에 이상이 생기고 실명하는 경우가 있으므로, 퇴원 후에는 자주 진찰을 받아 이런 위험을 예방하는 치료를 받아야 한다.

갑상선 기능 저하증이라는 발육부진과 피부가 거칠어지는 증세는 우리나라에 많은 현상인데, 이 '페닐케톤뇨증'에 걸리면 피부가 하얗게 변하고 심한 습진현상을 일으키며 머리카락이 갈색으로 변하며 정신박약을 일으키는 수도 있으니 조심해야 한다.

정신박약을 일으키는 질환 중에는 신생아의 체내에 있어야 할 필요 요소가 없어서 섭취한 우유 등이 유독 작용을 하게 되어 뇌나 신체에 돌이킬 수 없는 손상을 주는 일, 즉 선천성 대사이상 등의 질환이 있다.

그 외에 장애현상은 아니지만 모자간의 감염으로 자주 지적되었던 B형 간염은 95%의 확률로 전달될 가능성이 있으므로 산모에게 B형 간염이 있을 시는 분만 후 12시간 이내에 '글로블린'이라는 면역주사로 바이러스를 박멸한 후 1주일 후부터 세 차례에 걸쳐 간염 예방주사를 맞으면 신생아의 간염은 퇴치할 수 있는 것으로 나타났다.

또 선천성 갑상선 기능 저하증이나 페닐케톤뇨증 등의 대사이상 질환은 약물과 식이요법으로도 치료가 가능한데 생후 1주일 이내에 혈액검사를 하고 이상 여부 발생 시 즉시 치료하면 정신지체아가 되는 불행한 일은 얼마든지 예방할 수 있다.

예방을 위해 소아과에 갈 때는 되도록 다른 병의 전염이 염려되지 않는 한가한 시간을 이용하여 가는 것이 중요하다. 요즘 모유를 먹이지 못하는 신생아에게는 면역성이 결여되어 있으므로 잘못하다가는 다른 병이 전염될 염려가 있기 때문이다.

제왕절개를 했더니

1. 진통제를 안 맞으면 약 3일간은 죽고 싶을 만큼 아팠다

이건 절개분만한 산모의 말이다. 그건 그럴 수밖에 없다. 생사람 배를 길게 갈랐으니 그리고 꿰맸으니 안 그럴 수 있을까? 그렇다고 진통제를 너무 자주 맞을 수도 없다. 병원에서 시간이 되면 놔주는 것이니까.

입은 바짝바짝 마르고 아기를 보고 싶어도 겨우 한두 번 그것도 안 아볼 수도, 좋아도 웃을 수도 없었다. 내가 왜 이런 걸 했을까! 병원에서 권했으니까 하고 후회해도 소용없다. 이젠 다 끝난 일이다. 그런데 그런 걸 무통분만이라고, 안 아프다고 하는 것인가?

자연분만을 한 사람은 출산 시 고통만 잠시 지나면 언제 그랬느냐는 듯이 "밖에 내다 버린 남편 신발을 다시 가져오라"고 한다지 않는가?

2. 링거를 맞는 동안 모유를 못 먹였다

모유뿐만 아니라 초유는 매우 중요한 것인데 전혀 먹일 수가 없다.

어떤 사람은 그것을 다른 영양분이나 약으로 대신하면 되지 않느냐고 한다지만 영양분은 영양분이고 약은 약이지 자연의 조화로 만들어진 갓 낳은 아기에게 필요한 여러 가지 의미의 초유는 아니다. 초유를 먹이면, 20일 굶어도 살 수 있다고 하는 실험 보고가 있었고, 병에 잘 걸리지 않으며(6개월간), 생후 엄마의 첫 선물로 아기 인성에 좋은 영향을 준다고 한다.

3. 산모의 유방이 자꾸 불어오는 것을 인공적으로 푸느라 고생했다

유방을 잘 풀지 못하면 유종의 위험이 있다고 하고 모든 생물들도 먹어야 하고 배설해야 되는 순환의 법칙을 잘 지켜야 건강할 것인데 인공분만을 하면 먹이도록 되어 있는 모유를 못 먹니, 변비 환자가 배는 띵띵하나 변을 보지 못해 고통스러워하는 것과 뭐가 다르랴.

물론 그래서 자꾸 문지르고 부비고 하여 푼다고는 하지만 왜 그런 일을 만들어서 해야 하나 하는 것쯤 미리 생각해 볼 일이다.

순리를 버리고 편의에 순응하기를 좋아한다면 그건 청개구리나 하는 짓이지 하며 이젠 어엿한 엄마가 됐지만 지난 일을 후회한다.

훌륭한 엄마가 되려거든 이런 것도 잘해야 되는 것이라 생각하고 가급적 모유를 먹일 수 있는 방법부터 찾는 것이 우선이겠다.

4. 젖(모유)이 필요 없으니 말린다

한때는 유방을 멋있게 만든다고 직장여성들에게서 이 방법이 유행했던 일이 있었다. 그러나 억지로 눈 가리고 아웅 한다고 그것이 처녀의 그것과 같을 수가 있을까? 또 훌륭한 엄마가 아니 할머니가 처녀의 유방을 만든다면 그것을 예쁘다고 해야 할까.

우리는 너무 일시적인 충동에 현혹되는 시절을 겪는다. 그러나 이젠 오랜 전통문화가 선진 문명국으로 탈바꿈하려는 단계에까지 와 있다고 볼 때 스스로를 비춰봐야 한다.

모유를 먹이는 엄마의 젖은 풍만하고 아기를 건강하게 하니 남편의 사랑도 지극하여 좋고 엄마는 여러 가지가 편하고, 걱정 없고, 부작용 없어 좋은데 긁어 부스럼 만들면 누가 손해 보는 것인지 알게 될 것이다. 비교하는 지혜가 요구된다.

요즘 아이들은 이기적이고, 말 안 듣고 저하고 싶은 대로 하며 그러지 못하면 막 집어던지고 악 소리 지르고 야단을 하니 어느 엄마의 미워 죽겠다는 말이 무엇을 의미하는지는 알 것이다. 얄팍한 일시적인 생각보다는 꾸준히 노력하여 행복한 엄마 되기를 자원해야 되지 않을까?

5. 둘째 애 때도 자연분만이 불가능하다

모든 출산부는 분만 시에 힘을 주어야 하는데 먼저 절개했던 자리가 파열될 위험이 있어 힘을 주지 못한다니 다시 절개할 수밖에 없다는 것이다. 누구를 위해 왜 그랬는지는 이때에 겨우 느낀다고 한다.

의학은 참 훌륭한 것이다. 불합리한 여러 일들을, 또 병으로 괴로워하는 인간을 고통으로부터 해방시켜 주고 무서운 세균 바이러스로부터 방어하여 건강이 회복되게 해주고 어려운 문제들을 해결해 준다. 또 계속 연구하여 과거에는 생각도 못했던 의료기구, 기술, 약들이 개발되어 우리 건강을 지켜 주는 고마운 기술이다.

그러나 몇 년 지나면 또 새로운 방법이 전에 것을 무효화한다고 볼 때 완벽한 것은 아니라는 생각을 하게 될 때도 있으며, 여기서 이야기하는 것은 분만의 기술이나 용어의 문제가 아니라 섭리나 순리는 왜 그렇게 하게 되어 있는가와 그것을 능가할 만큼 의학도 발달되어 있는가 하는 것이며, 그것이 지닌 가치는 그것만큼의 가치여서 보석을 다이아몬드로 만들려는 그 이상의 가치 발휘는 아니기를 바란다는 뜻이며, 여기에 우리의 지혜는 요구된다 하겠다.

아기가 거꾸로

출산기가 되면 당연히 아기는 머리가 출구로 향해 있어야 한다. 그런데 진찰해 보니 아기가 거꾸로 자리를 잡았단다. 다리가 출구로 향하고 있다는 말이겠지. 왜 그럴까? 왜 그랬을까 참말인가? 또 이런 임산부가 자꾸 늘어난다니 어이가 없다.

임신 10개월간 태교의 지혜도 읽지 않았던가! 거기엔 방법이 없던가 하며 생각해도 그럴 리가 없다. 거기엔 먹고 마시는 것, 또 운동, 활동하는 방법, 금해야 할 일, 권장할 일들이 알기 쉽게 지적됐을 터인데 자신에게 맞는 방법을 못 찾아서일까. 아니다. 읽어 보지 않았거나 아니면 소홀히 생각하고 괜찮겠지 한 탓일 게다.

그럴 수가 없다. 시대는 달라졌고 여성들의 활동 반경도 변했다. 그렇다고 그걸 의학이 해결해 주기를 기다리고 있었단 말인가? 아니다. 스스로 했어야 할 일이라는 것을 염두에 두지 않고 있었기 때문이리라.

아기는 엄마가 한 대로 영향을 받으니 잘했으면 잘한 대로 됐을 것이다. 그러나 결과가 그렇다면 원인이 있을 것이다. 특수한 경우 말고 일반적인 경우라면 머리를 돌리게 하는 운동 부족이었을 것이다.

늘 앉아 하는 일, 걷는 일을 갖고 운동을 많이 했다고는 할 수 없다. 무릎을 꿇고 걸레질하는 것 같은 운동이나 앉았다 일어섰다 하는 운동을 해보라. 도움이 되었을 것이다. 그러나 그것도 만삭이 되면 하기 힘든 일이니 미리미리 했어야 된다.

설혹 거꾸로 있었던 태아라도 제자리를 잡게 될 것이다. 그런 것을 모르고 병원에만 의존하려 하고 핑계 대는 일은 옳지 않다. 그렇게 쉬운 일을 그런 어려움 속으로 몰다니……

출산을 하면 누구나 얼굴 모습과 건강 그리고 각 기능(특히 청각·후각·촉각과 시각까지)을 체크해 보지만 아들인 경우 특히 고환이 정상인지 가만히 만져 보는 것을 잊어서는 안 된다. 그것은 초등학교 신체검사 결과 고환 이상을 발견한 것이 1,000명 중 7~8명이나 됐다는 통계를 보아도 빼놓을 수 없는 중요한 일임을 알 수 있다.

일반적으로 고환은 임신 16~18주 사이에 벌써 모양을 갖추며 배로부터 내려와 음낭으로 자리를 잡게 되며 출산 때는 이미 음낭에 와있는 것이 정상이다. 그러나 만약에라도 그렇지 않았다면 도중에 정류 고환이 머물러 엉뚱한 장소, 즉 허벅지 근육 속에, 또는 음낭 근육 이상으로 당겨져 있는 경우와 전혀 없는 경우가 있다는 것이다.

첫 번째 경우처럼 고환의 정상 발육이 안 된 상태는 3% 정도밖에 안 되었지만 조산의 경우엔 33%를 보였고 고환은 계속 내려오니까 1년 정도면 93~94%는 정상이 된다고 보겠으나 나머지는 미리 검사를 받았어야 하는 것으로 밝혀졌다.

두 번째 음낭 근육 이상의 경우는 고환이 내려와 있기는 하지만 받쳐 주는 근육의 이상으로 배 속을 왔다갔다 방황할 때는 제자리에 고정시켜 주는 수술이 필요하다는 것이다.

다 아는 바와 같이 남성의 고환은 정자를 생산해 내는 생식기능을 발휘하는 중요한 것으로 정착해 있는 부위의 온도에 따라 기능이 달라진다. 때문에 자기가 있을 제 위치에 있지 않으면 세포 기능이 저하하여 불임의 원인, 혹은 암 발생 빈도에도 영향을 미친다 하니 출생 직후 며칠 안에 고환의 이상 유무를 확인하는 것은 엄마의 책임이라 할 수 있다.

물론 병원에서 의사들이 알아서 체크해 주겠지만, 그렇지 않은 경우도 있으니 그래도 엄마가 이 중요한 문제에 남이 알아서 해주기만을 기대하는 것은 부모의 도리가 아니라고 할 수 있다. 다시 말하지만 내 아기의 중요한 기능인데 남에게만 맡긴다는 것은 무지의 소치라 아니 할 수 없으므로 여기 밝힌다.

따라서 옥동자를 분만했을 때는 틀림없이 고환을 확인할 것이며, 병원에서 이상이 있으나 좀 더 두고 보자고 했을 경우라도 집에 와서 키우는 동안 가끔 확인하고, 만약 돌 때까지도 내려오지 않는다면 다시 한 해가 되기 전에 병원의 지시에 따르는 것이 바람직한 일이라 할 수 있다.

이런 것을 전혀 모르고 아기를 키운 엄마는 후에 자녀가 커서 성년이 되면 계속 애가 왜 그러는지를 모른다. 그 아이는 신체적 이상을 심리적으로 몰고 가 누구에게도 말할 수 없는 고민에 빠지는 경우가 있다.

현대는 발달한 시대, 의술도 이 정도는 어렵지 않을 만큼 발달해 있으니 괜찮겠지 하며 넘기는 일이 없도록 하는 것이 엄마의 도리이다. 지혜롭게 하자.

예전엔 할아버지, 할머니, 아니면 부모님들께서 말씀해 주셨지만 요즘은 핵가족 시대라서, 또 육아도 자기 방식을 주장하여 부모님 말씀을 귀담아듣지 않으려는 경향도 있어 미리 알아두는 것이 화의 근원을 막는 일이라 할 것이다.

임신부의 비만, 거대아 낳는다

왜 아기를 크게 만들었나? 우리 할머님들 말씀에 "작게 낳아 크게 키워야 한다"는 이야기도 못 들었나? 필요한 영양분을 고루 섭취한다는 것과 맛있어 많이 먹는다는 말은 근본적으로 의미가 다르다. 또 아기를 건강하게 만든다는 말과 살찌게 만든다는 말은 전혀 의미가 다르다.

인간의 건강은 뼈의 능력에 비례하여 살이 있어야 한다.

너무 잘 먹으면 아기가 커진다. 신생아는 평균 3.2kg이 정상이며 3.5kg이 넘으면 비만에 가까워진다.

그러므로 우리에게 맞는 식사법 유지가 필요하다. 단백질, 지방, 탄수화물이 필요하지만 신선한 야채와 각종 섬유질이 듬뿍 든 식사가 보다 중요한 섭생 방법이다.

원천적으로 체질이 만들어지는 태중 생활 동안 임신부의 과음, 과식은 출산 후에 고치기도 힘들다는 것을 이미 지적했다. 이것을 알아 미리미리 잘했어야 한다.

만약 이제 와서 느낀다면 이미 늦었지만 영아 육아 시에 잘하라. 조금 더 시기가 지나면 돈이 많아도 비만은 고치기 힘들다. 자칫 잘 못하면 일종의 기형아를 만들 수도 있으니 말이다(1권『재미있는 미혼태교』중에 '비만도 일종의 기형이다'를 참고하기 바람).

일반적으로 표준체중 계산법은 자신의 신장에서 100을 뺀 후 나머지에 0.9를 곱하면 된다.

신장이 160cm라면 체중은 54kg 전후가 정상이고, 5~10kg을 초과하면 과체중에 속하고, 그 이상이면 비만에 가깝다.

1983~1984년 조사 때만 해도 우리나라에서 출산된 비만아가 남아의 경우 100명 중 9명 정도이고, 여아는 7명 정도였던 것이, 88올림픽을 전후로 해서 남아의 경우 15명 정도로, 여아의 경우는 10명 정도로 늘어났다 하며, 현재도 줄지 않고 30명 이상으로 늘고 있는 상태라 하니 우리는 그 원인과 예방에 귀 기울이지 않을 수 없다.

그래서 원인을 조사해 본 결과, 너무 잘 먹는 임신부나 임신 전의 비만과 연결되며, 이런 경우 태아도 비만에 가까워지며, 자연분만이 불가능해져 신생아에게 절대적으로 필요한 초유를 먹일 수 없음은 물론 태아가 싫어하는 놀람, 도망 외에도 여러 가지 문제를 낳게 된다고 한다.

일반적으로 3kg 전후의 태아를 출산하는 것이 이상적인 출산인데 임부가 비만일 경우 태아도 자연 4kg을 전후한 거대아가 되어,

① 분만 과정을 어렵게 하고,

② 분만시간이 오래 걸리며,

③ 그러므로 태아가 질식할 위험이 크다.

④ 출산 후 자궁 수축이 어려우며 출혈이 심할 수 있고

⑤ 임산부는 임신중독 증세를 겪기 쉬우며

⑥ 양수가 일찍 터지거나,

⑦ 출산 시기가 늦어지는 등 여러 가지 문제가 발생할 수 있다. 그 래서 마취나 절개 등을 하게 되는데 문제는 문제를 동반한다.

또 신생아의 혈관에 지방분이 쌓이게 되는 경우 후에는 동맥경화의 초기 증세를 일으킬 우려가 있다. 때문에 임산부의 체중증가는 보통 9kg 정도이지만 비만증세가 있는 임산부의 경우는 약 7kg 정도로 억제해야 된다고 한다.

그렇다면 예방법은 무엇일까? 그것은 다름 아닌 임신 전후를 통한 체중 조절을 하는 것이며 과다 영양섭취를 피하고, 적당한 운동으로 살을 빼는 일 외에는 별다른 방법이 없다.

임신 후부터 몸이 불기 시작했다면 영양 있는 음식보다 정갈하며 맛있는 섬유질 음식을 고루 섭취하여 아기가 커지는 것을 막을 수 있다.

그것을 해내지 못하는 한 아기는 점점 커지고, 출생 후 성장과정에서도 비만으로 인한 여러 가지 질병과 문제에 봉착하게 된다.

예로부터 우리는 "작게 낳아 크게 키우라"는 지혜를 갖고 있다.

한동안 잘못된 지식이 많은 영양식을 하라는 쪽으로 전해져 이렇게 되었지만 훌륭한 엄마가 되려는 분은 일찍부터 태교에 관심을 가져야 한다는 뜻으로 5단계론의 태교가 나온 것이며, 이것을 단계적으로 읽은 분은 비만 문제에 크게 염려를 안 해도 될 것이다.

"보리밥 먹고 미숙아 낳은 일 없다"는 말이 무슨 뜻인지 되새기는 기회가 되었으면 한다. "소 잃고 외양간 고치는" 우를 범하지 말자.

태아 심장병의 유발원인

선천성 심장병의 유발원인 중 태아에게 미치는 산모의 항체가 주요 원인으로 꼽히고 있다.

위험 증후군으로 홍반성낭창, 쉐그린 증후군 등 교원성 질환을 갖고 있는 여성(임산부)에게서 이런 결과가 발견됐다는데, 쉽게 설명하면 그것은 팔이나 등피부가 붉게 부풀어 오르며, 피부가 비늘처럼 벗겨지는 피부병을 앓은 경험이 있는 여성들에게서 나타날 수 있다.

최근 선진국에서도 항SS-ARO의 항체는 태아의 심장생성 단계에 악영향을 끼쳐 심장박동을 불규칙하게 하며 여러 기형현상을 일으키는 것으로 알려졌다. 그래서 미국에서는 시약을 개발하고 임산부들에게 항체검사를 실시한다는 것으로 알고 있으나, 우리나라에서는 시약 개발비가 비싼 관계로 하지 못하다가 1991년 초 시약을 추출하는 방법을 개발했으므로 염려되는 임산부들에게 좋은 기회가 될 줄 믿는다.

그러나 아직도 그 원인이 발견되지 못한 데 대해 안타깝고, 이 책은 태교책이므로 건강한 임신부가 공연히 염려를 하지 않게 하기 위해서도 전할 일은 전한다는 데 의미를 둔다. 한양대학교 의대에서는 4개월간 2명의 환자가 발생했다.

비슷한 경우가 아닐 때 병원에 갈 필요까지는 없을 것으로 느끼며 병원에는 병을 알기 위해, 고치기 위해 가지만 태아를 위해 특별한 이상이 없는 산모가 병원 출입을 자주 하는 것은 그에 따르는 득과 실이 있을 수 있다는 것을 염두에 두자.

의학의 새로운 연구는 나름대로 훌륭한 것이지만 임신부는 환자가 아니므로 이유 없이 자주 드나들어야 할 곳이라고는 믿지 않는다. 잘 못해 감기 바이러스라도 얻어오면 그건 또 다른 문제를 야기할 수 있기 때문이다. 병원은 필요할 때는 꼭 가야 하는 곳이지만 그렇지 않을 때는 특히 임신부에게는 조금은 삼가야 할 곳이라는 것을 겸하여 전한다. 그것은 많은 경우에서 그런 결과를 보았기 때문이다. 이 부분은 독자의 지혜에 맡긴다.

호흡장애

증상은 대개 호흡 중추의 억제나 기능 부족으로 생기는 부전 혹은 산소와 탄산가스 교환이 잘 되지 않는 말초성 호흡곤란을 들 수 있다.

분만 직후에 생기는 호흡 장애는 대부분 호흡기도를 막았거나 중추 신경계의 억제로 일어난다. 또 기능 부전은 주로 무호흡으로 나타난다. 이때는 호흡이 아주 느리고 불규칙하여 숨을 가쁘게 몰아쉬거나 사라지므로 전신이 파랗게 된다.

이 원인은 마약중독, 출생 시의 질식상태 또는 뇌손상·뇌출혈 및 뇌의 선천성 기형 등과 관련이 있다.

말초성 호흡 곤란은 1분에 60회 이상으로 빨라지면서 숨 쉴 때 끙끙 앓는 소리를 하는데 이때 입술 주위가 파래지는 청색증을 보이며 숨 쉴 때 고통스러워하면 일단 X선을 찍어 보는 것이 좋다.

경련

신생아는 뇌가 미숙하기 때문에 주로 입술이 씰룩거리거나 눈동자를 고정시키고 숨을 쉬지 않는 경련을 일으킬 수 있다. 신생아의 거의 절반가량은 눈동자가 한쪽으로 치우치거나 동공이 열려 눈꺼풀을 깜박거리는 현상, 침을 흘리면서 빠는 현상, 팔다리를 뻗고 숨을 쉬지 않으며 심장박동이 빨라지는 등의 미묘한 발작을 한다.

아주 적지만 한쪽 팔이나 다리가 떨리거나 다른 부위가 경련성 발작을 하는 일도 있다. 이런 것은 뇌손상이나 대사이상과의 연관으로 본다.

이런 때는 우선 호흡을 제대로 할 수 있도록 입 속의 분비물을 제거해 주고 산소 공급에 주력해야 한다(옆으로 눕힌다). 병원에서는 정맥으로 포도당액과 항경련제를 투여한다. 그 후 항경련제를 3개월 정도 써야 하는데 정확한 진단에 따르는 치료를 받는 것이 좋다.

그런 것 말고 정상아이면서 팔다리를 떠는 경우도 있는데, 이것은 단순한 떨림이어서 다리를 잡으면 멈추게 된다. 또 눈동자의 움직임, 외파검사에 이상이 없을 시는 치료가 필요 없다.

경련의 원인은 분만 때의 합병증으로 산소 부족, 혈액순환 부족이 많고 뇌출혈도 있다. 대개 신생아 경련의 40%를 차지하는데 이유는 임신 중 태아의 상태가 위험했던 경우, 또는 출생 시 심한 질식상태를 당했던 아기에게서 자주 일어난다.

구토

신생아의 구토는 황색, 녹색의 담즙이 섞였는지에 따라 구별된다. 구토가 반복되면 영양실조가 아닌지 살펴보고, 사레드는 일로 기도에 불순물이 들어가 재채기하는 경우도 있다. 폐렴의 염려가 있다.

담즙이 섞이지 않는 경우

구토를 하면서도 배가 불러지지 않거나 구토한 후에 아기 상태가 편안해질 때는 우유의 양이 너무 많았거나 빨리 먹은 경우로 트림을 시켜 주면 좋다. 그러나 열이 있거나 축 처지거나 잘 먹지 않으려 한다면, 어떤 혈중 감염이나, 중추 신경계의 이상을 의심해 볼 수도 있다. 또 출생 후 수일 내에 구토를 하며 배가 불러질 때에는 선천성 위장관 이상으로 위장관이 막혔나를 의심해 본다. 이때는 어떤 질병과 관계있다고 보아 빨리 진찰을 하는 것이 좋다.

출생 1주후

먹자마자 그대로 토하는 경우는 식도 근육의 수축현상이 활발하지 못해 내용물이 역류하는 현상이다. 그것이 가벼울 때는 머리를 위로 유지시키면 좋다. 또 먹인 후 1시간가량 상체를 경사 35° 정도 높여 주면 좋아진다.

2~3주 후

먹은 것을 분수처럼 내뿜을 때는 비후성 유문협착을 의심할 수 있다. 이 병의 특징은 담즙이 섞이지 않는다. 그러나 토한 후에도 계속 먹으려 하는데 먹으면 또 토한다. 이런 경우 쉽게 탈수가 되므로 조심하여야 하며 곧 병원에 가서 치료를 받도록 한다.

젖을 잘 안 먹는 증상

아기가 갑자기 젖을 잘 먹지 않으려 한다면 몸이 아프지 않나 의심을 해보고 젖을 빠는 힘이 약해질 경우에는 감염이나 질환 등의 여부를 조사할 필요가 있다.

신생아는 잘 먹고 잘 자야 하는데 혹 패혈증·뇌막염·파상풍 등에 걸리는 경우가 있으니 늘 청결에 유념해야 할 것이다.

배꼽염증

배꼽은 말라서 떨어질 때까지 10~15일간 소독하고 건조시켜 병균 예방에 힘써야 한다. 그러나 혹 소홀하면 포도상구균, 음성균 등 일반적 세균으로 감염되어 배꼽 주위가 벌겋게 붓고 끈적이는 분비물이 흐를 수 있다.

소변이나 목욕물이 배꼽을 적시지 않게 주의해야 한다.

심한 딸꾹질

일반적으로 아기는 수유 후에 보면 딸꾹질을 한다. 그러나 그치지 않고 심한 경우 복부나 흉부의 주신경이 자극을 받은 것이므로 이런 경우에는 울리거나 젖을 더 먹이거나, 재채기를 시키면 곧 멈추게 된다.

설사

신생아의 변은 쉽게 변한다. 급격한 기온의 변화나 대장균, 바이러스 등의 감염으로 설사를 하게 된다. 염증이 생기는 경우 대장의 수분 흡수 기능이 원활하지 못하므로 묽게 된다.

색깔은 푸르며, 횟수도 잦아진다. 모유보다 우유를 먹는 아기가 심하다.

그러나 열, 구토증 없고 기분도 나쁘지 않을 경우는 5~10시간 수유를 중단하면 치료된다. 탈수현상이 일어날 수 있으니 끓인 보리차를 대용식으로 먹이는 것이 좋다.

열꽃(발진)

신생아에게는 열꽃이 자주 생긴다. 홍역이나 습진에 걸려도 나타나고 두드러기 같은 것은 그 자체가 열꽃 증상이 될 수도 있다. 이럴 때는 먼저 열꽃의 성질이 온몸에 나타났는지를 알아보고 또 다른 증상도 있는지를 살펴보아야 하는데, 심하면 병원에 가보도록 한다. 그러나 출혈반이 아닐 때는 큰 걱정은 하지 않아도 될 것이다.

만약에 발진과 더불어 열이 오를 경우에는 다른 아기에게 옮기지 않도록 조심해야 한다. 그것은 풍진, 수두 같은 유행성 또는 전염성 발진일 수 있기 때문이다.

신생아의 황달

동양에서 발생빈도가 높은 황달은 육안으로도 알 만큼 얼굴과 눈 동자가 노란 증상이다. 신생아의 80%가 출생 후 2~3일 내에 겪는 생 리적 현상인 황달은 7~10일이면 자연히 없어지기 때문에 별것 아니 라고 할 수 있다. 황달은 출생 1주 전후하여 발생하며 1개월 동안 지 속되는 모유 황달, 선천성 담관 폐쇄증, 태내 감염 등 만성적인 질환 과 관계가 있다.

생리적 황달

신생아는 간 기능이 미숙하여 적혈구 파괴에 의한 색소를 잘 처리 하지 못하는 데서 일어나는 현상, 즉 빌리루빈이 배설되지 않고 장에 서 다시 흡수되는 역현상이라 할 수 있다.

병적 황달

황달 현상은 1주 이내에 없어져야 하는데 시기를 넘겨도 없어지지 않고 심한 현상을 보일 때에는 병으로 화할 염려가 있는 것이다.

핵황달

혈액 내의 빌리루빈치가 20mg 이상 올라가는 경우인데 이때는 뇌의 신경세포가 노랗게 변하며 파괴될 수 있다. 초기 증상은 먹지 않으려 하고 축 늘어지는 정도이지만 경련을 일으키고 뻣뻣해지기 시작하면 황달에 돌입한 증세로 본다.

무슨 증상이나 마찬가지지만 일찍 발견하는 것이 가장 좋으며 치료법으로는 교환수혈로 빌리루빈을 감소시키는 방법이 있다. 이때 신생아는 햇볕이 잘 드는 방에서 간호하는 것도 좋은 방법의 하나이다.

모유황달

모유 속의 호르몬인 불포화지방산이 황달을 일으키는 수가 있다. 이때는 며칠간만 모유 수유를 바꾸면 황달은 사라진다.

선천성 신생아 질환과 모유

신생아의 질환 중에는 출생 직후의 섭취물과 관련된 질환이 있다. 그럼에도 불구하고 신생아에게 모유를 먹이지 않는 사람들이 늘고 있다는 데 놀란다.

모유에 관해서는 누차 지적되어 왔기에 익히 아는 문제라 할지 모르겠다. 그러나 인공분만으로 모유를 못 먹이는 산모들을 위해 비교하는 것은, 정신지체아가 될 수 있는 요인 중에는 출생 때 대사이상인 아기에게 "우유나 음식물의 대사물이 뇌나 신체에 독작용을 일으키"는데, 같은 경우 모유도 독작용을 할까 하는 데 대한 의문을 가져본다.

그러나 모유는 순리에 맞게 조물주가 만들어 준 것, 그래서 자기 아기에게 마음 푹 놓고 먹일 수 있는 최선의 것이니 그렇지는 않다는 점이다. 모유에는 경우에 따라 필요한 영양분이 부족할 수는 있어도 독이 되는 일은 없다는 것을 생각할 때 모유의 안정성을 재인식하자. 설혹 이상이 발견된다 하더라도 그것은 식이요법 치료라는 간단한 방법으로 가능하다는 것을 아울러 전하고 싶다.

우리의 전통적 자료를 보면 모유를 먹이는 방법도 아기가 순하다고 너무 급히 젖을 물리지 말라는 주의가 있는데 이 말뜻은 너무 급히 먹일 때 체하거나 사레가 들 것을 염려해서 한 말씀이다. 뿐만 아니라 섭취한 음식물이 잘못되면 "머리로 올라간다"는 의미도 염두에 두고 있으므로 우리는 그 말이 우리의 생활에 무슨 의미를 갖는지에 대해 올바른 이해가 있기를 바라는 것이다.

정신박약증 체크

정신지체아는 전 인구의 3%에 달하며 중증 4천～5천 명이 특수시설에 수용되어 있고, 미국은 30년 전부터, 일본은 20년 전부터 예방법을 잘 실천하여 증가를 억제 예방하고 있다는데, 신생아의 질환 중 출생 시 대사이상은 효소가 부족한 아기인 경우 우유나 음식물의 대사물이 뇌나 신체에 독작용을 일으키는 까닭이다.

조기검사로 이상을 발견 치료하면 상당수가 정상아로 될 수 있고, 시기를 놓쳐 1～2개월쯤 후에 발견하면 대사이상으로 뇌손상을 받는 수가 더러 있다.

정신지체아 발견은 특수 필터지에 발뒤꿈치에서 채혈한 피를 스미게 한 후 아미노산 대사이상을 가려내게 하면 된다. 방법이 간편하며 비용도 많이 들지 않고 특수기구가 없어도 체크가 가능하다.

'페닐케톤뇨증'이란 효소인 '페닌알라딘 하이드록 실레이즈'가 없기 때문에 '페닌알라딘'이 뇌 속에 축적되어 뇌세포가 파손되는 병이다.

선천성 갑상선 기능저하증은 출생 때부터 갑상선 이상으로 뇌의 발육이 멈추는 병인데 이것도 조기 발견하면(1개월 내) 갑상선 호르몬을 매일 투여하여 정상아로 회복시킬 수 있다.

대사이상으로 정신지체아가 되는 경우는 임상결과 3천 명에 1명 정도로 밝혀졌는데 우리나라에서는 연 3백 명 정도를 기록하고 있다고 한다.

그러나 신생아에게 조기검사를 제대로 시킨다면 이 숫자는 훨씬 감소될 것이라고 한다. 또한 요즘은 많은 병원에서 검사를 실시하고 있으니 염려되는 분은 누구나 검사를 받아보는 것이 좋을 것이다.

이런 것은 의학이 담당할 중요한 분야로서 병원에 의뢰하면 어려움은 없겠으나 소홀히 지나쳤다가 화를 입는 일이 없기를 비는 마음이다.

유아 천식의 원인

　모유 대신 분유로 수유하는 어린이에게서 천식 환자가 늘고 있다고 한다. 주거 환경의 서구화로 카펫, 커튼, 침대 등의 사용이 늘어나면서 천식 발병의 주요 원인인 집먼지나 진드기가 눈에 띄게 증가했기 때문이다. 특히 아파트 밀집지역, 신흥공단 지역에서 환자가 급증하고 있다.

　생후 6개월 이전 신생아의 창자 내막에는 장을 보호하는 물질인 점액성 '글로블린A'의 분비량이 부족하다. 그런데 모유에는 이 물질이 풍부하게 함유되어 있어 유아가 거부 반응을 일으키지 않는다. 그러나 분유를 먹이면 약한 장벽을 다른 종류의 단백질이 침입하여 단백질에 대한 거부반응을 일으키며 결국 유아를 알레르기 체질로 만들기 쉽다.

　그러므로 불가피한 경우를 제외하고는 최소한 6개월은 모유로 아기를 키울 것을 권한다. 만약 그렇지 못해 발생할 수 있는 집먼지, 진드기, 꽃가루, 곰팡이, 동물의 털 등이 몸에 들어가 항반응을 일으키

게 되면 호흡 곤란을 겪는데 기관지의 직경이 1/2로 줄어들어 숨쉬기
는 2배 어려워지는 게 아니라 6배나 힘들어지기 때문에 심한 고통을
겪게 된다고 하니 원인을 아는 것이 얼마나 중요한 일인가를 느끼게
해준 연구라 할 것이다.

제6장

생활과학과 첨단소식

출산용품은 내 손으로

 출산용품이 범람하는 시대라 돈만 있으면 만들어 놓은 상품을 쉽게 구입할 수 있기 때문에 출산 이전에 부부가 같이 나가 이것저것 한꺼번에 사들이는 경우를 본다.

 이것은 시대상이요, 모든 것이 편리하게 일회용으로 준비되어 있으니 편한 쪽을 택하고자 하는 데는 반대할 사람이 없겠으나 유아용이 아니라 신생아라는 것을 생각하여 좀 더 진지하게 검토해 보면 중요한 것은, 그 일부만이라도 자신이 직접 마련하는 것이 훌륭한 엄마의 자세요, 아기에게는 더없이 귀중한 선물이 될 것이라는 경험한 분들의 의견을 첨가한다.

 그것을 중요하게 지적한 것은 생후 10분간의 엄마와의 접촉이라는 의미와 엄마의 정성이라는 뜻도 있지만 신생아는 엄마의 마음을 읽고 느낀다는 면에서 더욱 그렇다.

 돈을 버니까, 편하니까, 또 만들 줄도 모르고 시간도 없는데 뭐, 어떻게 바느질을 하느냐고 자못 선진국형의 방법이라 생각하는 모양이지만 선진국의 상류 사회나 문벌 있는 집안에서나 배움이 제대로 된 가정의 여성들은 1회용을 즐겨 찾지 않는다는 소식이다.

왜냐하면 그것은 편할지는 모르지만 자칫 잘못하면 아기의 연한 피부를 헐게 하거나 습해서 물집이 생기게 하는 원인이 된다는 소비자 단체의 보고가 있었고, 어떤 것은 화학 섬유로 통풍이 잘 안 되는 것도 그 한 이유였다. 즉, 편리한 것이란 때로 그런 잘못도 저지를 수 있다는 것이다.

신생아는 전혀 화학섬유에 면역이 되어 있지 않다. 또 그런 잘못을 저지르는 엄마를 좋아하지 않는다. 바쁘다고 편하다고 자기 입장에서 아기를 맞추려면 아기는 무엇인지 모르게 마땅치 않은 데서 거부감을 일으킬 수 있다. 겉으로는 사랑하는 것같이 하면서도 아기 마음을 읽지 못하는 엄마를 어떻게 말해야 할까?

요즈음 아이를 키우면서 어렵다고 하는 엄마들을 보면 왜 그럴까, 이렇게 편한 시대에 뭐가 어렵단 말이냐 하는 분들이 있지만 다른 쪽에 내재한 이런 문제들이 쌓이고 쌓이면 그 원인을 어디서 찾아낼 수 있을까? 아무도, 또 다른 학문에서 밝히지 못하는 부분이 아닐는지?

생명은 오묘해서 그것은 단지 이것 때문이라고 하기는 어려운 문제들이 여기저기에 있다. 이런 것은 오직 경험한 분들의 가르침이나 조언에서 얻는 것 아니고는 따로 없다. 어떤 면에서는 이런 것이 과학보다도, 또 자로 잰 것보다도 정확하다는 것을 유념해야 한다.

인간은 수천 년을 내려오면서 많은 변화를 해왔다. 그러나 아무리 변해도 변하지 않는 '법칙'이 있는데 바로 그 '법칙'에 해당하는 것이다.

다시 말하면 엄마가 정성을 들여 손수 만들어 준 것은 타의 추종을 불허한다는 것, 의미 있는 말이다. 엄마가 마련한 음식은 조금을 먹어도 배가 든든하여 살로 가지만 시중 음식점 음식은 아무리 맛있는 것을 먹었다 해도 곧 속이 허해진다는 말에 비유가 될 수 있을 것 같다. 왜 그럴까?

그러므로 엄마를 위대하다고 하는데 그 말은 돈을 많이 벌어서 사준다는 말이 아니며 사랑으로 만들어 주고 따뜻한 정이 배어 있다는 의미로 해석된다. 그래서 훌륭한 사람의 뒤에는 그보다 더 훌륭한 엄마의 이야기나 숨은 정성이 있는 것이다.

이 글을 읽는 분은 이 이치를 깨달아 자기 것으로 만들기를 기대한다.

다양화, 국제화의 바쁜 시대에 쉽고 편하게 사는 것도 좋은 방법이겠지만 그보다 더 가치 있는 방법이 있다고 할 때는 참작의 여지가 있다고 생각된다. 정성을 들여 만든 것은 그 이상의 값어치를 늘 지니게 될 것이라는 점을 염두에 두었으면 한다.

내가 사랑하는 아기를 위해 마음을 정하자. 아기는 정말 엄마가 만든 것을 좋아한단다.

신생아의 울음

이것은 얼마 전 미국 버지니아 대학 연구팀이 발표한 "아기의 첫 울음소리로 발육을 전망할 수 있다"고 하기에 과연 도움되는 연구일까 하고 관심의 대상으로 삼은 것이다.

아기가 태어나 부르짖는 첫 울음소리는 그 아기의 생체 기능을 미리 알 수 있게 하는 것이다. 즉, 자기에게 주의를 집중시키려는 시도일 뿐 아니라 생물학적 체계를 훤히 들여다볼 수 있게 하는 창문 역할을 한다는 것이다.

다시 말하면 겉으로는 건강한 아기들도 그 울음소리를 주의 깊게 들어보면 정상적으로 자랄 것인지 돌연한 위험이 따를 것인지 예측할 수 있다. 심지어는 부모의 사랑이나 학대를 받을 염려가 있는지조차 알 수 있다는 것이다.

한 가지 예로 이상이 있는 아기가 특이한 울음소리를 내는 것은 무슨 까닭일까 하고 연구를 해보았더니 호흡이 울음소리의 장단을 결정하고, 성대의 긴장도가 울음의 높고 낮음을 결정하는 데 지대한 영향력을 발휘하며, 이는 두뇌의 뇌간에서 시작되는 중추신경계의 지배를 받는다는 것을 밝혀냈다고 레스터 박사는 말한다.

이것이 얼마만큼 맞을 것인지는 몰라도 예전부터 전해지는 말을 들으면 "으앙" 하고 크게 내는 소리는 좋지만, "응애" 하고 억지로 내는 소리는 어딘가 안 좋은 소리라고 하지만 그 다양한 소리에서 장래 문제까지 점치듯 가려낸다는 것은 재미있는 연구다.

물론 남아와 여아의 울음소리가 다를 것이고 사상체질 팔상의학으로 구분하면 폐가 큰 사람, 심장이 작은 사람 등 여러 가지 유형으로 분류해 볼 수도 있겠고, 과연 어떨까가 궁금하다.

건강한 아기, 그렇지 못한 아기가 다를 것인데 울음소리가 그것을 알려 준다면 건강하지 못한 아기의 나쁜 부위 체크까지 하게 되기를 빈다. 그러나 과학적 연구는 오랜 시간을 들여 그 실험 결과를 확인할 수 있는 것과 곧바로 임상결과가 나오는 것이 있으니 지속적인 관심을 갖도록 하자.

다만 신생아의 울음소리는 정신 발달을 예측하는 데 도움이 될 수 있다고 하는 레스터 박사는 최근 정상아 20명과 미숙아 20명을 대상으로 지능검사를 실시한 결과 최저 점수를 받은 15명 중 14명이 출생 시에 벌써 비정상적인 울음소리를 낸 것이라고 밝힌 점에서 연구가 계속되면 확실한 결과가 나오지 않겠는가 하며 이를 기대해 본다.

배고플 때

신생아는 배가 고프면 찔끔찔끔 힘없이 운다. 이것을 그대로 놓아 두면 울음소리가 커지고 때로는 손가락을 빨기도 한다. 이때 젖꼭지를 아기 뺨에 갖다 대면 급히 고개를 그쪽으로 향한다. 다시 젖꼭지를 입에다 대주면 조용해지고 열심히 빤다.

아플 때

몸이 불편하고 아프면 갑자기 큰소리를 내며 운다. 아픈 곳이 가라
앉지 않으면 계속 울고 혹 왜 그럴까 해서 여기저기 찾아보다 아픈
곳을 건드리게 되면 울음소리는 더 커진다. 이런 과정에서 엄마는 원
인을 알 수 있게 된다.

놀랐을 때

놀랐을 때에도 큰소리로 운다. 어떤 때는 손발을 떨기도 한다. 그
러나 짧은 시간 안에 울음을 그친다. 이것은 놀랐을 때의 특징이다.

병적 울음의 특징

헤르니아감돈이라고 몸에 불이라도 붙은 듯이 갑자기 심하게 울며
얼굴색이 창백해지거나 식은땀이 흐르거나 혼수상태가 되는 때가 있
다. 이런 일은 낭으로 탈출된 장 등이 제자리로 가지 못한 상태에서
오는 것이나 병원에 문의하는 것이 좋다(그리 흔한 일은 아니다).

기저귀가 젖으면

비교적 짜증스러운 울음을 울며 일정한 시간적 사이를 두고 운다.
어떤 때는 몸의 여기저기를 뒤척이며 울기도 한다. 그럴 땐 기저귀를
보라.

유아의 울음 패턴

얼마 전 일본의 고바야시 교수는 산부인과의 협력을 얻어 3~7일 사이의 135명을 대상으로 울음소리의 강약, 고저, 주기 등이 의사표시와는 어떤 관계에 있는지 꾸준히 조사한 결과를 보고했다.

1. 배가 고플 때는 짧은 울음소리를 거의 규칙적으로 울었다. 이것은 수유한 후 2시간 반이 지나서 나오는 울음소리로 10초간 규칙적으로 8회 이상 운다.

2. 오줌을 쌌거나 불쾌감을 느낄 때의 울음소리는 처음에는 아주 짧은 소리를 몇 번 내다가 약간 긴 울음소리를 내고 좀 쉬었다 다시 반복한다. 이것은 수유한 후 1시간 이내에 기저귀가 젖었을 때였다.

3. 아플 때는 첫울음이 돌발적으로 길게 이어진 후 점점 짧아지는 것으로 울음이 2~3초 이상 지속될 때는 아파서 우는 것으로 보면 무방하다. 이것은 마치 발바닥을 핀으로 찌를 때 우는 소리와 비슷하다.

아직 말도 못하고 표정이나 행동으로 자기의 의사표시를 하는 신생아들의 수단은 오직 이 한 가지로 엄마에게 자기 욕구나 불만을 전달한다. 그러므로 엄마가 이 의미를 빨리 포착하지 못하면 아기는 괴로움을 겪게 된다.

엄마에 따라 어떤 분은 빨리 알아차리지만 어떤 분은 한참 만에 안다. 그래서 요즈음은 이런 것이 컴퓨터로 측정되어 나온다니 알아두면 좋겠다. 어떤 면에서는 아기를 여럿 길러본 사람에게서 판별 방법을 배울 수도 있다.

미국 하버드 대학교의 브레즌튼 교수는 울음 말고 웃음을 분석하고 이것을 육아 정보로 내놓고 있다는 이야기도 있으나 실제로 육아하는 데 있어 엄마의 관심과 느낌이 없는 통계에만 의존하려는 것은 그리 바람직하지 않다. 그간 있었던 외국의 많은 통계가 오랜 문화전통을 뒤바꿀 만큼 실험된 것이 아니고 몇 사람의 부분적 연구라서 참고로만 삼았으면 한다.

여기의 몇 가지는 신생아를 가진 엄마가 처음 경험하는 일로 의아해하지 않도록 하려는 뜻으로 옮긴 것이다.

이 시기가 조금 더 지나면 아기는 몸으로 말하게 되는데 엄마 턱을 밀치면 "배고프지 않다는 뜻이요", 팔다리를 버둥댈 땐 같이 "놀아달라"는 표시라고 연구되고 있기도 하다.

인간의 뇌신비 어디까지

참으로 신비하다는 인간의 뇌는 약 천억 개의 신경세포가 뇌의 기능과 활동에 기여한다 하여 깊은 관심을 갖고 도전하는 뇌박사들이 있다.

미국에 2만 명, 일본엔 수천 명, 한국엔 수백여 명. 그들은 수백억 개에 달하는 정보처리 능력을 가진 뉴런의 움직임, 또 뉴런 간의 연결을 시키는 시냅스에서 일어나는 변화, 이를 동물 뇌의 절편으로 실체를 규명코자 열심이다.

우주에서 가장 복잡한 구조물이라는 뇌는 약 1백 년 전 뇌조직의 염색기법 개발로 시작된 후 요즘은 전자현미경 및 미세전극의 개발과 분자생물학의 접근으로 진화과정을 변화시킬 수도 있다고 연구에 박차를 가하고 있다.

도대체 뇌는 어떻게 해서 시각·청각 등의 감각정보를 처리하고 이에 대해 적절한 운동을 명령하는 것일까. 따라서 이 자극이 운동명령으로 바뀌는 과정에 무엇이 있을까에서 뇌를 다루는 신경과학

전반을 통해 가장 중요한 주제로 부각시켜 수수께끼 같은 뇌의 신비를 파헤치고 있다.

현재까지 가장 활발히 연구가 진행되고 있는 분야는 시각 중추신경계의 중요한 영역인데, 1981년 미국 하버드 대학교의 허벨과 위셀 교수가 노벨상을 수상하면서부터 시작됐다. 이들은 시각이나 지각이 이루어지는 메커니즘을 규명해 냈고 이들 단일 뉴런의 뉴런군의 활동을 연구함으로써 새로운 분석을 가능케 했다. 그런데 우리나라 서울대학교 이 교수팀(신경생리학)도 최근 "완전 각성상태의 원숭이의 뇌에서 뉴런의 활동을 측정하며 뉴런이 수학적 계산을 하고 있다"는 사실을 발견했다고 발표해 화제가 됐다.

이 교수팀은 개개 뉴런의 정보가 팔 운동의 각도를 제어하는 과정에서도 발견됐다 하는데 이것은 미국 MIT의 아플라 교수에게서도 발견된 것 같은 것이다. 그는 팔을 내휘두르는 각도를 마음속으로 회전시킬 때 뉴런이 행하는 일련의 수학적 계산도 같은 시간에 회전함을 보여서인지 과정의 생물학적 기초를 제시하기도 했다.

요즘은 신경전달 물질에 관해서도 연구가 활발하지만 뇌의 화학적 전달물질 그리고 회로에 관한 연구가 진전된 행동, 기억, 학습 등의 의문에 대한 해답의 실마리를 풀어 줄 것으로도 기대하고 있다. 현재는 특정 신경물질의 다소에 따른 행동의 변화가 밝혀지는 과정에 있기도 하다.

그 예로 우울증의 경우 특정 신경 전달물질의 생산전달과 수용체가 비정상으로 나타나는 노인성 증세나 파킨슨병에 대한 전달물질도 속속 발견되고 있다.

또 스위스에서는 척수신경의 성장억제 단백질을 발견, 신경을 재

생할 것으로 기대되며 특히 뇌의 경이로운 학습과 경험에 따른 구조
와 기능의 변화에 대한 연구가 흥미대상으로 손꼽힌다.

　요즘 영재, 천재 교육에 관심 있는 임산부들에게도 발전하면 좋은
소식이 될 것으로 믿는다.

신생아의 지능은 어떤가

일반적으로 신생아는 젖이나 빨고 배설하는 생리적 기능만을 갖춘 미성숙의 생명체로 여기기가 일쑤였다. 그러나 연구해 보니 신생아도 소리를 듣고 무엇을 보며, 연상하고, 감각하고, 모방하는 지능을 갖고 있음이 밝혀지고 있다.

생후 3일부터는 어머니 냄새도 맡고, 미각과 후각 기능은 출생 직후부터 혹은 그 이전부터 갖추어져 있다는 것이며, 불완전하기는 하지만 시각 능력은 출생 직후부터 생긴다는 것이다.

엄마들은 교육이나 경험을 통해 좋은 음악이 아기를 편안하게 해 주고 시끄러운 소음은 아기를 놀라게 또는 기분을 상하게 한다는 것을 알고 있다.

그러나 학자들의 연구에 의하면 듣는 기능이 이미 태아 때부터 갖추어져 있어 큰 소리에 심장 박동이 빨라졌다는 것을 알고 있다.

신생아 연구로 유명한 하버드대의 심리학자 커겐 교수에 의하면 아기는 "작은 교감신경의 컴퓨터"라 하여 많은 학자들의 호응을 받았는데 역시 아기의 감각 능력은 듣는 능력뿐만 아니라 보는 능력까지 보유하고 있다는 것이다.

실제로 초점 조절능력이 없어 20~30cm 거리의 물체만을 볼 수 있을 정도라 하지만 이것도 알고 보면 엄마가 젖을 먹일 때 얼굴을 익히던 거리와 일치한다.

심리학자 판츠는 여러 가지 실험을 하는 동안 아기가 단순한 색깔보다는 동·식물의 무늬나 종횡으로 줄이 그어진 바둑판 모양의 무늬를 좋아한다고 말하고 단순한 것보다는 복잡한 것을, 엄마의 표정도 무표정보다는 웃고, 움직이는 얼굴을 바라보고 싶어 한다는 연구까지 진행됐다. 그런데 요즘에는 생후 1주일쯤에 물체를 빠른 속도로 접근시키면 아기는 본능적으로 머리를 뒤로 하려는 반응을 보이며 색감이나 거리 구분도 하는 것으로 빨라지고 있다 한다.

프랑스의 브레송 교수는 아기의 시각 능력을 발달시키기 위해 눈앞에 고정된 기구(가령 모빌 같은 것)들만 바라보게 하는 것은 바람직하지 못하다고 한다.

이스라엘의 심리학자 야콥 교수는 생후 1시간밖에 안 된 3명씩 떨어뜨려 보았더니 설탕물을 먹은 아기는 만족스러워했고 증류수를 먹은 아기는 별 반응이 없었다. 그런데 쓴 키니네 용액을 받은 아기는 혀를 내밀며 괴로워하는 표정을 지었다. 그래서 증류수를 먹은 아기에게 다시 레몬주스를 주었더니 얼굴을 찌푸렸다 한다.

그 후 두 아기의 후각 검사에서 한 아기는 바나나 향기를 맡게 했더니 좋아하는 표정을 지었고 다른 아기에게 상한 계란 냄새를 맡게 했더니 얼굴을 찡그리며 고개를 돌리려 애썼다.

프랑스의 정신생리학자 위베르는 아기가 어머니의 냄새를 맡게 되는 것은 생후 3일부터라고 밝혔다. 이렇게 신생아의 감각적인 기능은 일찍부터 자연 발생적 능력으로 생긴다.

그런데 그뿐 아니라 모방의 기능도 지녔다. "엄마가 아기와 마주보고 앉아 혀를 내밀거나 입을 크게 벌려 보라. 아기는 불완전하지만 이를 모방하려 할 것이다"라고 했으며, 걷는 능력만은 모방에서 오는 것이 아니며 무거운 머리를 지탱할 수 있을 때 운동신경의 발달로 걸을 수 있게 되는 것이라고 했다.

다시 말하면 신생아도 몸을 세우고 가슴을 약간 앞으로 숙여 주면 걷는 시늉을 보이기도 한다. 그러므로 아기에게 어려운 것은 고개를 제대로 가누지 못하는 것이며 인위적으로 고개를 지탱해 주면 팔과 다리가 움직이려는 모습을 보인다는 것이다.

이런 실험에 대해서 프랑스의 브레송 교수는 "신생아가 어떤 문제를 해결하지 못하는 것은 그 문제를 깨닫지 못해서가 아니라 그것을 해결할 운동 능력이 없기 때문"이라는 견해를 표명하기도 한다.

많은 연구들이 진행되는 동안 신생아의 언어 능력은 어떤가에 대해 알아보니 신생아도 언어 인지능력을 갖추고 있음이 밝혀졌다.

그래서 엄마들이 아기에게 "맘마, 젖 먹어" 하고 모유를 들이대거나, "오, 오줌 쌌니" 하며 기저귀를 갈아 주는 것 등은 후에 그런 일이 반복될 때 아기와의 소통이 되는 일이라 한다.

어떤 엄마는 "오, 귀여워라", "아빠 닮았구나", "할머니가 오실 텐데" 하며 아기를 안아 주고 뽀뽀해 주는 것은 욕심이며 보다 좋은 방법은 자연스러운 생활 속에서 능력을 습득시키는 것이라 했다.

신생아의 지능은 무궁무진하나 이것을 개발하려는 노력은 과하지도 부족하지도 않게 하려는 엄마들의 노력 여하에 달렸다면 어려운 것일까 하고 의문을 가져보았지만 사실 그렇지도 않을 것으로 본다. 그것은 엄마의 능력도 무한한 것이기 때문이다.

냄새로 의사소통

　요즘 프랑스 과학원의 어느 심리연구소에서 샬 교수가 밝힌 것을
보니 신생아는 엄마의 냄새를 맡으며 의사소통을 하게 된다고 말하
고 "냄새에는 유전적 특성이 포함되어 있어 상호 식별이 가능하다"고
해 관심을 끈다. 신생아에 있어 의사소통의 유일한 수단이 냄새이기
때문에 친밀한 접촉이 또한 중요하다는 의미이기도 하다.

　그것은 자신이 연구한 산모 중 75%를 차지해 확인됐으며 특히 출
산 직후(30분 이내에)에 아기와 접촉한 측에서 많았기 때문에 아기는
'냄새의 기억'이라는 차원에서도 포근히 감싸며 젖꼭지로부터 냄새
를 터득하게 해야 된다는 것이다. 젖병을 통해 영양을 공급받고 자란
아기들은 냄새를 의미 있게 구별하지 못한다고도 한다.

　때문에 신생아는 되도록 많이 산모와 접촉해야 함은 물론이지만
친밀함을 유지하기 위해서는 지나치게 강한 향료나 화장품 사용을
금하는 것이 좋겠다고 했다. 최소한 수유 시간만은 특히 신체 화장품
에 있어서는 그렇다고 했다.

그는 또 동물 실험을 하며 얻은 결과이지만 새끼와 어미가 서로 유사한 냄새를 맡게 될 경우에 혈액 내 호르몬 함량이 증가하지만 다를 경우는 그렇지 않았다는 것으로 우리 인체도 신진대사가 잘 되느냐, 못 되느냐 하는 점에서는 같은 결과를 가져올 것으로 본다고 했다.

결국 신생아에 있어 '냄새와 의사소통'은 밀접한 관련이 있어 엄마는 이에 대해 소홀하지 말 것을 당부하기도 했다.

신생아는 먹지 않고도 한 달 산다

1985년 9월 19일 멕시코 시를 폐허화시킨 지진이 있었다. 약 2만 8천 명의 사망과 실종을 낸 세기의 대참사였다. 그런데 이 잔해를 파헤치느라 정신이 없던 구조반원들에게 깜짝 놀랄 일이 생겼다.

한 10여 일이 지난 어느 날 이들은 어느 종합병원의 콘크리트 더미 속에서 기적과 같이 살아남은 수십 명의 생명, 그것도 태어난 지 얼마 안 되는 신생아를 발견했다. 그것도 24명 중 23명은 생후 1주일밖에 안 된 신생아였다.

모두 구조되어 병원 치료를 받았는데 그 중 2명은 심한 외상으로 숨지고 또 몇 명은 근육 파열로 심한 출혈을 했고, 또 몇 명은 탈수현상을 일으켰지만 초능력의 적응력과 생존을 위한 힘을 발휘하고 있었다는 점에서 의학계의 관심이 집중되었다.

이들을 예의 관찰하고 있던 뉴욕의 칼 슐츠 박사는 "사고 후 계속 울던 신생아들은 주위의 반응이 없자 스스로의 보존 본능에 의해 일종의 동면 상태로 돌입하여 자신의 피하지방을 사용하여 생존을 영위했을 것"이라고 진단했다.

그래서 많은 학자들이 이들 신생아에 대해 연구한 결과 신생아는 성인과 달라 무려 한 달간은 아무것도 먹지 않으면서도 피하지방으로 살 수 있다는 것이 이론적으로 가능하다고 말했다.

이것은 다른 면에서 출산 후 산모의 젖이 일정 시간은 지나야 잘 나오는 것과도 무관하지 않다고 추측하게 되고 실제로 인간의 생존 영위에 가장 필수적인 것은 수분인데 신생아의 탈수 현상은 치명적일 수 있다. 그러나 사막에서 사는 동식물들과 같이 신생아의 피하지방은 연소과정에서 물이 다시 부산물로 얻어져 생존을 연장시킨 결과의 열쇠가 되지 않았나 하고 풀이했다.

이렇게 볼 때 신생아는 생명을 이어가는 데 있어 초능력의 본능이 있으므로 산모의 젖이 잘 안 나온다고 급히 대용유로 공급을 서두르는 일이 없도록 해야겠다. 이 아기들은 거의가 모유를 먹고 있었으며 모유의 힘이 얼마나 큰 것인가는 여기서도 입증됐다.

신은 인간에게 모유를 먹이도록 만들어 놓으셨다. 그럼에도 불구하고 모유 먹이기를 외면한다는 것은 아기를 사랑하지 않기 때문이라는 말로 결론지을 수밖에 없으니 임산부는 명심해야겠다.

모유가 좋아요

모유는 인류의 역사에 있어 엄마가 자기 아기에게 제공할 수 있는 최고의 편의식품이며 대용유가 할 수 없는 그날그날 아기에게 적합하도록 짜인 양질의 식단이다.

모든 포유동물들이 다 그렇듯이 자기 아기에게는 모유가 가장 알맞다. 모유의 성분을 분석한 결과를 보면 단백질이 1%밖에 안 되는데 반해 우유에는 약 3.4%, 토끼젖에는 13%나 된다고 한다.

단백질량으로 보면 토끼젖이 제일 좋은 것이 아니겠느냐 하겠지만 토끼는 그 성장 속도가 빠른 대신 일찍 정지되며 이것은 생명과 연결이 된다. 이런 것을 알고 보면 왜 우리 엄마들의 모유에 단백질 함량이 1%밖에 안 되느냐 하는 데 의문이 풀릴 것이다.

그뿐 아니라 모유와 우유의 차이는 심성 형성에 미치는 영향(사납다거나 순하다는 것)과 소화력에도 엄청난 차이를 보인다.

일반적으로 비교할 때 생물학적 조직이나 분량, 밀도, 함유물의 특성적 성분 등을 들지만 상호작용이나 상호관계를 빠뜨리는 데 중요성이 있다.

젤리프 박사가 약 90가지의 문항을 놓고 비교 연구하던 중 지적된 것은 모유 수유 시 일어나는 변화다. 모유는 처음에 묽고 흐리게 나오기 시작하여 다 먹어갈 즈음에는 점점 희고 진해진다. 이것은 생물학적 구조 면에서 볼 때 아기의 식욕 조절과 연관되는 것이며 우유의 변화 없는 맛이나 농도는 아기를 과식과 비만증으로 이끌게 된다고 한다.

또 모유는 특정한 질병으로부터 보호하며 노르스름한 초유는 효소, 즉 항독소가 함유되어 면역력을 갖고 있다는 것이 입증됐다.

브링햄의 애디 박사는 1978년 바레인이 콜레라 발병 때 두 집단을 비교해 보니 병에 걸린 42명은 인공유로 자랐고, 다른 42명은 모유로 키워져 병에 걸리지 않았다는 것이다.

또 캐나다의 인디언 연구에서 인공유로 키운 아기의 사망률이 모유로 키운 아기의 10배가 됐고 질병에 감염되어 입원하는 수도 10배가 된다고 했다.

필리핀의 바기오 종합병원에서 연구한 콜라바노 박사는 미국 상원 의회 청문회에서 발표하기를, 모유를 먹였더니 질병이 56.8%로 줄었으며, 사망률은 44.9%로 줄고, 설사는 77.8%로, 혈액의 감염에서 오는 사망은 86.7%로 줄었다고 했다.

이렇게 볼 때 모유는 우유보다 얼마나 좋은 것인가를 알게 해 준다. 그뿐 아니라 모유는 편의식품으로 수유 시 살짝 젖을 닦고 문지르면 되지만 우유는 엄격한 시간표에 따르는 시간제 수유라는 면에서 볼 때 사서 만들어야 하며 양을 재고, 데우고, 씻고 소독하고 말리는 등 부수적인 일이 많으며 자칫 잘못했을 때는 나쁜 물질을 아기에게 줄 수도 있다.

개인적으로 드는 비용은 차치하고라도 사회적, 국가적으로 보면 엄청난 것이라고도 한다.

모유가 없거나 모자라서 수유하는 경우라면 몰라도 모유가 있는데도 대용유로 한다는 것은 어느 면에서도 권장할 일로는 보지 않는다.

더욱이 모자의 유대라는 면에서 보면 젖을 빠는 동안 모자간의 피부 접촉에서 오는 사랑과 정서의 심리적 효과 또 부드러운 입술이 주는 포근함, 그리고 익숙한 엄마의 심장 박동소리가 아기에게 안정감을 주며 성격형성에 미칠 영향 등을 생각해 보자. 아기는 수일 만에 맡는 엄마의 냄새로부터 자기가 멀어져 간다는 고독감을 느끼지 않을 것이니 마땅히 우리는 모유로 아기 키우는 것을 으뜸으로 해야겠다.

요즈음 아기들이 이상하게 이기적이고 자기중심적인 편으로 되어 고생한다는 엄마들을 보며 그 원인이 어디서 온 것인가를 느끼게 해준다. 행복의 충분조건이 무엇인지 생각하고 잘 결정하는 것이 좋겠다.

또 모유는 천연의 피임약이라고도 한다. 그것은 최근 몇 가지 연구에서 나타났듯이 모유를 먹이지 않는 부인은 출산 후 2개월부터 배란이 시작되지만 모유 수유 시는 5개월부터 2년까지 배란이 늦추어져 터울이 생긴다는 것이다.

런던의 소아과 의사들이 낸 논문에 실린 모유로 육아하는 장점 10가지를 보더라도 그중에 모유는 터울 조절에 도움이 된다는 것이다.

모유수유 거부 이유

아기를 낳고 모유 먹이기를 거부하는 잘못된 생각을 가진 여성들에게 그 이유를 들어보니 꽤 그럴싸한 이유들을 달고 있다.

첫째는 남편들이 아름다운 몸매를 유지하기를 원하기 때문에, 둘째는 경험자들이 우유를 먹여 키우는 게 좋다고 하기 때문에, 셋째는 자녀들에 대한 희생(헌신) 정신이 부족하기 때문이라고 한다.

남성의 의식이 바뀌어야지 흐트러진 몸매를 갖고는 욕탕에서 남편이 들어오라고 권해도 자신이 없어 먼저 하라고 하게 된다는 이야기는 난센스적 조크일 수는 있다.

'르누아르'의 그림같이 풍만한 여인의 몸매를 좋아하는 사람을 제외하고는 일반적으로 '비너스' 같은 여성의 몸매에 이끌리는 남성들의 일반적인 시선 때문에 살이 찌거나 마르는 것보다 싱싱하고 탄력 있는 몸매 유지를 위해서 온 신경을 쓰다 보니 아기 문제엔 관심을 소홀히 하게 되며 그래서 자기 몸매 때문에 모유 먹일 생각은 않고 주사로 유방 살리는 일에나 신경을 쓰고 있다고 꼬집기도 한다.

이것을 남편이 알면 "이 얼마나 훌륭한 마음씨랴." 남편의 성욕을 충족시키기 위한 노력이며 아름다운 부부애를 지속시키려는 고뇌라 할 수도 있다.

그러나 그렇더라도 한 가지가 빠져 아쉽다면 아기에게도 그런 신경을 쓰는 것이 더 큰 행복일 텐데 하게 된다. 돌이켜 생각해 보자.

그간 외래문화가 얼마나 잘못 들어왔으면 우리 여성들의 사고를 이처럼 변질시켰을까 싶다. 여성의 유방은 원래 세 가지로 유형을 구분하고, 그 향방을 일러 준 우리 할머님들의 비유가 있듯이 처녀 때는 금젖, 결혼하면 은젖, 아기를 낳고 나면 개젖이 되어야 한다던 말씀을 되새기며 설혹 개젖이 된다고 해도 그것은 자기가 낳은 자기 아기를 위해 안심하고 탈 없는, 건강한 양식을 주기 위한 생명의 보고로서 영양도 중요하고, 인성, 심성, 품성을 좋게 하기 위해 절대로 빼놓을 수 없는 것이라는 것을 망각하고, 자기 몸매에만 신경 쓰는 것이지 아기가 정신적 이상아가 되고 심성이 고약한 아이가 되어 고통을 받는 엄마들을 보지 못해 하는 행동이라 할 수 있다.

이유식을 먹이면서부터는 몰라도 모유의 초유 시기를 놓치고 동물의 젖을 먹인데서야 어찌 좋은 엄마, 행복한 가정을 만들 훌륭한 여성상이라 할 수 있을까?

몸매는 모유를 먹이면서도 다시 가꾸는 방법이 있으며 유방을 잘못 인공적으로 만들었다가는 두고두고 후회할 일이 있을지도 모른다. 이것이 잘못되는 경우에는 그냥 둔 것만도 못한 일이 발생한단다. 또 처녀들이 미워하는 눈초리는 어찌하려나. 한때 미국에서는 늙은이가 손톱에 매니큐어를 칠하고 얼굴 화장을 진하게 하니까 처녀들이 화장을 안 했다는 이야기를 상기하며 섣불리 유행에나 휩쓸리는 일부

여성들의 행위를 본뜨지 않기를 바란다.

　실제로 우리 남성들은 억지 조형미보다는 자연스러운 아름다움을 더 좋아하며 나를 위해 만든 거짓 아름다움보다는 우리 아기를 튼튼하고 영특하게 키워 줄 엄마를 원한다.

　그런 것을 잘못 아는 여성들이 마치 자기 몸매만 잘 가꾸면 좋아하는 줄 착각하고 그 귀중한 모유 먹이기를 거부한다면 후엔 엄청난 후회를 하게 되고 나중엔 파탄을 안 일으킨다고 누가 자신하랴.

　무대 위에 서는 가수나 서비스 직업을 가진 여성이라면 몰라도 엄마라는 칭호는 성스럽고 위대하기까지 한 것이어서 자칫 착각하여 자기 위치를 추락시키는 어리석음이 있어서는 안 되겠다.

　아름다움을 유지하려면 열심히 근면하라. 그러면 그 자태는 저절로 아름답게 보일 것이다. 그 이상의 아름다움은 없다.

모유를 먹이면 날씬해진다

　임신하면서부터 여성의 몸이 불어나는 이유는 배 안에 있는 아기의 영양을 축적하느라 만들어진 신의 섭리라 한다. 또 그것은 출산 후 아기에게 젖을 먹이면서 아기에게 전달되어야 할 생명의 원천인데 만약 모유를 먹이지 않으면 원상 복구가 잘 안 되어 조속히 날씬해지지 않는다 한다. 그러므로 산모는 살을 빼기 위해 굶는다는 한 가지 일을 잘못하는 것이 곧 몇 가지 일이 잘못되는 것인 줄 안다면 그러지 않는 것이 좋고, 할 일 한 가지를 잘못했을 때 발생하는 여러 가지 역현상에 대해 고려해야 할 것이다.

오유수유가 어려운 분

한편 모유 수유에 어려움을 겪는 직장여성들에게 요즘 새로운 모유 수유 보조기구가 나와 있어 불편을 덜 수 있다니 알아두는 것도 좋으리라.

그것은 펌프식 유축기로 L자형 튜브가 달린 깔때기와 젖병으로, 이 유축기는 깔때기를 가슴에 부착시키고 젖을 짜내는데 나중에 젖병 꼭지를 뚜껑으로 덮어 밀폐 보관이 가능하게 되어 있다고 한다. 직장에서 냉장고에 보관했다가 나중에 아기에게 먹일 수 있다니 휴대용으로 모유를 먹일 수 있는 편리함이 있으니 한번씩 용법을 알아보는 것도 엄마의 생활의 지혜가 될 것이다.

모유수유로 고른 이빨을

　미국 홉킨스 의대에서 치아에 이상이 있는 어린이 9천7백 명을 대상으로 모유와 우유 수유에 관해 통계를 내본 결과, 모유는 어린이의 정상치아 발육에 도움을 준다는 사실을 발견한 보고가 있다.

　보고팀은 그 원인을 찾아보는 동안 우유를 먹는 아이에게선 우유를 삼키는 동안 병꼭지에서 나오는 우유를 막기 위해 혀를 내밀게 되며 이것이 습관화되는 경우가 많은 반면 모유를 먹는 어린이는 같은 경우 혀를 내미는 동작을 할 필요가 없고 오히려 입근육을 활발히 움직여 자연 발생적 구강 운동을 하므로 고른 이빨에 기여한다고 설명했다.

　또 한편 같은 모유를 먹은 아기라도 그 기간이 1년 이상 먹은 아기의 이빨이 1년 이하에 끊는 아기보다 고른 치열을 갖는 확률이 40%나 높다는 것도 밝혔다.

　이것은 젖을 일찍 끊는 경우 손가락을 빠는 또 다른 습관이 생길 수도 있어 치아발육에 악영향을 끼치는 것이다.

요즈음 미국에서도 모유를 먹이는 산모가 1970년대 25%에서 60%로 늘었고 또 모유 수유 기간도 6개월 이상 하는 산모가 70년대 5%에서 35%로 증가하고 있다는 통계를 내놓았다.

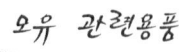
모유 관련용품

모유패드, 유축기, 유두교정기, 유두보호기, 유두펌프 등이 나와 있다.

모유패드: 거즈 손수건 대신 바스트에 꼭 맞게 만들어진 입체 성형 패드로 가볍고 얇아 착용감이 좋다고 한다.

유축기: 유방에 있는 모유를 짜내 모유분비를 활발하게 해주어 유선의 염증 유발을 방지하며 엄마 대신 아기에게 먹일 수 있는 저장고라 할 수 있다.

유두교정기: 함몰된 젖꼭지를 수유할 수 있도록 교정시켜 주면 젖꼭지를 부드럽게 하여 아기가 젖을 쉽게 먹을 수 있도록 한다니 크게 도움이 될 것이다.

유두 보호기: 혹이라도 상처 난 엄마 젖꼭지의 유두를 보호하기 위해, 또는 함몰 유두, 유난히 큰 젖꼭지 등의 유두보호에 각기 맞게 만들었다니 사용에 유의하면 좋겠다.

유두펌프: 모유를 수유하고 싶으나 상처로 어려움을 겪는 산모에게

젖을 짜내는 병으로 먹일 수 있게 고안된 것이다. 이것으로 모유를 꼭 먹일 수 있다면 대용유로 하는 것보다 아기에게 10배는 좋으니 사용해 보는 것도 좋겠다.

이렇게 산모가 모유를 수유하고자 하는 데는 한 방울의 모유라도 아깝고 귀중하다. 되도록 엄마에겐 고통 없고 아기는 자신을 위해 만들어진 엄마의 것을 먹을 수 있으므로 동물에게서 얻은 우유보다 건강에 좋고 인성 형성에 기여한다고 하니 이런 것은 누구나 갖추고 있으면 좋을 것으로 생각되어 소개한다.

되도록 모유 수유에 소홀하지 말자. 모유는 내 아기를 위해 만들어진 귀중한 식량이다. 이것보다 더 좋은 것은 없다. 우유가 있다고, 그것이나 마찬가지 아니냐고 하는 분이 있지만 그것이 절대 같지 않다는 것을 잊지 말고 여하한 경우라도 이런 기구를 이용하면 어렵지 않을 것이고 엄마젖 먹고 자란 아기는 엄마와 커뮤니케이션이 잘 되는 아기로 무럭무럭 자랄 것을 믿어 의심치 않는다.

항생제나 인삼 먹은 영아의 젖

얼마 전 연세의료원이 산모 30명을 대상으로 「항생제나 인삼이 유
즙 분비에 미치는 영향」이라는 연구를 한 결과 일반 산모들의 경우는
분만 3일쯤 되면 보통 하루에 300~400cc의 젖이 나오게 되는데, 항생
제를 맞거나 분만 전에 인삼을 먹은 산모의 젖은 분만한 지 닷새가
되어도 100cc 정도밖에 나오지 않았다고 보고되었다.

신생아는 물론이지만 산모의 건강을 위해서도 모유 수유하는 것이
좋다는 것은 알지만 젖이 적게 나와 모유를 먹일 수 없게 됐다는 이
유에서 짚고 넘어가야 할 일이 있다.

신체적으로 이상이 있거나 허약한 체질이 아닌데도 유즙 분비의
양이 적다는 산모들이 많은 것은 출산 전 음식 섭취에 유의하거나 유
방의 이상을 교정하는 등 사전 준비를 소홀히 한 데서 기인한다고 해
야겠다.

그러므로 임산부는 출산 전부터 모유의 원활한 분비를 위한 마사
지나 유두 손질에 게을러서는 안 된다. 여기서는 다른 원인인 항생제

를 투여했을 경우나 인삼을 많이 먹었을 경우에도 원인이 발생할 수 있다는 데 유념해 둘 필요가 있다는 이야기다.

그런 중에서도 초유 문제는 여러 군데에서 지적했듯 꼭 먹여야 할 일인데도 불구하고 이런 경우 먹일 수 없다면 엄마로선 안타까운 일이 될 것이다.

문제의 항생제를 사용했을 경우는 '써서' 먹일 수가 없는 것도 한 이유가 되겠지만 그보다는 어른의 몸에 있는 함량을 아기가 흡수하게 되면 아기에게 해로우며 또 항생제는 모유분비 억제의 원인이 되기 때문이다.

인삼의 경우는 아직 그 원인이 밝혀지지 않았지만, 다른 한편에서는 체질에 따른 것이지 그렇지도 않다는 일설이 있어 계속 연구 대상이 되고 있다.

인삼은 신비의 명약으로 효능이 밝혀지고 있으나 홍콩의 한 연구를 보면 고혈압인 사람에게는 혈압억제 기능을 하고, 반대로 저혈압인 경우는 혈압을 약간 상승시키는 역할을 한다고 한다. 그 효능이 확실히 밝혀지기 전에는 뭐라 할 수 없는 특이한 식품, 신비 식품 또는 약제임에 틀림없다.

그래서 인삼의 체질적 효험에 대해 자세히 알아보니 주로 오장을 보호하고 원기를 돋우며 지갈생진(止渴生津)한다고 하는데 신진대사와 내분비의 생리작용을 돕는 약효가 있다.

사상체질에서 소음인의 산모가 인삼을 복용하면 젖이 적게 나온다고 했다. 또 인삼의 뿌리를 달여 먹으면 젖이 잘 나오지 않는다고 하고, 잔뿌리를 제거한 후 몸체만 달여 먹으면 젖이 더 많이 나온다고 하는 것이 연구되고 있다.

젖을 생성하는 데 필요한 '프로탁틴'이라는 호르몬은 사실 인삼을 먹었을 때 더 많이 생성된다는 것이 여러 실험에서 확인되기도 했다.

그러므로 인삼은 그 사람의 체질과 부위별 약리 효능에 의해 달리 해석된다 하겠으며 앞으로 더 연구되어야 할 문제다. 그렇다면 과연 인삼은 다 같은 것인가 하고 알아보니, 인삼은 생산자와 가공법에 따라 다르다고 했다. 즉, 삼은 깊은 산 속의 나무 그늘 밑에서 저절로 나서 자란 산삼과 밭에서 재배한 종삼(양삼), 그리고 산속에 심어 자라게 한 장뇌삼 등이 있다. 기록에 의하면 산삼은 4천 년 전 백두산에서 발견되었었고 종삼과 홍삼 재배 기술은 14~15세기경 슬기로운 우리 민족이 개발한 것이다.

인삼은 여러 보약 가운데 으뜸가는 것이다. 특히 고려 인삼은 다른 나라에서 나는 것보다 그 효능이 뛰어난 것으로 평가된다. 인삼은 복용 시 꼭지(뇌두)나 뿌리는 다 버리고 쓰게 되어 있다. 그것은 효능의 차이 때문이라는 것이다. 꼭지와 뿌리는 게우게 하는 효능이 있다고 하여 게움약으로나 쓴다.

인삼은 몸을 보하고 기운이 나게 한다. 또 피로를 회복시켜 줄 뿐 아니라 활동 능력을 높이며 기억력을 좋게 하고 귀와 눈도 밝게 한다. 장복하면 생기가 돌고 장수하는 데 도움을 준다고까지 한다. 그러나 열성 체질이나 열 질환일 때는 오히려 해로울 수 있는 것이 특색이다.

또 복용 방법도 분말로 물에 타서 먹는 방법, 액으로 떠먹는 방법, 달여 먹는 법, 알약이 있고, 또 일반 보신용으로는 탕(삼계탕)으로 하는 방법과 달인 물을 마시는 방법도 있다. 그러나 적합한 약리 효과를 위해서 연구가 진행되고 있는데 이웃 일본의 아이교 대학의 생리학 교수인 오쿠다 박사는 인삼에 포함된 '아세노신'과 '피그롤타민산'

이 당뇨병 치료에 필요한 인슐린 분비를 현저히 증가시켰다는 것, 또 동맥경화 증상을 예방시키는 데 탁월한 효능을 지닌 천혜의 약이라 했다.

후지야마 의대 부학장 구미가이 박사는 인삼이 혈과 벽에 콜레스테롤이 축적되는 것을 막아 심장병이나 뇌졸중을 예방해 주는 데 탁월한 성분이 있다고도 했다.

지바 의대 연구팀은 고려 인삼이 혈액 속의 세포증식 인자를 줄여 혈전을 막고 뇌졸중 등을 예방하는 효과가 있다고 밝혔다.

고배 의대 비뇨기과의 이시가미 교수는 정자 결핍증의 남성 불임 환자 29명에게 인삼에서 추출한 성분을 투여한 결과 24명에게서 효과를 얻었다고 했는데 인삼에는 고환의 세포 분열을 촉진시켜 정자 생산 능력을 강화하는 기능이 있다고 말했다.

그런데 예전부터 인삼은 불임 여성에게 잉태케 하는 처방을 하기도 했다.

즉 『천금방(千金方)』에 보면 '자서문동원'이라는 인삼, 감초, 두충, 오미자, 당귀, 목단 등으로 처방된 약이 임신을 못한 부인용으로 쓰였다 하며, 요즘 중국에서도 이와 비슷한 처방으로 불임을 해결하는 것으로 알려지고 있다.

또 인삼은 다음과 같은 경우, 산후 회복에 쓰인다.

① 산후에 말문이 막히는 것, 심장이 약한데

② 산후에 잠꼬대가 심할 때, 열이 심할 때

③ 산후에 허약할 때, 갈증이 심할 때

④ 산후에 하혈이 많을 때

⑤ 산후 자궁 수축이 잘 안 될 때, 소변을 자주 볼 때

⑥ 산후 출혈 과다일 때, 어지럼 증상 시, 난산 시

⑦ 산후 월경 불순 시

이 외에도 여러 가지가 있는데 『본초강목』에는 잉태 전, 산후의 특별 효과를 적고 있고 『천금요방』에는 난산의 경우 양태를 위한 여러 가지 방법을 기록하고 있고, 『구자』, 『경약전서』, 『외태비요강』 등도 많은 효험을 전하고 있다(한영채 박사, 『인삼의 효능』에서).

요즘 서울대 장윤석 박사가 국제심포지엄에서 산부인과 환자 126명을 대상으로 임상실험한 결과를 보고한 바에 의하면, 적혈구, 백혈구, 혈청 총단백질, 알부민, 콜레스테롤, 혈당량, 체중, 혈압, 식용, 장관운동, 소화 등의 연구에서 부작용은 전혀 없고, 적혈구가 약간 증가했으며, 혈청 총단백질이 현저히 증가한 반면 콜레스테롤과 포도당이 현저히 감소했고, 몸무게는 크게 증가했다고 했다. 이렇게 볼 때 인삼이 수술 후의 인체 기능을 회복하는 데 촉진제로서 역할을 크게 한 것이라 보인다.

이상에서 인삼의 신비한 효능 여러 가지를 예로 들었으나 직접 모유와 관련하여 더 발전시키지는 못했지만 결과적으로는 체질적 특성에 근거하여 일부에는 모유가 적게 나오기도 했지만 다른 체질에는 오히려 모유를 풍부하게 하는 데 도움을 주는 신비의 명약이라 할 수 있겠다.

되도록 자신의 체질이 태음인이냐, 태양인이냐, 소음인이냐, 소양인이냐를 빨리 알아 자신에게 맞는 방법을 찾는 것이 우선이라 하겠다.

체질을 아는 방법은 본인의 저서인 태교 시리즈 3권 『지혜로운 임신태교』(탄훈) 289쪽을 참고하면 큰 도움이 될 것으로 믿는다.

모유를 팩으로 보관

일본 직장여성에게 모유팩이 유행하고 있다는 소식이 전해지고 있다.

물론 분유보다 모유가 아기 발달에 좋고 성장과 건강에 좋으니 관심 있는 여성들의 애용물이 될 수밖에 없다.

그러나 이건 너무 1회용 시대를 부추기는 것이 아닌가 하게 되어 내용을 살펴보니, 직장에 가야 하는데 아기가 자고 있어 모유를 먹일 수 없을 때 이 모유를 200cc짜리 팩에 보관했다가 나중에 섭씨 40도(체온 정도)에 녹여 먹이거나 또 직장에 있을 때도 모유를 짜 넣었다가 귀가 후 먹일 수 있으므로 편리할 것 같다.

그러나 얼마나 편할까? 일단 많은 여성들이 애용하며 오히려 직업주부가 아니면서도 아직도 분유로 아기를 키우는 여성은 뒤떨어졌다고 하며 핀잔까지 주고 있다고 하니 어떤 의미가 있기는 하겠지만 자세히 알고 보면 "꿩 대신 닭"이지 직접 수유하는 것과는 차이가 없을 수 없다.

그것은 식품을 깊이 연구한 사람이 아니고는 잘 모르는 일이지만, 밥도 곧바로 해서 먹는 것과 그릇에 담아 두었다가 먹는 것과는 질과 맛에서 차이가 있듯이, 팩에 담아 놓은 젖과 갓 나온 젖과는 차이가 날 것이다.

밥을 짓는 데도 알파(α) 화도란 것이 있고 밥을 건조했다 환생시키는 데도 맛 복원에서 어려움을 경험한 일이 있는 필자로서는 냉동했다 녹이는 모유에도 뭔가 달라질 것을 염려한다.

물론 분유로 수유하는 것에는 비교도 되지 않는다 하더라도 생모의 모유니까 더 말할 나위도 없겠지만 이것이 잘못 유행해 엄마들이 이렇게 해도 되는구나 하여 모두 팩 이용을 남용할까 걱정되어 하는 말이다.

뭐니 뭐니 해도 모유는 직접 수유하는 것이 최고다. 그러나 어쩔 수 없는 직장여성은 이용하겠지만 가급적이면 직접 수유하는 것과는 엄연히 차이가 날 것을 예견한다.

연구가 더 진행되면 밝혀지겠지만 어쩔 수 없는 경우의 이용 이상의 의미는 없음을 알아두자.

생우유와 빈혈

　그간 우유가 고단백, 고칼로리의 영양식품이라고 잘못 전해진 탓으로 생우유만을 계속 먹고 자란 아이들에게서 종종 빈혈이 발견된다고 한다. 이것은 우유가 모유에 비해 철분이 1/10 정도로 절대량이 부족하다는 데 대해 일종의 경종을 울리고 있다.

　체중 10kg의 아기는 하루 23mg의 철분이 필요한데 생우유를 통해 필요한 철분을 얻으려면 10 L 이상의 우유를 마셔야 한다. 그러나 보통 유아가 하루에 마시는 우유량은 1 L 내외로 1/10에 불과하여 철분 필요량이 절대 부족한 것이다.

　더욱이 혈액의 주요 성분인 헤모글로빈도 10～11g이 필요한데 우유를 먹인 아기는 필요량에 비해 훨씬 부족한 7.2g인 것으로 나타났다.

　이번의 이런 연구 결과로 그간 잘못된 임산부의 우유 섭취에 대해서도 언급되어야 할 것은 일반적으로 우유를 마시면 태아가 필요로 하는 양분을 충분히 공급받는다는 그릇된 사고로 우유를 마시는 일이 많았는데 그것은 옳지 못한 이야기이고 만약 우유를 즐기는 식성이라면 생우유보다는 조제분유를 배합해 마셔야 한다는 결론에 도달한다.

그보다는 맛있는 음식을 직접 만들어 고루 영양을 섭취하는 것이 제일이지만 혹이라도 우유를 마시고 싶을 땐 그렇게 하는 것이 필요한 영양을 섭취하는 길이라는 것이다.

또 생우유에 대해 미국에서도 논란이 일어났는데 오스키 교수 등이 유아 162명을 대상으로 A군에서 빈혈 증세를 보인 아이는 17.4%, B군에선 단 1%로 나타났다. 이렇게 볼 때 이젠 우리도 우유에 대한 재인식이 필요한 때라 하겠다.

아기를 왼팔로 안는다

　사람이나 침팬지 등의 영장류가 아기를 안는 것을 보면 대개 왼팔로 안는다. 그래서 그 이유는 무엇일까 하고 영국 리버풀 대학의 메닝 쳄버린 등이 연구한 결과, 엄마가 아기를 왼쪽 팔로 안는 것은 감정 표현을 담당한 오른쪽 우뇌가 활동하기 좋게 하는 데서 온 것이라 설명했다.

　그간에 알려진 바로는 여성이 아기를 왼쪽으로 안는 것은 심장 박동소리를 들을 수 있게 하여 아기를 안정시켜 주는 것으로만 해석했으나 금번 이 시도는 인간의 두뇌 구조 발달에 초점을 맞춘 것이다.

　즉, 우리의 오른쪽 뇌는 감정과 관련된 정보를 처리하며 이것은 왼쪽의 시각과 청각에서 얻은 감각정보를 위주로 한다. 따라서 왼쪽에 아기를 안게 되면 어머니의 왼쪽 감각기관을 통한 아기의 감정이 잘 이해될 수 있으며 또 아기는 엄마의 감정 표현을 잘 볼 수 있기 때문이라는 것이다.

　고릴라나 침팬지 등도 마찬가지여서 이들의 두뇌가 인간처럼 좌뇌

우뇌로 기능이 분화되어 왼쪽으로 새끼를 안는다는 것이다.

그 외에 오랑우탄 등 다른 영장류에서도 비슷한 형태를 발견하게 되는데 이는 근 600만~800만 년 전 인간이 영장류와 분화되기 이전에 이미 뇌의 기능 분화가 있었던 것이라고 추측했다.

여하튼 여성이 오른손잡이건 왼손잡이건 관계없이 아기를 안는 것을 80%가 왼쪽 가슴으로 안는데 이것은 뇌기능 역할과 관계있다는데 새로운 흥미를 던져 주는 연구가 아닌가 한다.

과연 그럴까? 그렇다면 오른손잡이는 오른손을 쓰려니까 자연 그렇게 되는 것 아닌가 하고 할 수도 있겠지만 왼손잡이는?

웃음은 영양식보다 좋다

　건강에는 영양이 우선이다 최고다 하여 요즘 우리는 잘 먹는 데에 많은 투자를 하고 많은 시간을 쓰고 있다. 그러나 어떤 면에서는 양질의 음식을 먹는 것보다 더 중요한 것은 웃음이라는 데에 공감하여 그에 대해 연구한 결과를 알아본다.

　영국에서 화가 난 사람의 숨을 받아 액체 질소로 급속 냉각을 해 보니 농축 액체는 노란색을 띠었으며 이것을 흰 쥐에 소량 투여했더니 쥐가 즉사했다는 것이다. 그래서 화내지 않은 상태의 숨을 농축시켜 보니 이것은 무색으로 쥐에서 별 이상을 발견하지 못했다.

　만약 화낸 숨을 한 시간가량 모아 본다면 그 독성은 어느 정도일까 계산해 보니 이 독기는 물경 80명의 사람을 죽일 수 있는 양의 독이 된다고 한다. 이런 실험으로 볼 때 사람은 자신뿐 아니라 상대방을 위해서도 화내기를 참는 것이 얼마나 바람직한 것인가를 알게 해준 일이라 할 것이다.

　그러나 상대방이 자꾸 화나게 하는데도 화를 안 내는 사람도 있을까. 문제는 이런 일이 생기지 않도록 서로가 애쓰는 것이 더없이 좋은 일임을 새삼 느낀다.

그러면 웃음은 어떤가? 웃음은 정상 상태에서는 큰 위력을 발휘하지 못하지만 분노나 스트레스를 받는 상태의 신체에는 탁월한 청량제 역할을 한다는 것이다. 그러니 어떤 일로 화를 낸 사람이라도 조금 후에는 웃을 수 있는 지혜를 발휘하는 것은 자신의 건강을 위해서는 무엇에 비할 수 없이 값진 일이라 하겠다.

사실 웃음을 분석해 보면 경고 신호로 나타났던 혈압 상승이나 맥박 증가, 고혈당이나 체온 상승 등의 내분비계의 현상을 모두 제자리로 돌려놓는 데 기여하고 각종 면역 물질이 제 기능을 발휘할 위치로 돌아가게 하는 일을 돕기도 한다는 것을 보면 웃음이 얼마나 건강 증진에 좋은 것인가는 짐작이 간다.

또 웃음은 스트레스로 인한 몸의 손상을 최소화시키는 데도 일익을 담당한다. 이것은 웃음이 뇌하수체를 비롯한 각종 내분비선의 호르몬 분비를 재촉하는 데서 일어나는 현상이라서 참으로 좋다.

그러나 일소일소, 일노일노라는 말이 있듯이 아무 때나 쓸개도 없는 사람처럼 웃음을 웃을 수도, 그래서 무게 없는 사람이 되는 것도 문제는 있다.

다만 웃음으로 불건강한 남편이나 아내와의 사이, 가족관계 그리고 힘든 사회생활에서 돈 들이지 않고 서로 편해지는, 보기 좋은 것이 또 어디 있을까를 생각해 보자. 신생아도 엄마의 웃음으로 건강해진다면 이 또한 훌륭한 엄마가 갖추어야 할 성품이니 상긋이 웃어 봅시다. 웃으면 복이 와요!

불포화지방산(DHA) - 뇌기능 향상

등푸른생선에 많이 있는 불포화지방산 DHA가 인간의 두뇌를 향상
시킨다는 발표가 영국의 뇌영양학 연구소 크로포드 박사의 실험으로
입증되어 화제를 모으고 있다.

1970년대 초반부터 뇌와 DHA의 관계에 대해 집중 연구를 해오다
가 동경 'DHA심포지엄'에서 발표한 이 연구 결과는 인간의 뇌조직에
있는 지방세포 안에 약 10%에 해당하는 DHA가 기억력과 학습 능력
을 향상시키는 신경을 발달시키며 노화에는 현저하게 줄어든 것을
발견했다고 전한다.

크로포드 박사는 특히 "태아의 두뇌발육이 부진한 현상은 바로 이
DHA가 부족하기 때문으로 임산부는 DHA가 풍부한 등푸른생선을
많이 먹는 것이 좋다"고 했다. 그래서 미숙아들을 검사해 보니 단연
정상아에 비해 DHA의 함유량이 부족했다고 덧붙였다. DHA는 쇠고
기, 돼지고기에서는 발견되지 않았다.

등푸른생선에 DHA가 많은 이유는 무엇일까? 물을 현미경으로 관

찰해 보니 그 속에는 플랑크톤이 있고 이 플랑크톤은 동물성을 DHA
의 전신물질인 알파리놀렌산을 가진 다른 식물성 플랑크톤을 먹음으
로써 DHA를 합성하며 이것을 물고기가 먹기 때문이다.

식품 종합연구소는 이를 쥐에게 먹이고, 안 먹인 쥐와 비교 관찰했
는데, DHA가 5% 함유된 먹이를 준 쥐는 미로 찾기에서 우수했지만,
안 먹은 쥐는 우물쭈물했다는 것이다.

그래서 조사팀이 DHA를 먹인 쥐의 뇌세포를 분석한 결과 뇌의
DHA 함량이 역시 높았다는 것이다. 또 조사팀의 일원인 일본의 스즈
키 박사는 말하길 "DHA가 기억력과 판단력을 좌우하는 신경회로망
의 구성과 재건에 깊이 관여하고 있다"고 말해 연구는 진전된다.

또 DHA는 뇌세포 속에서도 단백질의 합성에 관계하는 작은 포체
의 막을 형성하는 데 필수적인 요소로 알려져 있다. 이것이 우유에서
는 발견되지 않았다고 해서 아기 엄마들을 놀라게 했는데 다행히 모
유에는 많이 포함되어 있는 것으로 알려져 모유 먹이기 캠페인이 그
저 그런 것만이 아니라는 데 결정적 역할을 하게 되었다고 한다.

크로포드 박사는 1982년에 쓴 『원동력』이라는 저서에서 각 인종별
모유의 DHA 함량을 발표했는데 모유 100ml당 일본 여인의 젖에는
DHA가 22mg이나 함유되어 있어 제일 높았으며 미국 여인의 경우
7mg, 오스트레일리아 여인은 10mg이었다고 한다. 여기에 우리나라의
수치는 빠져 있어 아쉽기는 했지만 우리도 생선을 많이 먹는 식생활
이니 아주 뒤떨어지는 편은 아닐 거라는 생각이다. 앞으로는 이런 점
을 염두에 두고 식생활 습관을 개선해 보는 것도 고려해 보아야 할
일이다.

녹차에 항암 · 항AIDS 효과

담배의 소비량이 미국보다 일본이 높은데 일본 사람들의 폐암 발병과 사망률은 미국보다 낮다는 데 관심을 둔 미국 아메리칸 헬즈의 창 박사는 녹차를 동물 실험해 본 결과 실험용 쥐의 폐암종양 발생이 45%나 감소하므로 녹차의 효험을 발표했다.

얼마 전 뉴욕에서 개최된 미국 화학학회에서 한 저명한 기관이 밝힌 연구 결과를 보면 녹차에 강력한 항암 물질이 있어 이것을 투입한 동물군에서, 발암률이 반 이하로. 떨어졌다고 보고되고 창 박사가 일본 녹차의 산지인 시즈오카 현을 찾아가 이곳 주민들의 암발생률을 조사한 결과 일본 국내에서도 가장 낮았다고 밝혔다는 것이다.

이렇게 되자 일본에서는 녹차를 마시면 AIDS에 걸리는 확률도 떨어진다는 연구 결과를 발표해 우리를 놀라게 했다.

그것은 녹차에 많이 함유된 탄닌 성분이며 이것은 AIDS바이러스 증식을 막는다는 '시즈오카시의 국제차' 연구회의 심포지엄에서였다는 것이며 아이치 현의 '오노' 암바이러스부 실장은 암세포 배양실험에서 녹차의 탄닌 성분이 카티킨 작용으로 암 발생의 역전사 효소가 현저하게 줄어든 것을 발견했다고 발표하고, 요즘 AIDS 약으로 사용하고 있는 AZT보다는 그 효과가 20배, 30배로 나타나고 있어 이것이 사람의 세포 자체를 죽이는 부작용만 극복한다면 AIDS 치료약이 될 수도 있다고 말했다.

아직 완성된 연구는 아니어서 좀 더 진행해 봐야겠지만 꼭 치료약으로서라기보다는 녹차는 우리나라의 '차'로서 우리가 마시기 어렵지 않은 것이니 커피보다 자주 즐기면 항암에도, 에이즈 예방에도 도움이 될 수 있지 않겠나 하는 소박한 의견을 내본다.

독자는 물론 이런 일이 있어서도 아니 되겠지만 우리는 양가의 부모님들을 위해 일가친척들의 건강을 위해 상식으로 알아두는 것이 좋겠다.

전자레인지 - 식중독의 원인

영국 농업부는 1989년 11월 전자레인지가 식중독의 원인이 된다는 연구 결과가 나와 즉각 조사를 명령했다. 유명회사들 제품 120대를 대상으로 실시한 연구에서 살모넬라균과 리스테리아균을 살균하는 데 필요한 온도만큼 음식물을 데우지 않고 있는 데 문제점이 있는 것으로 판명됐다. 섭씨 70℃에서도 살아남는 이 박테리아는 전통적인 방법이 좋다고 하며 문명의 이기라도 잘못 사용하면 오히려 큰 해를 입을 수 있음을 조사시킨 것이다. 그래서 소비자보호협회 측에서도 소비자들에게 경고하고 특히 얼린 음식물을 녹이는 데 전자레인지를 사용하지 말 것을 당부했다.

이런 면에서도 보면 음식물은 그 자체보다도 조리하는 데 많은 지혜가 필요하다. 음식이 갖고 있는 영양가나 새롭고 간편한 요리방식도 좋지만 조리 방법에 따라 몸에 이로울 수도 있고 해로울 수도 있다는 것을 보면 특히 임산부는 식품의 품목보다 어떻게 조리하느냐는 문제를 새겨야 할 것 같다.

유산균 효과 발표회

유산균이 우리 몸에 좋다는 것은 다 알려진 사실이지만 여기서는
또 다른 측면, 즉 알레르기 질환에도 효과가 있다는 보고가 나와 있다.

국제학술 세미나는 「유산균과 건강」이 주제였는데 모스크바 역학
미생물 연구소 소장 센데로프는 "유산균 대사 산물이 장내에서 미생
물의 질병에 대한 저항성을 강화시킨다" 하고, 이 같은 성질은 소련
체르노빌 원자력발전소 사고지역의 방사능 오염 환자와 폐병이나 알
레르기 어린이 환자에게 효과적인 의약품으로도 사용된다고 밝혔다.

또한 유산균은 콜레스테롤과 담즙산을 변으로 배출케 하며 순환기
질환을 예방, 치료하는 데 크게 효과적이다. 이때 사용되는 유산균은
'비피더스'라는 균이 대표적이라고 한다.

그 외 미국 조지아 대학 프랭크 교수는 「유산균의 병원균 억제 메
커니즘」이라는 주제로 발표하면서 "우유 속의 구연산에서 만들어진
치즈나 요구르트의 성분은 장 내의 부패성 세균이나 효모를 강하게
억제한다"고 하며 최근 발견된 '박테리오신'이라는 '유산균 단백질'

이 일반 식품의 천연 방부제로 쓰일 것에 대비, 활발히 연구가 진행되고 있다고 했다.

다시 말하면 '박테리아신'은 박테리아를 죽이고 균으로 치즈나 토마토주스를 만드는 데, 또 옥수수크림이나 맥주를 만드는 데도 천연 방부제로 적합하다는 것이었다.

여기 참가한 일본 도쿄대학교 가미노와 교수는 "유산균이 병원균 감염을 막는 기능이나 종양 세포를 축소하는 면역 기능을 갖고 있음을 발견했다"고 하고 특히 비피더스균은 장 내 특수 임파구의 면역 기능을 강화하는 효과가 있다고 해 유산균의 연구는 상당히 진전되는 양상을 보인다.

또 학자들은 유산균의 활성 효과에 대하여, ① 장 내 미생물균종의 활성 효과, ② 돌연변이성 암 유발 물질에 대한 것, ③ 장 내의 인돌이라는 유해 물질의 생성 등 유산균이 이들의 억제와 저하에 크게 효과적이라는 데 의견을 같이했다.

우리 생활 주변에서 유산균은 발효유와 약품 등 두 가지 형태라 하지만 세계적으로 상품화된 균은 30~40가지가 있다고 한다. 여기서 우리는 조상의 지혜로 일찍이 식품을 저장 또는 발효시켜 먹었으니 그 슬기로움을 새삼 되새기게 한다.

그러나 요즘 잘 모르는 엄마들은 유산균 음료를 매일 몇 병씩 아이들에게 먹인다고 하는데 이런 내용을 잘못 알고 하는 행동이란 것을 밝혀 둔다. '적절히 먹인다'와 '많이 먹인다'와는 근본적으로 다르다.

생체조절 식품

미래의 식품 또는 건강 기능식이라는 이름의 생체 식품은 리듬을 조절하고 신경 안정도 하고 면역 기능을 발휘하여 인간의 건강을 마음대로 조정할 수 있는 것이라 하여 구미나 일본에서는 연구가 한창인가 보다.

이것은 원래 아기들이 모유나 우유를 먹으면 곧장 잠드는 것을 보고 이것들을 분석해 본 결과, 단백질에 포함된 '오피오이도'라는 물질이 있기 때문이며 이것은 졸음을 촉진시키는 효과가 있다는 것에서 착안, 인체 각부에 필요한 기능성 식품을 개발하면 돈벌이가 될 것이라는 데서 시작된 연구로 평한다.

그래서 선진국들은 이미 장(腸)을 깨끗이 하는 캔디나, 충치를 제거하는 감미료 등이 선을 보이기 시작했고 그 외에도 많은 것이 연구되어 21세기에는 질병을 예방하는 식품을 비롯하여 많이 먹느라 애쓰지 않고도 건강을 유지할 수 있는 간편한 음식의 식이요법 등도 개발될 전망이다.

그러자 일본은 재빨리 여기에 손을 대 미쓰비시 연구소 같은 곳에서는 콜레스테롤 제어를 위해, 또 고혈압 예방을 위해, 그리고 암 예방 등에 열을 올리고 있는데 가령 대장을 깨끗이 하는 데는 유산균으로, 또 콜레스테롤을 제어하는 데는 정어리의 지방산에서 빼낸 EPA를 이용하면 되지 않겠느냐고 하고 있다는 것이다.

그리고 장기적 연구로는 당뇨, 선천성 대장이상 항종양과 면역 기능의 부활이라는 기능까지 개발이 가능하지 않겠느냐고 보고 있는 것 같다.

그래서 식생활을 통한 건강유지가 실현되고 질병 예방, 음료까지 가능한 시대가 도래한다면 병원은 문을 닫아야 할 입장에 서게 될 것을 염려하는 의사들도 있다니 두고 볼 일이라 하겠으나 실제로 기능성 식품이 어디까지 개발될 수 있느냐와 과거의 인스턴트식품, 패스트푸드에서 보여 준 방부제, 착색제, 조미료 등 화학적 물질의 섭취가 가져 온 여러 문제점을 어떻게 극복할 수 있겠느냐는 데 적지 않은 의문점을 갖는다. 또 그것이 실험 단계에서는 성공할 수 있었다손 치더라도 오랜 임상결과 그리고 각기 다른 체질에 어떻게 적용될 것인가에 대해서 보다 오랜 시험을 거쳐야 되지 않겠느냐 하는 데에도 문제는 있다 하겠다.

소식은 재미있는 소식이요, 연구는 차세대를 위한 훌륭한 연구라 하더라도 보다 안전하게 되기를 빌 뿐이다.

그간 태교 음식을 연구하다 보니 음식은 역시 자연식품을 갓 조리한 음식이 보다 좋은 것으로 태아나 산모, 그리고 신생아에게까지 무사하고 건강하게 또 영특하게 하는 것이었다는 것을 덧붙인다.

콩단백질의 효능

    콩 식품으로 성인병의 75%가 감소됐다는 연구 보고서가 나오자 미국 학계에서는 콩에 대한 연구가 활발하고, 식품업계에서는 콩치즈에 이르기까지 콩으로 된 상품개발에 주력, 열을 올리고 있다는 소식이 전해져 우리에게도 관심의 대상이 되고 있다.

    그것은 미국 온타리오 대학의 박사팀이 콜레스테롤 수치를 낮추게 하기 위해 콩음료를 2주간 마시게 한 결과 15% 이상의 수치 감소로 놀라운 효과를 거둔 데 대한 연구결과를 발표했다. 듀크 대학 박사팀은 어렸을 때부터 콩을 습관적으로 먹은 아기들은 커서도 고기를 좋아하는 사람들보다 성인병에 걸리는 확률이 75% 이상으로 낮았다고 발표했으며 또 앨라배마 대학 박사팀은 콩이 폐암 발생을 억제한다고 발표했고 미국 농무부의 생화학 박사는 "콩은 단백질뿐 아니라 철분, 비타민, 섬유질, 지방질 등 많은 영양소를 듬뿍 함유하고 있음은 물론 영양의 덩어리"라 할 수 있다고 했다.

    또 콩에는 풍부한 레시틴이 있어 알코올성 간경변을 막는 데 좋다

하고 풍부한 이소플라본 역시 간암억제 효과가 있다 하여 콩을 많이 섭취하여야 한다고 했다.

서울대 농대에서도 콩은 항체의 주성분인 글로불린이 다른 식품보다 월등하게 함유되어 있다고 발표했으며, 쇠고기보다 2배나 많은 단백질과 소화력에서도 타의 추종을 불허할 만큼 좋은 식품이라 했다.

이 같은 학계의 연구를 반영하듯 미국 의회에서는 팜유, 코코넛유 등 열대성 식용유보다 포화지방산이 적은 식용유를 구별할 수 있도록 하기 위해 '함량의 정확한 표기'의 법안까지 상정했다 한다. 그러자 식품업계에서도 즉각적인 반응을 일으켜 세계 4대 패스트푸드 업체인 하디스에서는 햄버거에도 콩기름을 사용해 매년 40% 이상의 신장률을 가져오고 있으며 제너럴 푸드에서는 콩치즈, 콩마가린을 개발하고 있고 사타리 베이커리는 콩케이크를 시판하기 시작하고 마요네즈도 콩기름으로 바꾸고 있다 한다.

앞으로 콩의 이용은 우유, 아이스크림, 비스킷, 빵, 인조고기 등에, 또 토코페롤, 글리세린 등의 약제로도 그 사용 범위가 확대될 전망이라는데 그것은 터프 대학 박사들의 말대로 미국인들이 심장병, 고혈압, 당뇨, 암, 동맥경화, 비만 등 6대 병이 육식성 식사 습관에서 기인된 것으로 파악됐기 때문이라는 것이다.

이렇게 되니 미국인들의 식탁에는 '콩돌풍'이 일어나는 것이 아니냐는 이야기가 나오고 매출도 급증하는 폭발적 인기 식품이 될 것이라 전망하는데, 우리는 어떠한가? 옛적부터 조상님들의 지혜로 밭에서 나는 고기 콩을 기본 재료로 하는 된장, 고추장, 간장을 매년 담그고 이것이 식탁의 기본인 국, 찌개, 또는 찍어 먹는 장으로 상에 오르는 식생활의 민족이었는데 요즘 잘못되어 가고 있다는 여론이지만 앞으로는 이것을 잘 이용하는 방법을 어떻게 만드냐가 과제라 할 수 있겠다.

지금도 어른들은 된장찌개, 고추장찌개를 좋아하신다. 남편의 건강, 가족의 건강을 위해 맛있게 끓이는 방법을 연구해 아파트 지역에서도 이것을 끓이면 "오! 오늘은 어느 집에서 구수한 냄새가 코를 진동시키느냐"고 할 정도로 맛난 국, 맛난 찌개, 맛난 요리가 되게 할까를 경쟁하는 훌륭한 주부가 되어야겠다는 생각이다.

확인된 간장의 효과

우리는 오랜 전통을 지닌 민족으로 곡물과 채식을 위주로 섭생하며 이것을 또 발효하여 먹는 민족이었다.

그러나 요즘 서구화된 식생활 습관이 육류와 우유를 좋아하게 되고 영양가와 칼로리 위주의 식생활 습관으로 바뀌고 있지만 오히려 미국 의학계에서는 고질적인 무서운 병인 암을 치료하는 데, 그리고 예방적 차원에서도 간장이 항암과 암 억제 효과가 있다는 연구가 진행되어 이제는 정확한 임상실험까지 거치고 있다. 간장이 발효되는 과정에서 암 유발 물질을 억제하고 있다는 확증을 얻고 새로운 해석을 내리게 됐다는 것으로 눈길을 끌고 있는데 그것은 우리의 확실한 자랑거리인 것이 잘못 전해져 간장을 기피하는 일부 젊은 주부들에게 좋은 정보가 되지 않겠느냐는 생각에서다.

일본 간장을 실험 대상으로 했다지만 그것이 바로 우리 것을 자신들의 입맛과 기후 풍토에 맞게 개량한 것이며 원조는 우리라는 데 큰 의미를 두며 우리 간장은 보다 효과가 월등할 것이라는 데 초점이 있다.

아무리 미국 소스가 좋고 일본의 기꼬망 간장이 좋다 하더라도 우리에게는 우리 간장보다 나은 것이 없으며 그저 맛에서 또 외국 것이니까 좋다는 생각을 하는 것은 아닌지 재고해 본다.

미국 의학계가 이 연구를 하게 된 직접적 동기는 미국의 암발생 빈도가 일본과 비교하여 8배나 된다는 데서였다. 그래서 의문을 갖고 접근한 결과 식탁의 간장에서 힌트를 얻고, 위스콘신 대학교의 실험팀이 동물 실험을 위하여 발암물질이 든 먹이로 키운 쥐 3백 마리 중 그 절반에는 간장을 넣고 나머지는 절반에게는 물을 먹였다. 그랬더니 간장을 섭취한 쥐들에게서는 발암률이 현저히 감소되어 종양이 2개만 생긴 데 비해 물을 먹인 쥐들에게서는 평균 9개씩의 종양이 발생했다는 것이다. 그래서 간장이 강력한 항암 작용을 하는 것으로 결론을 내렸다.

또 간장을 섭취한 쥐들에게 질산염을 첨가해 먹였는데 별 이상이 없는 것으로 나타나 종래의 학설, 즉 "간장과 질산염이 결합했을 때 암이 유발된다는 주장"도 근거가 없는 것이라고 보고되었다. 그리고 이들은 이보다 앞선 실험에서 간장에 산화방지제 같은 물질이 들어 있기 때문에 항암 효과가 있다는 것을 알아내기는 했지만, 어째서 간장이 항암 효과가 있느냐에 대해서 논리적으로 정확한 이론 전개를 하지 못해 아직 "이것이다"라는 주장을 뒷받침할 수 있는 객관적 자료가 부족하지만 일련의 실험들을 통해 간장이 암을 억제하고 있는 데에는 이의를 제기치 못한다고 했다.

이렇게 볼 때 너무 짜게 먹으면 혈압에 나쁘다고 해서 무조건 간장 안 먹기 생활을 영위하는 분들은 적당량의 간장 섭취에 대해 재고해 보는 것이 좋을 것으로 본다. 무슨 일이건 어떤 식사건 좋은 일면과 나쁜 일면이 있어 사람에 따라 계절에 따라 다른 것이지, 무조건 소문이 나면 우르르 몰렸다가 다른 말에 뿔뿔이 흩어지는 일은 지혜롭지 못하다는 것을 이야기하고 싶다. 너무 짜게 먹는 것이 나쁘지, 간장이 나쁜 것은 아니라는 것을 알았으면 한다.

근본적인 지식 위에 올바른 판단, 그리고 지혜로운 응용이 필요하지 않을까 하며 우리도 우리 음식에 애착을 느낄 때가 왔다는 생각이다.

마늘도 좋은 것이다

한동안 미국 사람들을 만나면 "오, 스멜 갈릭" 하며 한국인들 몸에서는 김치 냄새가 난다고 했었다. 그것이 바로 마늘 냄새였으며 한국 사람들은 왜 그런 음식을 먹느냐고 했었다. 그럴 때마다 자기네 몸에서는 짙은 노린내가 나는 줄도 모르며 "똥 묻은 개가 겨 묻은 개 흉보는 격"이라 했던 일이 있다.

그런데 그 마늘이 우리 몸에 얼마나 좋은 것인지 미국 시카고에 있는 일리노이 공과대학 병리생리학의 문 박사팀이 연구 실험해 밝힌 것을 보니 마늘에 있는 유기황 화합물 '디 알릴 디 설파이드 실험'에서 얻은 결과로 마늘도 항암 효과를 한다는 논문 발표가 우리를 기쁘게 하고 있다.

그것은 미국 『뉴사이언티스트』라는 과학전문 잡지 최근호에 실린 것인데 1991년 미국 암연구 협회의 휴스턴 모임에서 발표된 것이다.

연구팀은 '햄스터'라는 쥐보다 몸집이 큰 동물 1백 마리를 두 집단으로 나누고 한 집단에는 발암 물질인 '메칠 니트로소우레아'를 먹이고 '디 알릴 디 설파이드'를 전혀 사용하지 않은 결과 그들의 45%가 기관지암에 걸렸고 다른 집단에게는 먹이에 '디 알릴 디 설파이드'를 넣어 먹인 결과 14~19%의 암발생률을 보였다는 데서 근거 제시가 됐다.

이것을 진전시킨 우리나라 문 박사 팀은 '디 알릴 디 설파이드'를 먹이에 넣지 않은 놈들에게는 이 증기를 마시게 하고 다른 쪽 놈들에게는 이 증기를 주지 않은 결과 이 증기를 마신 그룹에서 훨씬 적은 암이 발생했다는 것이다.

물론 마늘을 분석하면 최소한 60종류의 화합물로 형성되어 있는데 이것들은 주로 황화물로서 독성은 거의 없다.

또 마늘 속에 있는 '디 알릴 디 설파이드'의 반응력은 뛰어난 황원자로서 이 황원자의 전자는 약하나마 서로 당기는 성질이 있어 타 분자들과는 쉽게 반응을 한다는 것이어서 암세포를 분쇄 내지는 발생을 억제하는지도 모르겠다며 알레르기는 바로 이 반응을 촉진하는 성질을 갖고 있으므로 쉽게 반응하게 되는지도 모르겠다고 발표했다.

하여튼 마늘이 맵고 냄새가 날는지는 모르겠지만 암을 퇴치한다고 볼 때 우리는 미국 사람들보다 암이 적으며 덜 먹어도 건강유지를 시켜주는구나 하고 생각되며 다시 한번 조상님들의 지혜에 감탄한다.

그러나 요사이 음식점에서 보면 육류를 지질 때 마늘을 함께 구워 먹는 것을 보는데, 마늘은 익혀 먹기보다 생으로 먹는 것이 효과적이며, 다른 방법은 장아찌로 먹는 방법이 있으니 그런 방법의 효능에도 귀 기울이는 것이 좋을 것 같다.

비단 이것은 먹는 방법에만 있지 않고 우리 몸에서 어떻게 대사활동을 하느냐에 있으며 냄새가 나면 껌을 잠깐 씹는다든지, 양치질을

하면 없어지니 그저 안 먹겠다고 하는 생각은 그리 훌륭한 생활태도
는 아니지 않겠느냐고 말하고 싶다.

　병으로 인해 목숨을 잃는다든가 식구들을 괴롭히느니보다 바른 지
혜를 익혀 건강하고 행복한 삶을 누리기 위해 시부모나 남편에게 많
이 권해 보기로 하자.

흔히 있는 부인병

부인들은 이따금씩 허리나 머리가 아프다고 하거나 느닷없이 손발이 저리다고들 한다. 왜 자주 아픈가? 그냥 둬도 괜찮은 것 같다가도 어떤 때는 힘을 쓸 수가 없어 가만히 앉아 휴식을 취한 후에야 정신을 차리기도 한다.

그런데 이런 것들은 거의 산후 조리와 관련이 깊다. 요통, 방광의 통증, 식욕부진, 배에 가스가 차는 현상, 변비 등도 다 산후 조리와 연관되는 것이 많다.

그래서 요즘엔 병원 출입을 자주 하고 보약을 먹고 한다지만 원인 예방법도 알아두면 좋겠다고 느껴 적어 본다.

첫째, 생활의 스트레스 등을 없앨 것, 둘째, 주식을 열심히 먹는 것은 좋고 반대로 ① 요즘 화학제품, 인스턴트식품에 너무 의존하면 과당분섭취로 위가 나른해지고 기능이 저하되며 활력을 잃게 된다는 것은 상식으로 알고 있어야겠고, ② 평소의 생활환경 속에서 편한 것만 찾고 운동을 게을리하는 데서 오는 현상이라 할 수도 있다. ③ 괜찮겠지 하는 안이한 생각도 원인의 하나이다. 따라서 현대의 임신부들은 자기 컨디션에 유의하여 이상이 있을 때는 처음부터 전문가를 찾아 원인을 알아보고 지병이 되지 않도록 조치를 해야 한다.

옛날같이 의원에 가자니 돈이 걱정되고, 거리는 멀고, 시간 내기도 힘들고, 집안 어른들 앞에서 자주 아프다고 엄살하기가 어려워 참았던 것이 고질병이 되는 경우가 많았는데 현대같이 의료보험이 잘 되어 있고 살기 좋아진 세상에서는 머리 쓰기에 달린 일이라 할 수 있다.

임부의 소변이 암 예방약

임신 7~8개월 때의 임부의 소변이 암 예방약으로 쓰인다는 보고가 있다.

깜짝 놀랄 이야기지만 다시 생각해 보면 역시 임산부는 그렇기 때문에 생명을 잉태하고 태아를 완성된 인간으로 키울 능력이 있겠구나 하는 창조적 능력의 위대성에 감동한다.

일찍이 녹십자에선 남자의 소변이 무슨 약제에 들어간다고 흰 플라스틱 통을 공중변소 군데군데에 설치했던 적이 있다. 그러나 그보다 더 어려운 암 예방약으로 쓰인다면 일반적 여성들의 소변보다는 다른 체액의 의미가 있음을 직감케 한다.

그것은 출생을 앞둔 생명을 포태하고 있다는 데서일 것이다. 그 생명을 위해서는 특수한 생리적, 약리적 내용물이거나 신비한 생명력의 활성화를 위해 제공되어야 할 항균적·항암적 물질이 아니고서는 안 될 것이란 생각도 든다.

이는 필요조건이 충분조건화하는 과정에 발생할 가능성임도 무시하지 못하며, 때문에 여성은 남성과 애당초 다르게 만들어졌으며 역할도 다른 것이어야 한다는 의미를 알게 해준 또 하나의 예다. 차츰 과학이 더 밝혀내겠지만 임부의 것은 일반인의 것과 어디가 달라도 달라야 한다는 일말의 경이로움을 떨칠 수가 없다.

만성 폐병을 앓는 사람이 신생아의 탯줄을 먹고 병을 이기는 일이 있고, 생후 2~3일 된 아기의 오줌으로 심한 기침과 손 트는 것을 고쳤다는 이야기는 있었으나 임부의 소변이 암 예방에 쓰인다면 우리는 과학의 노력에도 협조하고 싶다.

이 책을 읽는 분들은 거의 출산을 전후한 분들일 테니까 자기의 소변을 헛되이 버릴 것이 아니라 암으로 살 날을 손꼽으며 고통을 겪는 분을 위해 좋은 일을 하게 되기를 빈다. 좀 더 개발되어야 하겠지만 이런 것은 공해로 찌든 것도 아니요, 위험한 것도 아니겠기에 인류 복지에 기여하게 되지나 않을까 하는 점이며 만약에 그렇게 된다면 현대 과학은 거기서 필요 부분을 추출하게 될 테니 자기 것이 직접 전해질 것에 염려는 안 해도 되겠고 실제로 어떻게 보관, 운반하겠느냐 하는 요령만 제공받으면 될 것이므로 참고했으면 좋겠다.

일찍부터 한방, 민간요법, 궁중에서도 이런 일이 있었던 것은 알지만 현대 의학은 일보 전진하고 있는 듯하니 이런 운동이 일어나는 것도 나쁘지는 않을 것 같다.

소변을 마신다 1

웃을 수도 욕할 수도 없는 이웃 일본의 이야기가 있다. 그것은 다름 아닌 자기의 소변을 마시면 중풍, 암, 고혈압, 당뇨, 천식 등을 치료할 수 있다는 해괴한 저서 『소변요법』을 써낸 후 2년간 180만 부가 팔리고 그 책을 읽은 사람들이 실천에 옮기면서 생긴 현상이다.

1991년 현재는 약 백만 명에 달하는 실행자들이 생겼고 이들은 나카오(79세) 씨가 써낸 기론(奇論), 즉 "개인의 소변은 각자의 몸을 순환하면서 입수한 정보를 알고 있는 혈액에서 만들어진 것이므로 원천적으로 혼합된 약이라 할 수 있고 이것이 신체의 이상을 시정해 주는 능력을 향상시킨다"는 이야기를 긍정적으로 수긍했기 때문이라는 것.

그 부류 중의 한 작가 고미야마(44세)라는 여인은 이 요법에 따라 2년 전부터 소변을 마시기 시작하여 현재는 10년, 20년 전부터 앓아오던 목과 등의 통증이 사라졌다 하며 때문에 그녀는 하루도 빠지지 않고 자신의 배설물(소변)을 받아 마시고 있다고 했다는 것이며 뿐만 아니라 극찬을 해 "기적의 물"이라고 명명까지 하고 이것으로 이도

닦고 눈도 씻고 얼굴 마사지도 할 뿐 아니라 어떤 때는 머리 감기까지 한다고 자랑하더라는 것이다.

우리가 시장이나 길에서 물건을 살 때 보면 야바위꾼이라고 손님을 가장해 물건을 사는 척하는 여인들(무리)을 보는데 혹시나 이런 사람과 비슷한 역할이 아니기를 바란다. 하여튼 이런 소문이 퍼지자 여기저기서 반론을 제기하는 전문가들도 나오기 시작했다.

이들은 소변이 체내로 다시 들어가면 성질이 산성으로 변하기 때문에 오히려 노약자들에게는 건강에 해로울 뿐 아니라 소변은 배설한 지 10분 후가 되면 온갖 세균의 번식장이 되어 무서운 독물로 변할 수 있으며 이것이 우리 몸에 들어가면 중요한 간장은 물론 심장, 신장의 이상을 더욱 악화시키게 될 텐데 도대체 이 무슨 해괴한 발상이냐고 반박하고 있다는 것이다.

이것은 하나의 해외토픽이므로 믿는다는 건 금물이다. 그러나 돌아가셔서는 안 될 어느 분의 자손으로 극진한 정성은 있고 병원에 입원시켜 드릴 수도 없는 특별한 경우 마지막 정성의 요법으로 썼던 이야기, 즉 손가락을 이로 물어 피를 내어 환자의 입속으로 흘려 경각에 달린 생명을 건졌다는 이야기가 생각나 참고가 되었으면 하지만 실행까지는 좀 더 알아야 한다는 것을 덧붙인다.

소변을 마신다 2

　그런데 오줌의 효능에 대해 이규태 씨가 옛일을 되새긴 것을 간추려 보면, 옛날 농가에서는 남자 오줌을 무, 감자, 고구마, 당근, 가지, 오이, 고추 등 알이 굵어야 하는 농작물에, 또 여자 오줌을 쌀, 보리, 깨, 콩, 수수, 옥수수, 메밀 등 열매가 많아야 되는 작물에(다산을 유감하는) 거름으로 썼다고 한다.

　또 고구려에 동화된 읍부족, 물길족, 말갈족 등이 오줌으로 손과 얼굴을 씻었다는 기록을 위나라 책자에서 골라내고 이조 중엽의 빙허각 이씨가 쓴 규합총서에 보면 기름 절은 옷이나 물감들인 옷을 세탁할 때는 오줌에다 빠는 것이 좋다고 적혀 있다고 했다.

　또 궁궐 안의 내과 의원에서는 약용으로 동자(어린아이)의 소변을 썼는데 조선총독부에서도 어린이의 오줌(중간에 나오는 것)을 약용으로 썼다 하고, 이것이 쓰이는 데는 천식, 폐병, 염병, 단독, 속병 등의 예방약이었다고 한다.

　또 상사병과 질투 같은 증세에 남자는 여자 오줌을, 여자는 남자 오줌은 마셨다 하며 부부싸움으로 얻어맞아 생긴 타박상에도 상대방 소변을 바르면 된다고 했다.

이것은 동양뿐만 아니라 유럽에도 있었는데 유럽에서는 햇볕이 없는 곳, 즉 응달에서 받은 것을 약으로 썼다는 기록을 보면 동서고금 자고이래로 오줌의 효능이 있기는 한가 보다.

겨울철에 아이들 오줌으로 손을 씻어 손 트는 것을 방지했던 습속은 필자도 들은 바 있고 전국에서 이런 습속이 있었고 요즘도 산간벽지에 가면 간혹 이런 것을 볼 수 있는데 약이 없었던 시절의 이런 습속은 의미가 있었던 것으로 짐작된다.

1953년 도쿄에서 열린 연례 인류학회에서도 몇 가지 지병에는 약이 된다고 보고된 바 있고 이것이 오랫동안 약으로 쓰였다는 근거도 있다.

예를 들면, ① 산후에 기침이 심한 산모는 2~3세 된 아기 오줌을 받아 마시면 좋다. ② 천식에는 1~5세 사이의 아기 오줌에 생강을 타서 먹으면 좋다. ③ 어린이에게 성홍열이 유행할 때, 소 오줌에 계란을 담갔다 먹으면 좋다. ④ 위장병에는 딸아이의 오줌을 마시며, ⑤ 춘정을 모르는 사람의 뇨는 난치병 등 만병의 예방이라 했다.

이 밖에도 여러 가지가 있으나 생략하고 이 근거는 한방의서로 유명한 『본초강목』에서 볼 수 있는데, 심한 두통, 목이 아픈 열병, 배 속이 쑤시는 열병, 타박상이나 멍든 데, 뱀이나 개에게 물렸을 때 등이 열거되어 있다.

이때는 어린 남자아기의 것이 좋다 했고 이것은 동변군이라는 이름으로 치료를 위해 자주 동료를 자출했다는 기록이 발견됐기 때문이다.

그러나 현대는 발달하여 그 성분을 분석하고 그 안의 필요 부분을 추출하는 방법과 그것을 다시 약으로 만드는 방법까지 많이 발달했으니 문화인이라면 판단 선택에 있어 신중을 기해야 할 것은 당연한 일이다.

우리는 상식선에서라도 고질병 응급약으로 이것이 어떤 것이냐에 대해 알아둘 필요가 있을 것 같아 옮긴 것이다.

SIDS 위험(유아돌연사 증후군)

스포그 박사의 육아법이 잘못 전해져 영유아(젖먹이)를 엎드려 재우다가 질식사시키는 사례, 즉 영아 사망률을 지적한 바 있거니와 이번에는 아기의 뒤통수를 예쁘게 한다고 옆으로 또는 엎드려 재우다가도 질식사시키는 경우가 있다는 보고가 나와 있다.

그것은 쿠션이 너무 좋은 베개, 또는 오리털과 같이 포근히 푹 파묻히는 베개 때문이라고 한다. 결국 영유아의 베개는 우리 전통적 생활과학에서 보면 좁쌀이나 왕겨, 또는 메밀껍질 등의 베개가 더 좋은 것이라고 할 수 있겠다. 여기에 작은 좁쌀을 쓴 이유는 머리가 배기지 말라는 건강학적 견해와 아기 머리는 차야 하고 발은 따뜻해야 한다는 한의학적 조언이 깃들어 있음을 알 수 있다.

미국 등 몇 개국의 조사 연구에서 나타난 것을 보더라도 워싱턴 대학의 교수팀은 최근 SIDS(유아돌연사 증후군)로 사망한 아기 25명 중 그의 절반이 이 폭신폭신한 베개 때문이었다는 것이며, 호주에서도 3년간 SIDS로 죽은 아기 19명은 엎드려 재운 결과라 했다.

또 통계에 의하면 미국에서는 연간 7,000명이, 영국에서는 100명당 0.14명, 호주에서는 그보다 약간 낮게 집계되었다.

우리나라에서도 정확한 통계는 없지만 이와 비슷한 수치가 아닐까 한다. 그리고 이 발생 빈도가 생후 2~4개월 사이에 많은데 실제 전문가들의 의견을 보면 사람의 두개골 모양은 유전적 선천적인 것에 속하므로 잠자는 양태와는 크게 관계되지 않는다는 것이니 억지로 또는 유행하는 말을 믿고 SIDS 위험을 감내할 필요는 없지 않겠느냐는 의견이다.

또 사망한 아기들의 사망 시간을 보더라도 아기가 깊은 잠에 빠져 있는 한밤중이거나 새벽 시간대로 이때는 아빠 엄마도 곤히 잠든 시간이었단다.

'밤눈 어두운 고양이' 같은 일이 되지 않기 위해 시작부터 안전한 베개, 조상의 지혜가 담긴 베개를 사용할 지혜로운 산모가 되시길 빈다.

동물에 주입된 성장 호르몬제

육류와 유제품에 함유된 인공성장 호르몬이 신생아나 단백질 소화 불량자에겐 치명적으로 작용될 수 있다는 보고가 지난해 네덜란드에서 열린 IOCU 총회에서 제기된 각국 대표들의 우려로 확인됐다.

즉 비육류나 젖소, 돼지 등에 주입되는 성장호르몬 촉진제가 사람의 몸에 축적되면 호르몬의 불균형을 일으켜 신진대사 장애 등을 초래할 위험이 크다는 것이다.

얼마 전까지만 해도 인공성장 호르몬이 인체 내에서 소화 분해되므로 안전하다 했으나 근래 외국의 연구 결과가 국제 건강 학술지에 계속 발표되어 깊이 있게 조사해 보니 유럽경제 공동체 12개국에서는 1988년에 이미 사용 금지를 내렸고 이런 육류 수입도 중지 조처를 내렸다 한다.

덴마크의 제스퍼 박사는 이것이 인체에 흡수되어 문제를 일으키며 발암의 원인도 되고 인체 호르몬의 불균형을 일으켜 특히 신생아에겐 치명적인 영향을 줄 수 있다고 주장하여 우리를 놀라게 했다.

이에 따라 우리나라 보건복지부에서도 '제라놀'이나 '에스트라디올 벤조에이트' 등 다섯 종류의 성장호르몬제 허용 기준을 설정했으나 아직도 7~8개에 달하는 약품이 수입이나 제조되어 사용하고 있다니 우리는 눈뜬장님과 같아 걱정만 된다.

이 중 하나인 BST 같은 것은 우리나라가 수입하는 원산지인 미국, 호주에서 활발히 사용되고 있다는 것이어서 앞으로는 크게 문제제기라도 해야 할 것이라며 어떤 조처가 있어야겠다고 하는데 아직 그렇지 못한 상태라서 이런 것을 사 먹는 임산부들이 지혜를 발휘해야 되겠다.

고층빌딩 증후군

고도성장 국제화로의 발전은 많은 빌딩을 짓게 하고 집무생활을 하는 데도 선진국 부럽지 않은 도시 미관을 형성했다.

그러나 요즘 성장과 더불어 새로운 형태의 균이 생겨 우리 건강을 위협하고 있어 우리를 긴장시키니 알아 둘 필요가 있다. 이것은 남편을 위해서이기도 하지만 출산을 전후한 여성들이 직장생활을 하고 있기 때문이기도 하다.

낮에는 고층 사무실에 근무하는 사람들에게서, 밤엔 고층 아파트에 사는 사람들에게 사시사철 감기, 두통, 피부병이 있어 원인 조사를 해보니 그것은 밀폐형 건물의 환기 부족, 진동, 형광등 자외선 등이 원인으로 꼽히며 또한 페인트, 가구, 단열제, 포름알데히드 살충제 등이 원인이며 보사부 조사로는 40~50개의 대형 건물에서 '레지오넬라'라는 균이 검출됐다. 이것은 에어컨 등에 잠복했다가 호흡기에 감염됐거나 또는 각종 가스 연기 등에 시달려서 생기는 것으로 판명됐다. 여기 걸리면 설사는 물론 높은 열까지 일으키며 심하면 사망에까지 이르는 증상으로 사망률이 15%라 한다.

또 많이 발견된 곳은 사람이 많이 운집하는 고속터미널 같은 곳이 지적되며 백화점, 호텔, 그리고 높은 빌딩의 사무실이 지적 대상에 올라 놀라게 한다.

레지오넬라균은 늪지나 냉각수, 에어컨 등에 서식하며, 분산되는 것으로 먼지나 때로는 물방울 등에 얹혀 호흡기를 통해 인체에 들어가 증세를 일으키는데 가벼운 근육통, 기억력 감퇴, 현기증, 콧물, 눈물, 불쾌감 등을 동반하기도 한다는 것이다.

이 균은 2~10일간의 잠복기에 폐렴을 일으켜 사망에까지 이르는 것과 5~6시간 내에 사망으로까지 이끄는 폰티악열병 등 두 종류가 있다.

그래서 보건 당국은 에어컨을 사용하는 업소나 가정에 사용 시의 주의사항을 시달하고 에어컨 뒷면에 응결수가 고이지 않도록, 또 물받이 배관이 막혔나를 수시로 점검 확인하는 것이 필수이며 필터는 주 1~2회 차아염소산나트륨 제재로 소독을 해야 된다고 한다.

현재 선진국에서는 환기구조를 갖춘 밀폐 방식으로 이것을 예방하고 있으며 이럴 때 에너지의 25% 절감 효과도 있다고 하며 또한 작업의 집중도가 떨어진다는 논문도 있는 것으로 안다.

우리는 이런 어려움을 슬기롭게 극복하는 지혜가 있어야겠고 그렇다고 출산을 앞둔 여성들이 태아를 위한다고 함부로 약을 복용하거나 주사를 맞거나 하여 신생아에게 나쁜 해를 주는 일이 없게 해야겠다.

새로 밝혀지는 이런 해독은 신생아를 어떻게 괴롭히는지 아직 밝혀지지 않았으므로 임신부가 미리 알고 잘하지 않으면 아무도 책임져 줄 사람이 없는 일이라서 꼭 알아 대처할 일이라고 생각한다.

고층아파트 비정상 분만 확률

일본 동해대 의학부가 임산부의 출산에 대한 조사를 해본 결과 초고층 아파트(20층 이상)의 임신부 460명 중 23%가 비정상 분만을 한 것으로 나타났다.

이것을 주거 형태별로 분석해 보니 10~12층에 사는 임신부는 20%였고, 13~15층은 25%, 16층 이상이 27%로 층수가 높을수록 비정상 분만이 늘었고 신생아의 평균 체중도 같은 비율로 늘었다고 했다.

체중 3.5kg 이상의 아기를 분만한 분이 10~12층의 경우 20%인 반면 13층 이상은 42%로 배 이상인 것으로 나타났다. 그것은 고층으로 올라갈수록 임신부는 외출이 힘들었는지 운동 부족이었고 그러므로 아기 체중이 늘어나 자연분만이 어려웠다. 그래서 제왕절개나 흡입분만을 했는데 이는 결코 좋은 방법이 되지 못했다.

또 고층에 사는 사람들의 폐기능이 약한 것도 연구되었다. 이렇게 되면 아기가 자라서 자립심이 약해지고 자주 부모의 도움을 받아야 하는 아기가 되는 것도 그 단점이지만 높은 곳에 대한 공포, 감각의

둔화 등의 이상도 생기는 것으로 연구됐다.

그래서 고층에 사는 아기들의 단점으로, ① 바람이 세어 문을 열 수 없으니 신선한 공기를 못 마신다. ② 높이에 대한 인식이 줄어드니 비정상적인 감각이 된다. ③ 동식물 등을 가까이에서 볼 기회가 없어 정서에 나쁘다. ④ 아기들과 같이 거닐고 놀아 주는 횟수가 줄어 건강에도 영향이 있다는 것들이 들어진다.

이 중에서도 ②와 ③은 어린이의 정서 함양에 아주 좋지 않은 결과를 가져올 수 있다는 전문가들의 의견이며 특히 5~6세 된 어린이들이 놀 때를 보면 자신의 키를 기준으로 하여 그보다 낮은 위치에서는 뛰어내리기를 좋아하는데 키보다 높은 곳에서는 공포감을 느끼는 것이 통례이다. 고층 아파트에서 생활을 한 어린이를 육아할 경우 높이에 대한 감각이 둔해지는 것은 물론 나중에 문제의 대상이 될 수 있다고 지적했다.

운동의학 전문센터

이것은 일명 스포츠과학 연구소 또는 스포츠의학 연구소 등으로 불리며 고혈압, 당뇨, 심장질환 등 성인병 치료를 위해 약이나 주사보다 적절한 운동으로 예방, 치료가 된다 하여 여러 큰 병원들에서는 설치를 서두른다고 한다.

현재까지 마련된 프로그램을 대별해 보면 네 가지로 구분되는데 ① 자전거타기, ② 러닝머신, ③ 조깅트랙, ④ 조깅프로그램 등이다.

아직은 사람들의 체질이나 특성에 맞는 적절한 프로그램이 만들어지지 못한 상태여서 너무 호기심에 끌리는 것은 금물이라 느끼며 미국과 같이 부문별 전문 연구가가 양성된 후에나 가볼 일이 아닌가 생각하고 '운동요법'이 예방의학이라는 관점에서는 발전되기를 기대한다.

한 가지 부인들에게도 임신 전, 임신기간, 산전, 산후, 그리고 유아모에 대한 운동이 전문적으로 발전하여 비만을 예방하고 출산을 도우며 피임 내지는 불임에 대한 여러 가지 예방적 차원의 운동 요법이 생겨야 할 것으로 보는 것은 그간에 너무 먹어 비만해지면 그때에나 다이어트다, 수영이다, 식이요법이다 하지만 실제로는 고치지 못해 애쓰는 것을 보며 안타까웠던 일이 여러 번 있었기 때문이다.

모든 운동은 일과 무관하지 않아 예전엔 많은 일을 하므로 균형을 잡고 질병을 예방하고 모자간의 관계도 탈 없었는데 요사이는 엄마들의 편함이 외출로 연결되고 돈쓰는 것으로 연결되고 향락에까지 연결되는 것을 본다. 그런 것 때문에 문제아가 많이 생기는 것이므로 원천적 예방 효과가 없으면 누가 아무리 뭐래도 세상 돌아가는 대로 따라가다가 어려움을 겪는 사람이 있게 마련이다. 그들을 안정시키기 위해서도 좋은 운동, 집에서 할 수 있는 운동 등으로 운동 부족에서 오는 문제들을 해소하게 되기를 빈다.

운동은 매우 좋은 것이다. 신체를 단련하고 뇌기능을 활성화하여 음식을 잘 소화 흡수해 건강을 유지하며 그래야 명랑한 가정, 내일을 위한 준비도 무난해진다고 한다면 운동은 생활 안정과도 직결된다. 그러나 일이 바쁘고 시간이 없다 보니, 특별히 시간 마련하기가 힘들어 소홀히 하는 사람이 늘어 40대 조졸이 많고 성인병이 늘어난다는 소식을 들으며 그렇게 되지 않으려면 운동에 시간 내기란 돈 버는 일과 같다 생각하고 열심히 참여하길 바란다.

한 가지 중요한 것은 체질에 따라 능력에 따라 필요한 부위에 따라 적절한 운동을 자주 하는 데 의미가 있다고 하겠다.

너무 급하고 과하게 하는 것도 나쁘고, 하다 중지하는 것도 나쁘니 쉬었다 다시 하더라도 꾸준히 하는 데 성과가 있음을 새기도록 하고 거기 맞게 하는 것을 수칙으로 삼기 바란다.

건강한 신체에서 건강한 정신이 나오고 건강한 정신에서 행복이 꽃필 것이니 이번 기회에 운동에 각별히 배려하는 계기를 만들었으면 한다.

이것도 운동이다

　주부가 집에서 왔다 갔다 하는 것, 설거지를 하고 빨래하느라 움직이는 것은 운동이 아니라는 말이 맞는 것일까? 그렇지 않다. 그것도 운동이라고 생각하고 리드미컬하게 율동하고 몸의 움직임을 바꿔 주면 운동이 된다.

　문제는 늘 같은 스타일로 할 때는 피로하며 별 운동이 되지 않는다는 말이지 몸을 움직이는데 운동이 안 된다고 생각하면 그 자체가 스트레스로 변하여 몸에 이상이 올 수 있으니 일도 과하지 않게 하며 적당히 조절할 줄 아는 발상의 전환을 해야겠다.

　혹 그것을 운동선수가 보았을 때는 운동이라 할 수 없을지 모르겠으나 병상에 누워 있는 환자들의 입장에서 보면 움직이는 것만 해도 큰 운동이 될 수 있다는 것을 알면서도 이걸 잊고 착각을 한다.

　또 정체해 있는 상태보다 움직이는 상태(자세)가 몸의 신진대사에 도움을 주는 것은 확실하지만 주부들의 가사노동이 운동이 되지 못한다고 해서 에어로빅이나 헬스를 하는 일은 바람직한 행위로 보기 어렵다.

 정신적·심리적인 문제에 공연히 부족을 느끼게 해 잘못된 방향으로 부담을 주며 착각하게 하는 데도 문제는 있고 긍정적으로 활용하는 지혜가 결여된 과대 정보가 과대망상으로 이끄는 면은 없는지에도 귀 기울여야 한다.

 에어로빅의 본래 의미는 좋은 것이지만 이것도 잘못하면 역현상으로 병이 되어 오히려 건강을 해치는 일, 가정파괴가 되는 경우가 있는 것을 보면 좋은 것은 다 좋다는 등식은 아니라는 데 문제가 있고 분석, 판단, 적용력이 배제된 호기심만을 부추기는 정보는 잘못된 유행만을 발생시킬 위험마저 있다.

 요즘 매스미디어는 많은 정보를 제공하느라 애들을 쓰지만 이것을 듣고 보는 입장에서는 취사선택하는 지혜를 빠뜨려서는 안 된다.

 그래서 초점은 현재 자신의 컨디션이 이러이러해서 소화가 잘 안 된다든지, 변비가 심하다든지, 몸이 무겁다든지, 온몸이 나른하다든지, 머리가 아프다든지, 팔다리가 저리다든지, 혹은 가슴이 답답하다든지, 또 시력이 나빠진다든지, 또는 정력(기력)이 떨어진다든지, 혈기가 난데없이 왕성해진다든지, 신진대사가 잘 안 된다든지, 나름대로 다른 양상이 있을 것이다.

 이럴 때는 증상에 맞는 운동을 골라 알맞게 할 때는 도움이 될 수 있을 것이지만 조용히 안정된 생활을 해야 할 사람이 남들이 좋다고 하니까 나도 해야겠다고 따라 하는 형식이 된다면 그건 잘못된 결과를 마치 돈을 주고 사는 것과 다를 바가 없다.

 어떤 사람은 에어로빅이 좋다고 하여 뛰어들었다가 힘이 부쳐 허리를 다쳤다는 사람이 있고, 테니스가 좋다고 매일 테니스를 즐기다

너무 힘이 들었는지 유산을 했다는 이야기를 들으며 그 좋은 운동이 어찌 그럴 수가 있겠는가고 할 수도 있지만 그건 그럴 수밖에 없는 것이 우리 체력은 다 같지 않다는 데 초점이 있다.

　운동은 건강에 필수 요소라 하지만 자신에게 맞는 적절함을 넘어서면 화를 부를 수 있다는 데서 재음미할 기회를 만든다.

또 하나의 운동방법: 기공(氣功)

중국이나 일본에서 유행한다는 기공, 심폐 기능을 강화하고 몸속의 기(氣)를 일깨워 활력을 찾는다는 기공, 이것이 우리나라에도 들어와 많은 사람들이 즐긴다는데 아주 좋은 일이라 할 수 있다.

기공은 체조나 단전호흡과 단(丹), 마인드컨트롤과 같은 의식훈련을 통해 몸 안에 잠재되어 있는 힘, 즉 기로 심신을 건강하게 유지하려는 운동이라 하겠다. 일반인은 대체로 연기공을 활용하는데 구분해 설명하면 다음과 같다.

① 정공(精功)은 내공이라고도 하며 몸을 움직이지 않고 단전호흡을 하듯 하는 것이다.

② 동공(動功)은 외공으로 체조처럼 팔다리를 휘둘러 율동하듯 단련하는 것이다.

③ 안공(按功)은 몸에 손을 대지 않으면서도 쓰다듬듯 기력을 손바닥으로 끌어올리듯 하는 방법이다.

그런데 일반적인 것은 논외로 하더라도 이런 훈련 중 부인과에 속하는 것이 있어 소개하는 것은 여성의 골반구조 조정이나 척추신경계통에도 도움이 된다.

병원에 가서 수술해야 될 정도라면 모르되 그렇지 않은 경증으로 부인들에게 많이 있는 변비나 두통 등이 가볍게 고쳐질 수 있다니 반가운 일이다.

경험자들의 말이나 이를 연구하는 사람들의 말로는 "건강기공은 예방의학과 재활의학을 한데 엮은 생명과학"이라며 이것을 민간요법 차원으로 발전시키면 많은 도움을 얻을 수 있을 것이라 하기에 관심을 두는 것이다.

요즘엔 까딱하면 병원에 가고 환자인 양 하는 습관을 바로하기 위해서도 이런 것을 익혀 두면 무병장수에 도움이 되지 않을까 한다.

원래의 기공수련 방법은 무수히 많아 그 방법이 전개되고 있으나 중국의 그것을 그대로 받아들일 필요는 없고 그 맥은 우리나라의 옛날 도가(道家), 선가(仙家)에서 있었던 전래의 방법을 현대화하면 누구나 손쉽게 할 수 있는 것이라니 이것을 불임, 난산 절개의 예방책으로 또 스트레스 해소책으로 이용해 보자.

현재 우리나라에도 남녀 동호인만 3천 명이며 앞으로는 많은 인원이 참가하게 될 것이라 하는데 바라기로는 한때의 유행이 되지 말고 점점 더 깊이 있는 연구가 뒤따라 좋은 것이 보급되어 실제로 혜택보는 분들이 늘어나길 기대한다.

적은 일같이 보이는 곳에도 원초적으로 문제를 풀려는 마음은 태교라는 자세라서 소홀히 할 수 없다고 생각하며 같은 맥락의 일이라는 느낌이 들어 소개하는 것이다.

자신을 위해 남편의 건강과 양가 부모님을 위해서도 알아 두자.

집에서 하는 태아의 건강 체크

    직장 생활에 바쁜 임신부, 혹은 높은 위험이 있는 임신부, 또 임신성 고혈압이 있는 분이나 태아의 발육부진 등의 증세가 있는 임신부로서 병원에 가는 것이 어려운 임신부들에게 병원에 가지 않고도 태아의 건강을 진단할 수 있는 방법이 생겨 화제를 모은다.

    그것은 한양대 의대 산부인과 연구팀이 개발한 시스템 체크인데 작은 서류가방 크기의 휴대용 장치로 '원거리 태아심음 감시 장치'를 전화기에 연결하면 된다.

    이 '태아 심음감시 장치'는 1988년 개발했으나 1천만 원대로 값이 너무 비싸 병원 측의 임상용에만 적용했었다. 그러나 이번에는 40~50만 원대로 보급이 가능해져 원하는 임산부들에게는 값싸게 빌려 줄 수도 있다는 희소식이다.

    이 원격조정이 가능한 시스템은 감시장치를 접촉장치의 잭으로 전화기에 연결한 뒤 태아의 심장 소리를 감지하는 감지기 센서를 대고 밸브를 고정시키고 기계를 작동하면 태아의 심음이 전화선을 타고 병원에 전달되게 고안한 장치로 해당 병원에선 다이얼로 연락받음으로써 연결된다.

이 과정에서 병원은 자료를 받아 자체 컴퓨터에 입력시켜 태아의 심음을 분석하게 되고 그 결과와 검사 여부를 알려 주게 된다.

이때 임신부도 병원에 전송되는 태아의 심음(심장 박동소리)을 들을 수 있다.—물론 그 심음의 의미는 판단할 수 없지만.

이 연구는 원래 쌍태 등 다태 임신인 경우 임신성 고혈압, 조산의 통증, 자궁 내 태아의 발육부진 등을 위해 고안됐으나 그 외 여행 중인 임신부를 위해, 또 직장여성들의 편의를 위해 쓰일 수 있어 좋은 것이 아닌가 한다.

가령 시간의 제약 때문에 필요한 시간을 할애하지 못하는 분 혹은 병원에 가서 오래 기다려야 하는 불편을 덜기 위해서도 좋겠으나 병원 측에선 시간 예약제를 적용하는 데도 도움이 된다니 피차 잘되는 일이라 하겠다.

한 가지 용도가 다양해져 일반 임신부 모두가 활용할 수 있게 된다면 얼마나 좋을까 하는 아쉬움은 있지만 차츰 더 발전하길 기대한다.

제7장

우리나라 전통출산 풍습과 동서양의 출산풍습

1. 전통출산과 그 풍습

기원(祈願)

　우리나라의 옛 풍습을 더듬어 보면 임신을 위해서 또 안산을 위해 기원하는 일이 많았다. 안산을 위한 형식으로는 다음과 같은 것이 있다.

① 삼신(산신)께 빌거나, 상을 차리거나 하며 치성을 드렸다.

② 집(방 안)에 있는 모든 고리를 풀었다. 닫힌 것은 열고, 묶은 것은 풀고, 꽂힌 것은 빼고 맺힌 것은 터놓았다.

③ 호박 꼭지를 달여 마시거나 아주까리 잎, 피마자 대를 방구석에 놓거나 방바닥에 두거나 했다.

④ 복희라고 합장하고 돌부처, 탑 등을 좌우로 몇 번씩 도는 풍속도 있었다.

⑤ 지신밟기라 하는 성밟기도 있었다.

⑥ 고목의 주위나 비각의 정문을 빙빙 도는 풍습도 있었다.

이렇게 빌며 도는 것은 불교의 윤회사상에서 나온 것으로 또 이것이 후에 우리나라 여성들의 민속춤, 전답놀이, 강강술래 등에 영향을 미쳤다는 설이 있다.

또 출산하러 방에 들어갈 때 벗어놓은 신발을 다시 본다. 그것은 출산이 무사해서 그 신을 다시 신을 수 있을까 해서라는 의미였단다.

전통순산법(안산)

민속 연구가 임동권 씨가 찾아낸 우리나라의 전통적 순산의 방법으로 내려오는 습속을 간략히 발췌해 열거해 본다.

① 달걀을 참기름과 함께 먹으면 순산한다.

② 전에 순산한 부인이 산모의 배를 세 번 넘는다.

③ 아기가 돌 때(진통) 달걀 먹고 남편 옷을 벤다.

④ 장기의 차(車)를 삶아 마신다.

⑤ 국수를 삶아 먹는다.

또 다른 방법으로 다음과 같은 것들이 있다.

① 남편이 산모를 업어 주면 순산한다.

② 남편이 배나 허리를 문질러 주면 순산한다.

③ 남편이 산모의 팔이나 다리를 잡아 주면 순산한다.

④ 엎드려 방을 서너 번 기면 좋다.

그러나 이런 것들은 각 고장의 특성적 또는 재미있는 풍습이었지 우리가 그렇게 무지했다는 이야기가 되어서는 안 되겠다. 각 고장에서 나온 풍습이니 버릴 것과 참고할 것이 있다 하겠다.

출산 관련 풍습들

젖이 잘 나오게 하는 법
① 출산 전에 쌀 씻은 물, 돼지족 삶은 물을 마신다.
② 상추 씨를 갈아 먹는다.
③ 산후에 젖을 문지른다(마사지).
④ 미역국, 막걸리를 마신다.
⑤ 산수를 떠다가 밥을 짓거나 국을 끓여 마신다.
* 그런데 꿀을 많이 먹으면 유량이 줄어든다.

해산 직후 권장 음식
메밀가루를 냉수나 막걸리에 타 마신다(이것은 제주도 관습으로 지혈작용에 좋다 한다).

젖몸살 때
무쇠를 쌀과 함께 끓여 그 죽을 먹는다.

산후 훗배가 아플 때
제주도에서는 막걸리를 마시거나 익모초 끓인 물, 쑥물, 메밀가루를 꿀에 타서, 또는 기름 간장을 꿀에 타 마시거나 메밀가루에 엿기름 또는 좁쌀엿과 막걸리를 마신다고 했다.

아기가 경기할 때

① 바늘로 손톱 위를 딴다(침술).
② 소금으로 발바닥을 문지른다(민간요법).
③ 들기름을 조금 먹인다(진정제).

아기가 피부병일 때

소금물로 씻긴다.

아기가 고열일 때

파뿌리 삶은 물이나 탯줄을 말렸다 달여 먹인다.

설사할 때

감(홍시), 질금, 인삼 잔뿌리, 미삼, 대추를 삶아 물을 먹인다.

구토할 때

달팽이, 인삼 잔뿌리, 소금물을 먹이거나 숨골을 문질러 준다.

감기에 걸렸을 때

콩나물, 엿물을 만들어 먹인다. 박 속을 꿀에 재워 둔 뒤 그 물을 먹인다. 대나무와 파뿌리를 끓인 물을 먹인다.

이런 것들은 문헌을 근거로 하는 것이 아니며 구전되어 오는 풍습들이다.

생활이 어렵고 의원이 멀던 시절 하나의 편법으로 경험한 것을 이야기한 것이 이런 민간 풍습으로 남게 된 것이 아닌가 한다.

전통출산

출산의 어려움을 돕기 위해 옛날엔 무명끈을 문고리나 기둥, 중방에 매달고 거기 의지해 힘을 쓰게 했다.

출산 경험이 있는 분들이 주위에 모여 산모의 손을 잡아 주고 용(힘)을 쓰게 했다. 주위를 청결히 하고 분만 후에 탯줄 끊을 기구를 준비하고 출산 후 있을 오물을 청소하기 위한 세척제, 소독제 등을 준비하고, 한 분은 힘주는 방법과 휴식 방법을 계속 지시(지도)했다.

처음 경험하는 어려운 관문을 잘 통과하기 위한 지혜를 주고 안심시키며 경과 조치를 예의 주시했다.

아기가 완전히 나오면 아기를 받는 사람은 아기의 양 발목을 쥐고 거꾸로 들어 올린 다음 엉덩이를 살짝 때린다. - 허파의 호흡을 돕는다는 뜻.

그다음 아기를 눕히고 얼굴과 눈, 그리고 입에 묻은 양수(오물)를 닦아주고 태를 자른다.

자르기 전에는 탯줄 안에 있는 양분을 배꼽 쪽으로 훑는다. 그리고 배꼽에서 엄지, 검지 한 뼘(약 10cm) 되는 두 곳을 끈으로 맨 뒤 그 가운데를 자른다.

그것은 어느 쪽이건 균의 침입을 막는다는 뜻이며 아기의 경기를 예방한다는 의미였다고 한다.

탯줄이 잘린 자리는 소독을 하고 탈지면 등을 덮은 다음 떨어지지 않도록 매어 놓는다. - 반창고 등을 붙이는 것은 여린 피부를 상하게 할 염려가 있다 하여 기피했다.

물로 아기의 목욕은 시키지 않고 깨끗하고 부드러운 천을 물에 적신 다음 닦아 주는 것이었다. 그런 다음 옷을 입힌다.

옛날에는 태를 깨끗한 한지나 짚에 싸서 마당이나 밖에 나가 태웠으나 요즘은 병원에서 처리한다.

그 미투리 내다 버리세요

출산이 얼마나 힘든 일인지 오죽하면 "댓돌 위에 벗어놓은 남편의 짚신(신발)을 내다 버리라" 했겠느냐는 말까지 있다.

이유는 자기를 이렇게까지 고통스럽게 만든 장본인이 바로 남편이기 때문이다. 또 지금은 그 남편이 아랑곳하지 않고 밖에서 뭘 하는지 생각하니 신발까지 보기 싫을 정도로 밉게 느껴져 그런 소리가 절로 나온다는 뜻이다.

언제는 자기를 좋아하지 않는다고 강짜(바가지)까지 부리던 아내였는데 고통이 오죽하면 남편의 것은 무엇이든 보기도 싫다고 했을까? 그가 신던 신발까지 내다 버리라 했다니 여자는 요물인가 보다.

시어머니, 동네 아주머니, 친지들이 모여와서 자신들의 경험을 이야기해 주고 출산을 돕겠다고 준비물을 챙기고 산후에 사용될 용품으로 탯줄 맬 끈이며, 소독한 가위, 칼, 아기 씻길 물, 오물을 처리할 헝겊(요즘은 거즈나 화장지, 신문이 있지만)을 준비하고 모쪼록 안산되기만을 빌며 "어서 힘을 내요! 조금 더 조금 더"를 외치며 고통을 함께 나누려고들 있는데, 나오라는 아기는 나오지 않고 좀 덜 아픈 듯했다가는 갑자기 배를 뜯는 것같이 아프고 아기는 나올 듯 말 듯하니 이 일을 어찌해야 좋은지 모르는 산모는 화가 났다.

도대체 왜 나를 이렇게 고통스럽게 만들었나? 나만 고통스러워야 할 이유가 뭐냐, 순간 신의 섭리는 깜박 잊고 남편만 미워진다. 나쁜 놈, 자기는 매일 밖에서 술이나 퍼마시고 아내가 겪는 고통은 눈곱만치도 모르고 무엇이 어쨌다고 이제 다시는 옆에 와도 내가 좋아해 주나 봐라 하며 다시는 좋을 것 같지도 않고 그저 미움만이 용솟음친다.

남편의 것은 무엇이건 보기 싫어졌다. 밤낮 나갈 때 신고 다니는 헌 짚신이 생각났다. "거 댓돌에 벗어놓은 그이 신발을 문밖에 내다 버려요!" 하고 소리를 질렀겠느냐. 얼마나 미웠으면 이 원인을 만든 남편의 신발까지도 미워하게 됐겠느냐는 것인데 정말 그럴까요?

그러나 출산하고 나더니 "아까 갖다 버린 짚신 누가 집어 가겠네! 도로 들여와요" 했다니 신은 왜 이런 고통을 인간에게 주셨는지는 몰라도 이것이 출산의 섭리인 걸 어쩌랴. 그뿐 아니다. 이 섭리는 오랫동안 세상 풍상을 겪은 분들께 여쭈어 보면 누구나 여자는 그랬으니까, 자식은 부모를 따르고 살며 온갖 고통이 있을지라도 희망과 용기를 갖고 사는 것이며 이런 관계 때문에 삶의 애착이 용솟음치는 것이 아니겠느냐고 하신다.

억척 며느리의 출산

어느 시골 외딴 마을에서 있었던 일로 시어머님은 안 계시지만 효성이 지극하고, 예의 바른 억척 며느리가 있었다. 어느 날 산기가 시작되는데 남편은 장사 차 출타하여 집에 없었고, 진통이 잦아지며 금세라도 나올 것 같은 느낌이 들어 며느리는 하던 일을 멈추고 방 안으로 들어가 출산 준비를 서두르고 있었는데 배가 요동을 치며 아기가 곧 나올 것만 같다.

"악" 하는 소리를 치니 밖에 계시던 시아버님이 왔다갔다 서성대시며 "아가, 이를 어쩌니. 읍내 의원에게라도 다녀올까?"

애비 된 사람은 소식도 없다 하시며 걱정이 태산이다.

"아니어유 아버님! 그러실 거 없어유. 읍내까지 몇십 린데 저 혼자도 할 수 있어유" 하더니 "아버님 죄송스럽지만 이따 제가 힘주기 어려울 때 잠깐 들어오셔서 제 등 좀 받쳐 주셨으면 해유" 한다.

'좀 일찍이 서둘러 고리에 끈을 맨다든지 아니면 중바에 못이라도 박아 놓을걸. 임부가 있는 방이라서 못질도 할 수 없고……' 하며 차일피일하다 이제 끈을 맬 데가 없으니 '이거 어떻게 한담. 어떻게 힘을 쓰남!' 하며 중얼거리는데 '음' 하는 소리가 나더니 조금 있다가 "뭐 할 수 없네유. 저 아버님께서 들어오셔서 등 뒤를 좀 받쳐 주셨으면 해유" 한다. 과연 이래도 되는 것일까 하고 있다가 괜스레 멋쩍고 쩔쩔 매던 시아버님이 "우리 며늘아기 참 용하다"고 마음으로 뇌까리며 더운 물을 준비해 가지고 방 안으로 들어가려고 기침을 하니 "아버님 죄송스러워유. 다 준비됐시유" 한다.

그래서 하는 수 없이 "괜찮다, 아가" 하고 방 안으로 들어갔다. 흉한 모습을 안 보이려고 홑이불로 덮고 시아버님을 덜 민망스럽게 한 며느리는 벽을 보며 뒤로 들리게 "아버님, 제가 마지막 힘 주고 싶을 때 의지할 곳이 없어 뒤로 아버님 등을 의지하면 될 것 같으니 대게 해주세유" 한다. 그래서 얼른 돌아앉으며 등을 기대게 해주고 "이렇게" 하니 "좀 더 이렇게" 하여 편하도록 해주니 "네, 됐네유. 이젠 저 혼자서도 할 수 있겠시유" 한다.

조금 있더니 마지막 진통인지 요동을 치다가 "등을 단단히 대주세유" 하고는 "음" 하는 소리와 함께 아기가 쑥 나오는 듯했다. "응아." 산모는 무사히 해냈다는 안도의 큰 숨을 쉬고는 "실을 주세유", "칼을 주세유" 하며 익혀 두었던 방법을 동원하여 척척 해냈다.

그렇다고 시아버님이 그런 상태에서 돕겠다고 나설 수도 없고. 억척스러운 며느리는 이를 다 혼자서 해내더라는 어느 시골 이야기가 있다.

물론 남의 이야기니까 쉬울 수도 있겠지만 역시 출산이란 마음먹기에 따라서는 혼자도 해낼 수 있는 일이라는 데 놀란다.

요즘엔 까딱하면 병원이고 병원 아니면 큰일이나 나는 것처럼 야단들이지만 우리에게 무언가 시사하는 바가 있지 않나 하여 옮기는 것이다.

돌이켜보면 신은 산모에게 이렇게 할 수 있는 힘을 주셨다. 그러나 그것을 어떻게 활용할까는 여러분의 것이다. 덮어놓고 어렵다 말고 할 수 있는 데까지는 혼자서 해내는 게 용한 일이 아닐는지……

탯줄 끊기와 해독방법

아기가 완전히 출산되면 산파(아기를 받아 주는 사람은 누구나)는 탈지면 등으로 입 속의 오물을 닦아내야 한다. 그것은 오물이 속으로 들어가면 모든 잔병이 생기기 때문이다.

예전엔 오물을 닦기 위해 한약 계통의 황련, 감초, 농전 등의 즙을 찍어 썼다. 그 후 주사분이나 연밀을 조금 개어서 아기 입 속에 살짝 발라 주면 두창 등에 면역이 된다고 실시했었다.

또 특효방의 비법으로는 몇 시간 후 젖을 먹일 때 주사나 밀봉을 젖꼭지에 발라 아기가 빨도록 조처하고 조금씩 젖을 먹이면 태변이나 이뇨작용에 도움을 주는 것으로 실시했다.

규합총서에 보면 경명주사나 진주가루를 입 속에 발라 주었다. 그러나 이것을 너무 지나치게 바르면 오히려 해가 되니 약간만 발라야 된다. 또 탯줄 속의 피를 묻혀 아기 입 속에 발라 주면 입술이 붉어진다 하여 실시했다고도 한다.

이런 일은 친정어머니나 시어머니가 미리 알아서 준비해 주시거나 일러 주셨지만 요즈음엔 조산원이나 병원에서 낳기 때문에 지켜지지 않는다.

여하튼 태독을 어떻게 잘 처리했느냐에 따라 아기의 평생 건강이 좌우된다고 볼 때 머리와 피부, 입 속에 붙은 태중의 찌꺼기는 세밀하게 잘 닦아 주어야 한다. 이것은 예나 지금이나 변하지 않는 방법이다. 훌륭한 엄마가 되려는 사람의 지혜는 이런 곳에서도 발견된다.

예전엔 탯줄을 자를 때 낫이나 가위 등을 사용하거나 이빨로 자르기도 했다. 한편 한의학 총서에서 지적한 것을 보면 아기가 출산된 즉시 탯줄을 베는 것이 아니라 탯줄을 위로 치켜들고 아기 쪽으로 두어 번 훑은 다음 아기로부터 한 뼘 되는 곳에 삼끈으로 두 곳을 묶은 다음 그 중간을 자르며 그 한쪽이 자궁 속으로 되들어가는 것을 막고 다른 한쪽은 헝겊이나 솜에 구멍을 뚫고 그 속으로 빼낸 다음 잘 치료하여 둔다. 이렇게 해야 바람이 들어가지 않는다고 했다.

이렇게 아기는 태중에 있을 때 오직 탯줄로 연결되어 생을 영위해 왔던 것을 이제 그것을 자르는 데 소홀하면 잘못될 수 있다 하고 탯줄을 자르는 문제는 정성스럽고 청결하게 그리고 실수하지 않도록 함이 좋다. 그래야 아기는 출생을 무사히 넘기게 되는 것이라 했다.

양수 속에 있다가 공기와 첫 접촉을 하는 시기이기도 하며 오감육
각이 다 새로운 환경과의 만남이지만 신은 이렇게 탄생을 하게끔 지
어 놓으셨으니 이것은 섭리의 조화요, 순리의 단계라 생각하고 정성
스럽게 하면 되는 것이라고 생각된다.

배꼽은 어떻게

배꼽은 탯줄이 잘려 말라붙은 자리로, 돌이켜보면 배꼽은 배앓이
와 무관하지 않다. 영아 육아 시에 주의해야 한다.

성장하면서 배탈이 자주 일어난다거나 배가 차서 배두르개를 해야
된다는 사람들은 대개가 배꼽 처리나 보호와 관계가 있다는 것이다.
그중 보호라는 측면은 이상하게도 배를 꼭꼭 싸매라는 말과는 반대
로 아무렇게나 키운다는 뜻이며, 아기가 잠잘 때 이불을 걷어차도 내
버려 둔다는 의미로 해석하고, 너무 조심해서 덮어 주다 보면 나중에
배앓이를 자주 하게 된다는 것이므로 알아 두는 것이 좋겠다.

실제로 경험한 어머님들의 말씀을 들으니 배만은 마구 키운 아기
들이 탈 없이 자란다고 하고 있어 그 신비함은 알 길 없으나 이것을
의학적 방법과 연결해 보고 그래도 전통 육아 방법을 무시하지 못하
는 것은 우리 생활이 의학적 방법으로만 육아하지 않는다는 데 있다.

어떤 사람은 이것을 구시대적 산물로 여기거나 토속적·미신적 방
법이라고 경원한다지만 작은 문제 하나만 잘 해결해도 장차 육아하
는 동안 얼마나 편할 것인 줄은 경험한 분들에게 듣지 않으면 모를
일이겠기에 도움이 되고자 한다.

전통 산후 조리

산모가 취해야 할 산후 조리는 중요한 것이 많다. 그중에 먹는 것으로는 미역국 같은 것이 있다.

산모가 미역국을 먹는 것이 좋다는 것은 다 알지만 왜 좋은지를 아는 사람은 많지 않다고 해서 풀어 보면 산모는 아기에게 모든 것을 내어 주며 열 달을 지냈다. 그러는 동안 자신이 가진 것이 부족하며, 가령 칼슘과 인 등은 뼈와 이빨 속에 있는 것까지 모두 주며 키웠다는 것이다.

더욱이 출산 때는 있는 힘을 다 쏟으며 고통을 견뎠다. 그래서 산모는 딱딱하고 질긴 음식을 먹으면 약해진 이빨이 못 쓰게 된다. 그래서 부드럽고 씹지 않아도 좋고, 또 미네랄(칼슘, 칼륨)이 풍부한 미역국을 먹는 것이다.

미역은 복합 영양소의 보고로 바다에서 자라며 흑, 청, 황의 세 가지 색을 띤다. 이것은 제일 중요한 신장, 간, 비위의 기운을 돋게 하는 데는 가장 좋은 식품으로 알려졌고 또 산모에게는 필요한 영양소가 풍부하다.

일반적으로 출산 때는 상한 피, 죽은 피, 놀란 피를 다 쏟아낸다고 하는데 이때 남은 피를 정화시켜 주는 것이 미역이다. 그래서 산모에게 있어 미역은 신약, 혹은 선약(仙藥)이라고까지 표현할 정도로 귀중한 식품이다.

주위 환경

옛날엔 아무리 가까운 사이라도 같이 사는 식구 외에는 신생아가 있는 방에는 아무도 얼씬 못하게 했고 주변 환경을 정화하는 데 많은 노력을 기울였다. 오죽하면 문에 새끼줄을 치고 숯이나 고추를 달아 알리는 금줄까지 쳤겠는가. 그러나 요즘은 병원에서 출산들을 많이 하니 오죽 알아서 해주랴 한다지만 자기 혼자 있는 곳이라면 몰라도 큰 병원일수록 각종 환자, 각종 병균이 있는 곳이라는 점도 잊어서는 안 된다. 물론 잘 소독하겠지만 그런 것이 없는 장소가 더 낫지 않을까 하는 데서 되도록 좋은 환경이 어떤 것인지에 대해서도 짚고 넘어가야 할 것 같다.

방 안의 온도(공기)

옛날엔 아기 낳은 며느리가 몸에 땀띠가 나도 화장실 출입조차 삼가도록 하고 요강 사용을 권했다.

여름 산모와 여름 아기는 땀띠가 나야 후에 큰 병을 앓지 않는다고도 했다. 그래서 방에 불을 때어서 방바닥을 덥게 했다. 그런데 요즘 아무것도 모르는 사람들이 냉방을 만들지 않나, 놀라운 것은 선풍기 바람에다 창문까지 열어놓는 일이 있다. 이래서 건강한 산모라도 후에는 병객이 되는 원인이 여기에 있다.

30~40세 된 여성들 중에는 어디가 쑤시다, 아프다는 사람들이 많다. 이들을 조사해 보면 대개가 여름철에 아기를 낳은 사람으로 출산 때 상황을 물어 보면 공통적인 답이 나온다.

과학이 아무리 발달했어도 산후 조리에 냉방은 금물이며, 전통방식이라 하지 말고 우리 조상의 오랜 지혜라 생각하면 온고지신(溫故知新), 옛것을 참작하고 새것을 익히는 그것이 얼마나 훌륭한 것이었나를 알게 될 것이다.

일

요즘은 세탁기가 있어 빨래는 안 하겠지만 기저귀나 걸레라든지 행주 등을 짜는 경우는 있을 것이다. 이런 것을 너무 힘을 주어 짜면 후에 손목이 시큰거리는 수가 있다.

또 회사 일이 바쁘다고 충분히 산후 조리를 하지 않고 출근하는 사람, 심하지는 않아도 일정하게 어느 부위에 힘을 기울이는 사람, 과로하게 일을 하는 사람은 발등이 붓거나 얼굴이 붓는다는 것이다. 그래서 일을 알맞게 하는 것이 산후 조리의 지혜로운 요령이다.

마음가짐

산모의 마음가짐에 따라 기분에 따라 모유에 영향을 미친다고 한다. 그러니 산모는 가급적 편안한 마음가짐과 사랑하는 마음으로 아기에게 양질의 모유를 공급해야겠다.

그것은 좋은 모유로 자란 아기가 엄마를 편하게 해주며 건강도 좋다는 데 연유한다. 또 남편과 시부모님의 사랑도 받는다.

신발

높은 굽의 신이나 꼭 맞는 것을 신어서 발과 다리, 허리에 지장을 주지 않도록 넉넉하고 편안한 것을 신도록 해야겠다. 어느 분은 괜찮겠지 하며 힐을 신었다가 발목에 이상을 일으켜 고생을 했다는데 지금도 완전치 않다고 한다. 아기를 낳은 지 5년이 넘었는데도 그런 것은 몸이 회복 안 된 상태에서 얻은 병이라서 그럴 수 있다는 것이다.

음식

맛있다고 신김치를 씹는다든지 이가 좋으니 걱정 없다고 질긴 것 단단한 것을 씹다가는 나중에 후회하게 된다. 치아는 오복 중의 하나인데 치아에 부담 주는 것은 얼마 동안 삼가야 된다는 것은 상식화된 이야기이다.

보는 것(독서)

출산한 기쁨은 보고 싶고, 듣고 싶고, 자랑하고 싶기도 할 것이다. 그러나 심심하다고 책을 많이 읽거나 하면 눈이 나빠진다. 회복되기 전의 산모는 되도록 눈에 피로가 되지 않도록 당분간 조심해야 한다.

삼칠일(세이레)

산모와 아기는 일단 삼칠일(3×7=21)을 넘겨야 한다.

그것은 출산 때 흐트러진 산모의 200여 개의 뼈마디가 제자리를 잡아간다는(전통에서는 100일로 보지만 최소한의) 의미와 질의 원상회복, 청결과 원기회복 등을 들 수 있다.

아기는 배꼽이 아물어 여러 병균으로부터 무사할 만큼 되었다는 뜻도 있다.

그뿐만 아니라 초유로부터 일반적인 영양이 포함된 모유로 바뀌는 것이 이때쯤이다(또 산모와 아기는 정상적인 기능 활동이 순조로워지게 된다).

그래서 최소한 삼칠일이 지날 때까지 외부인들을 아기에게 접근시키지 않는 것은 당연한 일로 지켜왔다.

예전엔 그 기간 안에 잘못되는 일로 배꼽의 화농, 태독 발생, 혹은 황달과 기타 전염병 등을 들었으나 현대 의술에서는 예방주사 D.P.T 등으로 크게 문제될 것이 없다지만 지키는 것이 이상적이다.

삼칠일은 세 일곱으로 일력이나 월력에서도 순환의 기본 일수(일주일), 즉 7일이고, 세곱은 삼신(天, 地, 人) 혹은 삼세번, 세 번 구르기, 재앙도 가장 무서워하는 것이 삼재(災)요, 태극의 음양 이치에도 영원의 극 한극을 합치면 삼극이요(옛날 태극 문양), 나무를 세워 놓아도 최소한 세 다리는 되어야 쓰러지지 않는다는 의미도 있다.

부모 사이에 생긴 것이 자식이니 삼각이요, 우리가 무엇을 시작할 때도 하나 · 둘 · 셋 한다.

이렇듯 셋이라는 것은 시작이요, 중간, 끝이라는 의미를 내포하고 있다고 볼 때 현대 과학과 비교하여 무의미하다고는 할 수 없다.

단지 형편에 따라 줄일 수도 늘릴 수도 있다고는 하나 최소한 지키면 도움 될 것이니 새로운 방법이 나오기 전에는 준수하는 것이 바람직하다.

그래서 요즘에는 직장여성들에게도 출산 휴가가 최소한 20일 이상 1개월은 되고 길게는 3개월(백일)까지 주고 있으니 이 기간에 산후 조리를 잘하라는 의미로 매우 중요하다.

부부 생활도 최소한 삼칠일은 넘겨야 한다 하며 가급적 한 달 또는 100일을 넘기면 더욱 좋다. 신체적으로 완전히 회복이 된 후라야 더욱 좋다는 의학적 견해가 있기 때문이다.

음식도 세이레 전에 튀김을 먹으면 아기가 열꽃이 난다. 계란프라

이를 먹어도 열꽃이 생긴다고 예전엔 피했으며, 삼칠일이 되기 전에 집안에 흉한 일을 들이지 말라, 또 아기를 들여다볼 때는 웃는 낯으로 봐야 아기도 보고 배운다는 등 좋은 본보기에 신경을 많이 썼다.

또 아이를 두고 내기는 안 한다고 하는데 좋은 일은 몰라도 나쁜 일은 아기 운명을 바꾼다는 말이 있으니 이것은 정신적, 심리적 경고로 보아야겠다.

조선시대의 부덕

요즘 여성들에게 부덕을 말하면 이건 케케묵은 구시대의 유물이 아니냐라든지 봉건 시대의 유교적 가르침 따위라고 얼핏 흥미를 잃거나 쉽게 접근하려 하지 않는다는 것은 안다.

그러나 아무리 국제화된 사회라 해도 나라마다 다양한 생활양식이 있어 자기 나라 자기 것을 모를 때 외국에 갔다가 내놓을 것이 없어 망신당했다는 경험자들의 말을 연상하며 우리 조선시대의 부덕을 재조명해 보니 거기엔 배울 것이 많고 지금도 남에게 자랑거리가 되며 또 존경의 대상까지 된다는 데 놀라며 이 멋있는 부덕에 귀 기울여 보기로 한다.

부덕의 기본 조건은 무엇이었을까? 이것을 연구한 숙명여자대학교 김용숙 교수에 의하면 조선조 여인들은,

① 언어에 대해서: 말을 가려서 하고, 아첨하는 말을 하지 않고, 충분히 생각하지 않은 말은 하지 않는 등 마음에 새기고, 처신의 첫 번째 조건으로 삼았다.

② 행동에 대해서: 잔치가 있을 때도 배부르게 먹지 않고, 뼈를 깨

물지 않으며, 자기 앞의 것을 주로 먹으며, 멀리 손을 뻗쳐 집어 오지 않으며, 남의 집에 초대됐을 때 국에 간장을 쳐 간을 다시 맞추지 않았다.

③ 마음가짐: 지나간 일은 쫓지 말고, 오직 오지 않은 일은 미리 걱정하지 않으며, 남의 옷이나 그릇을 나쁘다고 평하지 않는 마음 자세를 취했다.

그럼 이런 부덕의 시작은 무엇이었을까? 교육방법을 살펴보자. 부덕을 갖춘 여성으로 기르는 첫 번째는 태교에서 비롯했다.

즉 거처를 함부로 하지 않으며, 자리가 바르지 않으면 눕지 않았고, 부정한 음식은 먹지 않고, 사한 말은 듣지 않았다는 것들을 꼽을 수 있다. 또한 조용할 땐 시를 외워 마음을 안정시켰다. 이렇게 하면 배 안의 아기가 태어나 용모 단정하고 총명하며 재주가 뛰어나다는 것을 알았다.

또 부덕의 실체는 출가해 시댁 법도에 따르는 것이며, 이런 것은 주부로서 며느리로서 갖출 지혜였으며, 어진 주부는 근면과 검소를, 또 어진 며느리는 효를 마음의 지표로 삼음으로 집안을 편안하게 했다.

가령 제삿날이 되면 미리 준비한 깨끗한 옷으로 모든 가족을 갈아 입히고 제사 음식을 정성껏 차리며 윗분들의 제기가 섞이지 않도록 조심했다.

시부모 모시기는 옷이 춥고 더움을 미리 여쭙고 의식을 친히 보살 피고 노부모가 계실 때 이 분들의 침이나 코가 남에게 보이지 않도록 애썼으며, 남편 섬기기는 남편을 손님 대하듯 어렵게 대했다.

자녀 교육에 있어서도 특히 딸자식은 '남녀칠세 부동석'을 염두에 두었고 또 7세 이후는 때 없이 음식을 먹이지 않았다.

손님 대접은 넓은 도량으로 하며 분에 알맞게 공손하면서 후하게 했다.

이러한 가정교육은 가풍으로 책 또는 구두로 전해 왔는데 궁중에서나 사대부 집이나 중인계급에 이르기까지 나름대로 가훈 내지는 강령 같은 것을 만들어 놓고 실천했다.

이런 것을 미루어 보더라도 부덕은 우리 사회 심층에 맥을 이어온 것이었으며 마루 밑 받침대 역할을 한 것이다. 시대가 변하고 물질문명이 팽배했기로 이런 것을 조선조 여인들의 희생적 인생관으로 몰기엔 너무나 자신을 모르는 소치라 아니 할 수 없다.

이제부터라도 문화 민족으로서 재음미해야 할 우리의 자랑으로 부각시키는 데 주저함이 없어야 할 것이라 생각한다.

그간 우리는 선진 문명으로 구각을 벗고 탈바꿈하느라 많은 노력을 해온 것이 사실이다. 그러나 세계 어느 곳을 가도 자기 것을 버리고 남의 것에 의해 사는 나라들에게선 본받을 것이 없고 오히려 잡탕 문화로 배척받는 것을 보게 된다.

이제라도 나는 누구인가에 대하여 알며 그것을 자랑스럽게 내보이는 국민으로 다시 태어나기 위해 애써야겠다.

문화세계 창조에 앞장서지 않는 물질문명의 노예는 결코 행복할 수 없다는 것을 자각하고 부덕을 되새기자. 이젠 어엿한 엄마가 되지 않았나. 엄마는 창조주 집안의 주춧돌이라 볼 때 그 집안이 잘 되고 안 되는 것이 자신에 달렸다고 느끼면 이제부터라도 다시 시작하자.

2. 동서양의 출산풍습

입산(立産): 서서 낳는다

세계의 출산 풍속을 들추어 보면 옛날엔 서서 아기를 낳은 기록이 여기저기 발견된다.

아프리카 동쪽에 사는 반투족은 아기를 낳을 때 붙잡고 낳는 '산목'이라는 나무가 있었다. 나지막한 피그나무의 Y자형으로 된 가지에 가로막대를 지르고 거기에 천을 걸고 진통 때 손으로 잡아당길 수 있게 했다. 코만치족들은 출산 진통 때 들판에 우뚝 솟은 '산목'을 부둥켜안고 출산을 하는 장면을 보여 주기도 했다.

이런 일은 현대에 누워서 낳는 일과는 다르며 우리나라에도 여러 가지 전해 오는 이야기가 있는데 『삼국유사』에 보면 원효대사의 어머니가 길을 가다 산기가 있어 밤나무에 남편의 옷을 걸어 놓고 거기서 원효를 낳은 것으로 기록되어 있는데, 이때 눕거나 앉을 수가 없었을 테니 서서 낳은 것으로 추측된다. 여기서 남편의 옷을 걸어 놓았다는 의미는 힘줄 때 잡아당길 끈 대용으로 쓴 것이다. 어느 분은 이것을 안산의 주술적 의미로 해석하는 사람도 있다.

그 후 고려의 경종비 황보 씨는 아기를 낳는데 진통이 시작되자 문 앞에 있는 버드나무에 올라 출산했다는 기록이 있는 것으로 이것도 앉거나 누워서 할 수는 없고 비스듬히 서서 낳을 때 나뭇가지를 붙잡고 힘쓰기 위해 그리 한 것이 아니냐는 견해가 있다.

어머니들은 아기 낳는 것을 떨어뜨린다, 내쏟는다고 해서 추락한다는 의미와 비교한 것 같다. 그것은 누구나 무한히 추락하는 꿈을 꾸어 보지 않은 사람은 없는 것같이 추락은 밑 없는 구멍 속이기도 하고 또 이런 추락의 꿈은 발이나 몸이 땅에 닿았다는 결말을 보는 일도 없다. 그래서 이런 것을 심리학에선 무의식 속에 간직한 환상이라 하기도 하고 우리는 일반적으로 키가 자라는 꿈이라며 누구나 이런 추억을 간직하고 있다.

우리 인류는 출산 때 처음 느껴보는 환상이었으며 이것이 떨어진다는 의미와 무관하지 않은 것 같다. 서서 낳아야 쉽게 낳는다는 발상은 자연스러운 현상이며 추락은 탄생과 더불어 강하게 인상지어진다는 것으로 예전엔 이렇게 했던 것이 아닌가 한다.

요즘 물속에서 낳는 반 좌산이나 반 입산 같은 것도 있는데 다 이런 것이 기초가 된 듯하다. 출산의 형식은 자꾸 발전해 가며 또 사람에 따라 다를 수 있어 아직 최선의 방법을 말할 수는 없으나 이것도 참고의 여지가 있다고 느껴지며 여러 의견을 들어봐도 반 입산이나 반 좌산이 발전되었으면 하는 마음 간절한 것은 그런 것이 어떤 면에서든 힘주기 좋기 때문이다. 그러나 과학적 실험이 아니기 때문에 앞으로는 산부인과나 조산원에서 연구 대상으로 삼았으면 한다.

우리나라의 출산풍습

상투 잡고 출산

옛날 아주 옛날 남자들이 상투를 매고 살던 시절 어느 고을에서는 출산 때의 이상한 풍습으로 아내가 출산하느라 심한 고통을 겪는 것을 위로하기 위하여 나도 당신의 고통을 같이 나누겠다는 심정으로 문틈에 자기 상투를 들여보내고 산모에게 상투를 붙잡으라 했단다. 아기를 만들 때 같이 만들고 자기 대를 이어줄 후손을 열 달간 배 안에서 키운 것도 고마운데 출산이 잘못되면 안 되겠기에, 그렇다고 아래를 벌리고 낳는 출산을 눈을 뜨고 볼 수도 없겠고 그래도 마음만은 아내의 고통을 같이 나누겠다는 생각과 그래야 산모도 마음이 가벼워진다는 의미를 곁들여 상투를 들이밀었다 하는데 이제 그 풍습이 전해진다.

실제로 상투를 잡아당기면 그 아픔이야 이루 형용할 수 없을 정도겠으나 머리카락이 다 빠진다 한들 사랑하는 아내의 출산 고통만 하랴는 남편다운 생각이 그렇게 하지 않았겠나. 하지만 너무나도 어이없는 이야기이기도 하다.

월경포를 당긴다

어느 때는 흰 베를 필로 끊어 길게 늘어뜨린 후 저 건너편에는 경험이 있고 힘이 센 아낙이 낮게 허리에 묶고 그 반대쪽을 산모가 힘줄 때 잡아당기도록 했단다. 어디 줄을 매달 만한 곳도 없고 하여 이 방법을 썼다는데 후에 필요할 땐 이것을 월경대로 잘라 쓸 수도 있고, 또 아기 기저귀로도 쓰며, 아들을 낳은 경우 다음 사람에게 비싼 값으로 물려주기도 했다고 한다. 아들을 낳으려는 염원과 정신적 믿음이 깃든 이야기이다(이규태 씨 글 참조).

소리로 판별

옛날 할머니들은 배 안의 태아가 내는 소리로 자세가 바르냐 거꾸로 있느냐를 판별할 수 있었다고 한다. 그것을 웃음소리라 하기도 하고 울음소리라 하기도 하지만 그건 표정을 환상으로 느꼈을 뿐 자궁 속에서 소리 내어 웃을 수는 없겠고 임부의 배 모양으로 경험을 맞춰 보면 거의 맞았다는 이야기는 될 수도 있다. 그러나 현대는 초음파 진단이 있어 어려울 것도 없겠지만 너무 자주 초음파에 의지하는 것보다 집에서도 할 수 있었으면 하는 마음으로 소개하는 것이다.

삼신승(三神繩)

이것은 서서 아기를 낳을 때 붙잡는 끈으로 삼신, 즉 산신께서 안산을 위해 보낸 것이라는 뜻으로 민가에서는 외로 꼰 삼줄 또는 무명필을 썼고 왕실이나 양가집에서는 외로 꼰 명주실(홍영)을 문기둥이나 대들보에 걸어 늘어뜨린 것이다. 나침반으로 출산할 방위를 정하기도 했고 문에 걸 땐 이 문을 현초문이라 이름 짓기도 했는데 다 안산을 위한 산속의 한 풍습이라 하겠다.

『임하일기』에 보면 말굽을 걸기도 했다는데 이조 왕실이나 사대부 집안에서는 이것을 은으로 만들고 아기 돌 때가 되면 아기의 노리갯감으로 만들어 주는 풍습도 있었다. 이 모두는 복을 비는 뜻이 담겨 있었고 흥미 있는 것은 구라파나 미국을 다니다 보면 문 위에 말굽을 걸어놓은 풍습이 있는데 우리에게서 배워 간 풍습이 담겨져 있는 것이 아닌가 하는 점도 느낄 수 있다.

지붕에서 뒹군다

평안도 박천 지방에서는 산부가 진통을 시작하면 남편이 지붕에 올라가 용마루를 타고 비명을 지르거나 뒹군다고 한다. 이것을 남이 보기에는 지랄하는 것 같다 하여 평이 나쁘지만 그 당시는 산속 깊이 살던 사람들 주변에 의원이나 조산원이 있는 것도 아니요, 부탁할 사람 구하기도 쉽지 않으니 답답함을 용마루에 올라 소리를 지르거나 뒹군 것이 아닌가 한다.

그러던 것이 하나의 지방 풍습으로 된 것이며 실수하더라도 다치지 않는 것은 이 지방의 지붕은 얇기 때문이며 떨어질 때 출산이 촉진된다 하여 그렇게 했다는 것이다. 얼마나 아내를 아꼈으면 자신이 먼저 떨어지면서 산모의 출산을 도왔을까 하는 생각이 든다.

이런 것은 세계 도처의 전통적 기속이라는 '쿠바트'를 연상시켜 주기도 하는데 함경도 지방에도 이와 비슷한 풍습이 있는 것은 북쪽 여진족에서 온 것이 아닌가 싶다.

궁중 출산

조선시대만 해도 궁중에선 출산 때가 되면 산모는 산실로 마련된 방으로 인도되어 출산을 준비하며 문밖에 있는 어의(御醫)는 산모의 팔목에 명주실을 묶어 진맥을 보며 출산이 임박했음을 알렸고, 대들보 고리에 길게 늘어뜨린 말총 끈을 잡고 힘을 쓰게 했다 한다.

출산이 가까워 진통이 오면 힘줄 때는 약간 상체를 일으키면서 힘을 주었다가 다시 누웠다가 하며 출산을 했는데 이때 쓰인 말총 끈은 말총을 여러 줄 묶어 머리 따듯이 딴 것으로 산실 중방에 보관했다가 사용할 때는 다시 고리에 연결하면 쓸 수 있게 되어 있었다.

출산을 돕는 나인들은 문밖에서 대기했다가 마지막 순간에 들어가 아기를 받았다.

뒤처리는 청결하고 엄숙하게 진행되며 왕손의 탯줄은 태우지 않고 약품에 담갔다가 말려 보물단지 같은 단자에 넣어 보관했다. 이것이 임금님이 평생 옆에 두고 간직하는 옥쇄 다음으로 귀중한 태(胎) 함이다.

이렇게 보면 궁중 출산도 특별한 경우 아니고는 의원(의사)이 하는 것이 아니라 산모 스스로 하고 중요한 순간에만 옆에서 도왔다고 볼 수 있는데 요즘엔 너무 의타적으로 변해 병원에만 의존하는 것이 아닌가 하게 된다.

중국의 출산 풍습

40일간의 산욕

중국 윈난 성이나 구이저우 성 사람들은 출산을 하기 위해 산속으로 들어가는데 이때 남편들도 따라가 40일간의 산욕을 같이하며 출산을 돕는다고 했다. 산욕은 ① 대자연 속으로 들어간다, ② 울창한 숲 속에서 삼림욕을 한다, ③ 붙잡을 것이 풍부하다, ④ 남에게 흉한 모습을 안 보인다, ⑤ 맑은 물, 맑은 공기 속에서 행한다, ⑥ 산의 정기를 타고 난다 등의 좋은 면이 발견되나 혹시라도 어려움이 있을 때를 대비하는 방법이 결여된 듯하다.

그러나 이런 것을 미루어 보더라도 출산하면 무슨 큰일이나 날 듯 야단법석을 하는 현대인들에게는 귀감이 될 수도 있겠다.

구천(九天)

중국에서는 아기가 거꾸로 있을 때 임부의 발바닥에 하늘 천(天) 자를 아홉 번 썼다. 그렇게 하면 태아의 머리가 아래로 내려온다는 것인데 주술적인 의미가 많이 가미된 것이긴 해도 유래는 악인 진희가 지구 표면에 떨어질 때 9일 걸렸다는 의미에서, 또 밀턴의 『실락원』에서 보면 라슈빌이 낙원에서 떨어질 때 아홉 날이 걸렸다는 이야기에서 연유한 것이라는 설도 있다. 결국 태아의 머리가 아래로 내려온다는 것은 인간이 추락하는 의미와 무관하지 않으며 추락은 인간 최후의 두려움이라 하겠지만 태아는 머리부터 나와야 되겠기에 바른 자세를 취하기 위해서 그렇게 했으며 한문의 천 자를 자세히 보면 머리가 위에 있고 다리를 벌린 것 같은 형상이어서 이것을 '아래는 머리, 위는 발'로 돌리기 위해 아홉 번을 썼다는 것이겠다. 또 이것은 난산의 여인에게 촉산의 의미로도 널리 쓰인 주술적 방법의 하나라 하기도 한다.

인도의 출산풍습

부인의 샤리를 입고

인도 등지에서 행해지는 출산의 이상한 풍습은 남편이 부인이 입던 샤리를 입고 산모방에 들어가 진통을 같이 겪는다고 한다. 아무리 뜻은 좋다고 할지라도 진통을 같이 겪을 수야! 그저 보기가 안타까우니 조금이라도 마음을 위로하겠다는 뜻이었는데 현대 미국에서 행해지는 '터치법'을 비교하면 의미는 약간 다를지 몰라도 '터치법'은 창작품이 아니고 옛날에 있었던 것을 개량하고 의미 부여한 것이 아니겠느냐 할 수도 있다.

세상에 첫 출두하는 아기 머리에 다른 사람이 아닌 아빠의 손이 닿게 하는 '터치', 그건 아기에게 있을 첫 거부반응을 없앤다는 것이기에 좋을 수밖에 없다.

몬도가네

인간생활 중 이상한 것만 골라 만든 괴기 영화 또는 풍습영화라 할수 있는 「몬도가네」를 보면 인도의 어느 부족은 부인이 산기와 진통을 시작하면 남편이 부인과 함께 얕은 물속으로 뛰어들어 같이 진통을 하며 출산을 돕는다고 하는데 요사이 소련의 수중분만을 연상시켜 주는 단면의 풍습이다. 그렇게 되면 출산 때의 선혈이 몸에 물들고 이런 것을 피가름이라 생각한 모양이나 기이한 풍습이라 할 수 있다.

유럽의 피레네족

유럽에서도 마찬가지다. 출산일이 가까워지면 산에서 사는 피레네족은 자주 산모방에 들어가고 출산 진통 때는 서로 붙잡고 진통을 같이 겪는다고 하는데 분만 시 아내의 고통을 나눈다는 의미의 행동 참여라 하겠지만 이것이 바로 부부애, 또는 출산의 성스러움이 아닐는지 하게 되며 하나의 생명이 탄생되는 순간은 바로 이런 것이라고 할수 있을 것 같다.

3. 인간요법

소금의 효용

가벼운 무릎 관절통, 발목 삐었을 때, 기타 자꾸 쓰는 관절에 통증이 있을 때 뜨거운 소금자루를 만들어 식을 때까지 아픈 부위에 대면 통증이 거뜬해진다. 식으면 다시 뜨겁게 볶아 반복한다.

밀가루와 생강즙

밀가루를 더운 물로 되직하게 반죽하고 생강즙을 섞어 손바닥 크기의 거즈에 바른 다음 그것을 관절통이 있는 무릎이나 발목 등에 붙이고 마르면 갈아 붙인다. 그러면 통증이 사라진다.

병원에서도 쉽게 안 낫고 병원에 갈 정도도 아닐 때, 이렇게 하면 간단히 치료가 되는 손쉬운 방법을 알아 두자.

송이버섯 – 기형아 예방

송이버섯이 좋고 맛있는 고급 요리에 들어가는 것을 다 안다. 그러나 요즘 발표되고 있는 것을 보니 일본에 송이버섯 수출로 버는 외화 획득이 40억 원이며, 송이를 일본인들은 각종 요리에 매우 귀하게 조금씩 넣어 먹으며 선물로도 손꼽는다고 한다.

또 한 가지 송이는 임신부가 먹으면 기형아 예방에 좋다고 하는데 우리나라 여성들도 많이 먹으면 좋겠다는 생각이다. 어느 부위의 기형아 예방인지는 확실치 않으나 좋은 음식으로 해는 없을 것으로 판단된다.

아마 송이버섯은 푸르고 청청한 좋은 기상이 서린 산 소나무에서만 자라는 것이어서 사람에게 그리 좋은가 보다.

원래 버섯은 세계에 4천여 종이 있으며 우리나라에도 1천5백여 종이 있고 그중에 먹을 수 있는 것이 3백여 종이 있으나 약용 버섯은 30여 종이 있다. 물론 못 먹는 것도 3백여 종 있다고 한다.

버섯의 발생은 곰팡이의 박테리아가 씨가 되어 포자균이 시작이지만 그것을 구별하면 군사체, 자실체로 구분되며 우리가 먹을 수 있는 것은 자실체 버섯이다.

각종 영양소(철분, 인, 칼슘, 단백질 등)가 듬뿍 들어 있어 맛있고 먹기 좋다고 하는데 문제는 양념이나 요리하는 방법에 좌우된다. 그래서 장수하려면 많이 먹는다고도 하는데 어째서 그런가를 알아보니 버섯은 맑은 물, 맑은 공기에서 깨끗이 자라는 것이 특징이다.

항균, 항암, 항콜레스테롤 작용이 있는 영지버섯은 예부터 약용으로 쓰였으며 천마는 동충하초(冬虫夏草)라고 겨울엔 벌레로 있다가 여름에는 약초가 되는 것이다. 그런데 송이버섯은 사물 기생종과 활물 기생종 중 생명이 있는 나무에서만 성장할 수 있어 아직 양식은 되지 않고 있으니 모두 자연산이라 할 수 있으며 현재 연구를 계속하여 영양체까지는 가능하나 자실체가 불가능하여 양식을 못하지만 2~3년 안에는 양식이 가능해지지 않겠느냐고도 한다.

송이버섯은 여성의 냉증, 대하증에 좋고 기미, 주근깨에도 효과가 있다니 많이 섭취할 기회를 마련하면 남성에게는 모세혈관 끝까지 혈액순환을 잘 시킨다니 건강증진 요리로 권하는 것도 주부의 지혜라 하겠다.

물론 버섯에는 독버섯도 있어 잘 구별해야 된다고 하나 우선 간단히 식별하는 방법으로는 빨간색, 검은색이 아니라 하얗고 윤기 있는 것과 색이 연하면서도 화려한 것이 독이 있는 것으로 알면 틀림없다.

쑥의 효과

쑥이 몸에 좋다는 건 누구나 안다. 그러나 그것을 어디에 어떻게 사용할 것인가에 대하여는 잘 모른다. 그래서 그중 여성에게 필요한 두어 가지를 소개해 보면 쑥은 대하증, 자궁질환에 효험을 발휘하고 불임치료에도 좋다고 한다. 현대의 약리 실험에서 항균작용, 혈액 응고작용, 자궁 수축작용, 기관지 확장작용, 해열 작용이 있다는 보고도 있다.

사용하는 간단한 방법을 알아보자. 배꼽 위에 거즈를 한 겹 깔고 그 위에 소금을 조금 올려놓은 뒤 생강을 얇게 썰어 덮는다. 그다음 생강 위에 쑥을 놓고 뜸을 뜨면 쑥과 생강 그리고 소금의 따뜻한 기운이 배 속으로 들어가게 된다.

이때 쑥이 너무 많으면 뜨겁지만 이것을 원추형으로 높이면 불은 꼭대기에서 타기 때문에 서서히 타내려가며 쑥 기운만이 배꼽으로 들어가며 맨 밑동이 탈 때에나 뜨거워진다. 이때 너무 뜨거우면 화상을 입을 염려가 있으니 거즈를 들어 올리면 된다.

이렇게 하면 배꼽을 통한 약 기운은 만성설사, 장질환 등은 물론 여성들의 자궁질환, 대하증과 불임에도 좋은 효험을 발휘한다는 이야기다.

그러나 민간요법의 이 방법이 싫은 분은 쑥을 달여 먹기도 하는데 '흰색 대하증'엔 쑥 20g에 물 300ml로 달인 물에 날계란 2개를 삶아서 이것을 쑥 달인 물과 함께 5일 동안 계속 복용하면 말끔히 낫는다고 한다.

호박

전에는 많이 먹었는데 요즘 사라진 우리 기호음식 중 호박이 임산부에게는 피를 맑게 하고 젖도 잘 나오게 한다는 것이다.

호박 100g당 600cal의 열량이 듬뿍 들어 있는데 지방은 물론 철분, 인, 칼슘, 비타민 A, C와 당질, 섬유질, 수분 등 적당한 함량이 있어 특히 임산부들에게 좋은 식품이다.

월경불순 침으로도 해결

오래된 동양 의술의 한 가지인 침으로 월경 불순을 예방, 치료한다는 발표가 있다.

WHO(세계보건기구)에서 이미 1977년에 "인류 질병의 75%는 침 요법을 활용한 1차 보건진료만으로 예방과 치료가 가능하다"고 평가했으며, 또 1979년에는 "49개의 주요 질환에 침 요법이 효과적"이라고 공인했다. 그러나 경락의 실체나 기능 그리고 작용 기전 등을 명쾌히 설명하고 있지 못해 한의학 발전에 걸림돌이 되고 있는 것이 사실이다.

그렇지만 침술이 효과적인 세 가지 질환은 다음과 같다.

① 신경마비, 사지마비, 중풍 반신불수 등과 같은 마비성 질환

② 두통, 요통, 신경통, 관절염 등과 같은 통증 질환

③ 졸도, 소아경풍, 간질 발작, 쇼크 등 구급 질환 등에는 신약과도 같은 치료 효과가 있다는 사람은 많다.

그러나 여기서는 부녀자의 중요한 질환인 월경 불순까지도 효험이 있다는 데 그 의미를 둔다. 물론 그것은 체질상, 또는 질환의 경중에 따라 달라질 수도 있겠고, 또 종류에 따라 다를 수도 있겠으나 침이 체질에 잘 맞는 분들에게는 쉽고 가벼운 치료 방법이니 부작용을 염려할 필요가 없다. 그렇다고 아무 침술원에서나 같은 효험을 볼 수 있다고는 할 수 없겠고 질환별 부위별로 잘하는 사람이 있는 것 같다.

경락 경혈이란 무엇일까?

경락은 인체를 순환하는 기혈의 통로요, 경혈은 침을 꽂는 지점이라 설명한다. 인체의 모든 부위가 어떤 체계적인 선의 흐름과 연결되어 상호작용과 반작용이 반응을 한다는 이론적 밑받침을 하며 많은 사람의 효험을 근거로 제시한다.

서양 의학은 인체를 세분화해 해부학으로 보지만 한의학은 인체를 기(氣)와 혈(血)의 두 가지 흐름으로 놓고 기는 양, 혈은 음으로 본다.

이 기와 혈의 조화나 음양의 조화가 잘 이루어진 상태를 건강으로 보며 흐름이 막히거나 적체되어 조화가 깨진 상태를 질병의 원인으로 본다.

이럴 때 침으로 경락의 필요 부위를 자극해 뚫어 주면 기와 혈의 순환이 정상화되어 건강이 회복된다는 것이다.

침을 놓는 부위를 경혈(經穴)이라 하며 글자대로 혈이란 구멍, 즉 비어 있는 곳이라 하는데 우리 인체에는 360여 군데가 14개의 맥으로 연결되어 있다.

14개의 맥(경락)은 우리 몸 전체에 그물처럼 이어져 안으로는 심, 폐, 비, 간, 신, 즉 오장 육부에 밖으로는 이, 목, 구, 비, 두뇌, 신경, 손, 발에까지 연결된다는 것, 그래서 그 기능은 세 가지로 운송하고 반응하고 전도까지 하는데 작용에 이상이 있을 경우는 반응을 나타내어 아픔을 느끼게도 또 침을 놓으면 그 자극을 전해 주는 역할도 한다는 것이기 때문에 침의 효과를 설명하게 된다.

그런데 부인병 증세의 월경 불순도 바로 이런 것이라는 설명이다.

현대의학에서나 고칠 수 있는 협착증, 종양 등과 같은 것은 모르되 그렇지 않은 경혈의 불완전에서 오는 월경 불순 등은 잘하면 쉽게 회복될 수 있다니 모르는 것은 윗분들과 의논해서 그럴 정도의 것이라 생각될 때는 침의 효험을 기대해 보는 것도 태교를 잘하려는 임신 전, 출산 후의 여성에게는 도움이 될 것으로 믿는다. 여기 첨가하는 것은 임신 중에는 피하라는 것이다. 그것은 태아에게 미치는 영향 때문이다.

요즈음엔 수지침이라 하여 손바닥, 손가락에서 각 기관의 혈을 찾아 침을 놓는다.

　주부들이 자기 가족의 급한 경우, 또는 가벼운 증상의 경우, 고질병이 안 되게 하는 경우를 위해 익혀 둔다고 하며 또 과학 2001년 프로그램에서 귀침에 대하여 많은 관심을 쏟고 있는데 여기서 설명한 바에 의하며 사람의 귀는 마치 태아의 형상과 같아 귓밥은 태아의 머리요, 귀날개 속은 태아의 척추같이 휜 연골(툭 튀어나온 부분)은 척추에 해당하는 경혈로 보고 치료를 하는데 귀에만도 혈이 2백 군데나 된다고 한다. 실제로 귀의 혈을 찾은 사람은 프랑스 사람이란다.

　침으로 무좀을 완치하기도 하며 귀침으로 담배를 끊게 했고 또 암 치료에까지 도전하고 있다 하며 중국에서는 뇌를 수술할 때도 이 방법을 쓰는 것을 보았다.

　침의 특성은 부작용이 없고 면역이 없으며 혹이라도 잘못 놓아 이상이 있을 땐 부위에 놓아 원상회복도 된다니 인체를 훤히 들여다보고 기계의 고장 탐구나 정비를 하는 것과 같은 의술이라 할 수 있다.

　또 사암(舍岩) 침술을 연구하는 사람들은 한의학(韓醫學) 서적을 펴내고 보급에 힘쓰고 있다는데 우리 침을 400년 전 도인이 완성한 팔꿈치 등 60군데의 혈(穴)에만 침을 놓으며 심성 수양과 더불어 병을 치료하는 사람이 있다. 그러나 광희동의 권도원 박사나 요한의원의 김정선 같은 분은 훨씬 높은 경지의 침술로 유명하다. 그 외 동네에도 곳곳에 침구원이 있는 것을 보는데 오랜 경험이 중요한 듯하다.

제8장

출산과 관련된 민속과 생활

한국의 색깔

현대에 사는 우리에게 색깔을 물어 보면 빨·주·노·초·파·남·보라고 무지개의 일곱 가지 기본 색을 말할 것이고 그것을 혼색하면 여러 가지 색이 만들어진다. 현재 국제 규격의 1,535색 중 77색이 기본으로 사용되며 수출품에도 몇 번의 어느 색 하면 통용되도록 했다니 색깔론이 필요치 않을 것 같다.

그러나 금번 문화재 보호협회에서 주최한 전통 전승공예전에 가보니 거기서는 우리 눈에 익지 않은 우아한 색으로 만든 전통물품이 전시됐는데 언젠가 보았을 것 같기도 하고 아니면 엄마 배 속에 있을 때 봤을 것 같은 우리나라 색이 선보여 은은한 아름다움과 우리색의 특이성을 다시 한번 실감하게 하는 계기가 되었다.

그래서 예전의 우리 색은 어떠했는가를 재현시켜 보니 우리는 색을 자연의 열매에서 또 나무나 줄기, 잎사귀, 뿌리 등에서 물감을 구했으므로 그것이 우아했던 것 같다. 가령 감색은 노랑도 빨강도 아닌 색으로 역시 감에서나 찾아볼 수 있는 색이었고, 녹두색, 팥죽색도 그런 것이라 할 수 있다. 이런 것은 혼합색이 아닌 원색으로 존재했다.

그리고 보면 우리는 많은 기본색을 갖고 있었음을 알 수 있고 이것은 과일이나 열매를 비유한 앵두색, 밤색, 딸기색, 수박색, 가지색, 호박색, 포도색, 도토리색, 겨자색, 치자색 등으로 불리고 풀이나 잎사귀를 비유한 쑥색, 초록색, 단풍색, 진달래색, 개나리색, 갈색 등은 잎과 꽃에서 또 하늘과 땅, 바다에서 볼 수 있는 것으로 황토색, 흙색, 벽돌색 등과 하늘색, 물색 등이 있다.

동물로는 쥐색, 비둘기색, 알에서는 계란색, 인간에게서는 살색, 금은보석에서는 비취색, 옥색, 황금색, 은색 등이 있다. 그리고 그 외에도 자주색, 연분홍, 꽃분홍, 고동색, 미색 등이 특이한 비유의 표현으로 주황색, 주홍색, 다홍색 등 다양한 색상을 표현하는 방법을 갖고 있다.

민속 잔치나 전시회 등에서나 어렵게 접할 수 있고 특히 오페레타인 창극, 즉 춘향전, 심청전, 흥부전, 꽃방전, 강강술래 등 여러 민속춤 등을 볼 때 유심히 보면 출연하는 사람들의 옷 색깔에서, 또 무대장치나 장식품 같은 것에서 발견하게 되는데 수십 명이 전부 각양각색의 치마저고리를 입었으며 한사코 다른 예쁜 색상을 하고 있는데 이것은 우리의 자랑이다. 그것은 현대의 색상으로는 어려운 원색들로 구성된 배색이라는 것을 알 수 있다. 이것이 재래의 전통적 우리 색상이라 할 때 우리는 기본색만도 30여 가지였고 미색은 조형색이 아닌 자연색 그 자체라는 데 놀란다.

88 올림픽 때에도 세계 각국 사람들로부터 찬사를 받았던 이면에는 우리만의 이런 아름다운 색상들이 있었기 때문이라면 우리는 우리의 색을 활용할 줄 아는 사람이 되어야 하지 않을까. 자기 문화도 모르며 남의 것이나 좇던 시대는 이제 종말을 고할 때가 되었다.

샤머니즘 1

우리는 이제 무속 하면 완전 무시할 정도로 개화했다. "무당이 굿을 해" 하며 이런 것은 지난 시대의 무지가 판을 칠 때 "신령이 어떻고", "죽은 자와 대화를 하고" 하여 정신 나간 사람들이나 믿는 토속신앙 내지는 비과학적 사고방식에서나 있을 수 있는 일이라며 아주 버려야 된다는 식의 개방사회, 과학시대에 돌입, 이제는 선진 문명시대에 와 있는 것같이 느끼고 산다.

그런데 깜짝 놀랄 일이 있다. 1988년에 거행된 88올림픽에서도 귀신이나 도깨비탈이 선보이는가 하면 1991 잼버리를 개최한 우리가 또 굿하는 모습, 고사 지내는 형식 등을 토속 내지는 민속행사로 외국의 소년소녀들에게 보이고 있지 않는가. 물론 그것은 옛 풍습의 단면을 보여 주는 것이라 생각된다.

잼버리라는 의미가 신나게, 또 흥겹게 한다는 의미가 있어 청소년들에게 재미있게 하려 했다는 설명이 있었으나 다른 한편에서 보면 그것만은 아니다.

얼마 전 미국에서 한국 무속을 학문적으로 연구하는 우리나라의 여성이 다녀갔고 미국에선 심령학이 극도로 발전하고 있다는 이야기며 유리겔라의 신통력은 과연 어떤 것이냐로부터, 상상을 초월하는 힘을 발휘하는 일이 있더니, 요즘에는 국제 샤머니즘 대회에 참가하기 위하여 하와이의 남자 무당 서지킹 박사가 우리나라에 왔었는데 그는 14살 때 신통력을 발휘하여 사람들을 놀라게 한 이후 심령학에 깊이 파고들어 현재는 영혼과 대화를 하며 이상한 병이 든 사람의 영혼을 치료해 치료사란 이름으로 활약하고 부인과 세 아들도 공부를 하여 무당이 되었다고 한다.

그는 "세상의 온갖 사물에 영혼이 없다는 것을 주장하지 못하는 그들이, 보이지 않는다고 믿지 않고 부정하려는 발상은 바르지 못한 것"이라며 지구상엔 또 다른 영혼의 세계가 있고 인간이 죽으면 그곳으로 간다고 했다. 그러면서 자신은 1973년 하와이의 한 벼랑에서 죽은 자들의 영혼과 앞으로 태어날 영혼들과 대화한 경험은 무당 생활 중 가장 감동을 주었던 일로 기억된다고 했다.

그런데 여기서 특기할 점은 이 무속이 우리뿐만 아니라 항문에 반점이 있는 몽골계 민족에게는 다 있다니 무속은 세계에 퍼져 있는 것이며 이것은 지금도 어렴풋이 건재한 것으로 되새겨 볼 문제가 아닌지 하는 것이다. 왜냐하면 새로운 것만으로 제일이라 할 수도 없기 때문이다.

그것은 중국이 5,000년 역사를 자랑해도 지금 발전하는 것을 보며 그렇다고 우리가 5,000년 역사 때문에 "원더풀" 소리를 듣는 일과 무관하지 않다는 것이며 이제 UN에 가입되고 남북이 통일을 향해 화해 무드를 조성하는 이때 우리는 한민족이라는 의미를 어디서 찾을까?

단지 모습이 같고 말이 같아서가 아니라 오랜 문화 관습이 맥을 이어 오고 있다는 때문이 아니라면 무엇일까?

꼭 그것이 필요조건은 아닐지라도 그러나 중요한 충분조건으로 응용될 수는 있지 않을까 하는 것이며 문화에 뿌리가 있다는 말로 바뀔 수 있다는 데 의미를 부여한다.

무당굿을 재현하자는 의미도, 무속이 신앙으로 가치가 있다는 이야기도 아니지만 과학이 풀 수 없는 여러 가지 현상들을 보며, 또 세계 질서의 중심이 될 우리들이라면 다시 한번 되새겨 봄 직한 일이므로 이 무속이 우리의 저력을 돋보이게 하는 원동력이 되지 않을까 하는 생각이다. 과거엔 덮어놓고 미신으로 몰았던 무지를 새로운 발전의 밑거름으로 삼아 우리 것에 대한 이해의 폭을 넓히고자 한다. 그것은 전에 일본 사람들이 우리를 뿌리 없는 민족이라 했던 일을 상기하는 데서이다.

샤머니즘 2(심령학)

무속은 미신이 아니다. 미국에서도 심령학이 있으며, 과학이 아무리 발전해도 영 또는 혼과 대화하는 단계까지는 가지 못했다. 이 같은 현상을 4차원의 세계나 공상 과학의 세계로 몰면서도 상상의 세계에 대한 추구를 멈추지 않는 것을 보아서도 이는 없는 것이 아니라 풀 수 없는 미지의 세계인 것이다.

첨단 과학은 물질을 쪼개고 또 쪼개어 분자가 원자로, 원자가 다시 전자로, 또 전자가 '쿼크'로까지 쪼개져서 물체 구성의 핵을 규명하고, 다시 이것을 합성하고, 변형하는 기술까지도 규명하여 모든 물질을 만들 수 있다고 하지만 인간을 만들지는 못한다. 더욱이 생명이 있는 동식물도 (인자 접종은 할지라도 무에서 유를) 아직은 만들어 내지 못한다.

그것은 왜일까? 아직 기술이 모자라서일까, 아니면 아직도 밝히지 못하는 것이 있어서일까, 다른 것은 몰라도 인간은 정자라는 물질과 난자라는 물질만 있으면 될 것 같아도 이 두 물질의 합성은 되어도 영과 혼이 배제되면 인간이 될 수 없는 것이다. 즉 인간은 물질적 요소에 영혼이 깃들지 않고는 생명이 된다고 할 수 없는 것이다.

과연 영혼은 무엇이며 어디에 존재하며 인간의 사후에는 어디에 존재하느냐는 것은 무한한 정신세계, 신앙세계이기 때문에 천지창조를 규명하려는 어리석음이라 탓할 수 있겠으나 여기서는 가볍게 인간에게는 영혼이 따로 존재한다는 데 귀결을 짓고, 그렇다면 그것을 우리는 어떻게 볼 것이냐 하는 곳으로 가봤으면 한다.

불교에서는 인간관계를 인연으로 규정짓고 있는 것을 안다. A와 B가 결혼하는 것도 인연이요, A가 어떤 일을 하는 것도 인연이라 한다. 그런데 영혼의 세계에서 보면 그것은 영혼의 장난이라 한다.

가령 A라는 사람은 다른 능력은 있는 것 같은데 꼭 장사를 한다. B는 문화 사업을 했으면 좋겠는데 꼭 정치를 하려 한다. C는 웅변술도 좋고 통솔력도 있는데 꼭 교육으로만 치닫는 등 인간사를 파헤치면 하고많은 일이 있는데 그것은 그 사람이 전생에 그 일을 못다 한 어느 영혼의 혼이 붙잡고 있기 때문이라고 해석한다.

그래서 이것은 불교의 인연과는 해석이 다르다. 왜 돈도 안 생기는데 명예가 오르는 것도 아닌데 죽자 하고 그 일을 해야 하나? 하지만 그것은 영적 세계의 장난이기 때문이라 하고 후에 잘못을 후회하는 것을 보면 그것도 자기가 하고 싶은 대로 한 것이라고 할 수는 없는 것이다. 정치학을 한 사람이 문화에 심취되고, 법학을 한 사람이 음악에 심취되고 경제학을 한 사람이 운동에 심취되는 것은, 무엇인가 모르는 세계의 지남철 같은 것이 그를 그렇게 되게 했고 그래서 그는 하는 수 없이 또는 하고 싶어서 했다는 것이 영의 세계를 보는 사람들이 결론지을 수 있는 일이라 한다.

그것은 참으로 이상한 일이며 그러나 어찌 할 수 없는 일면이다. 그렇다고 "그럼 인간이 노력하고 공부하는 것이 다 필요 없겠네"라고 해서도 안 된다. 아무리 그렇더라도 인간은 무엇인가 하려고 노력하는 데서 어떤 결과가 오는 것으로 그렇지 않고는 기대도 안 된다. 다시 말하면 영에는 등급이 있다. 그래서 좋은 등급의 영과 만나야 수준 높은 일에 연결이 될 수 있다. 그래서 노력하지 않으면 그나마도 하등급의 영과 합치되고 결국 밑바닥 인생으로 전락하게 된다는 것이 과연 믿을 만한지도 모른다.

맹모삼천지교를 이해하듯 자신이 좋은 환경 속으로 들어간다는 것은 자신의 노력 여하에 의해서 결정지어지기 때문에 일단 노력하는 데서 좋은 성과도 기대도 가능하다는 데에는 이의가 없다.

문제는 이것을 기원(祈願)과 비교했을 때의 일이다. 1+1=2가 아니라 1+기원+1=좋은 결과라 해석하는 것이 될 것이다. 무속이나 심령학에서는 늘 이 기원이 나오는데 옛날 우리 어머님들의 기원은 그 형식이 미숙하여 일견 미신이요, 일견 허황된 바람같이 느껴지기도 했지만 어떤 어려운 일, 어떤 큰일을 당면해 마음으로부터 솟아나는 기원은 값진 것이라 아니 할 수 없다. 그 형식, 방법이 진전하여 요새는 장소를 교회 또는 성당 아니면 깊은 산속, 법당을 활용해 발전하고는 있으나 형편이 어려운 사람의 냉수 기원도 나쁘다고는 할 수 없다. 아들이 대학입시에 합격하기를 기원하며 교문에 엿을 붙이는 행동이 우스꽝스러울 수도 있지만 합장하고 기원하는 마음이야 나쁘다 할 수 없다. 오히려 그것은 알아서 하겠지 될 대로 되겠지 하는 마음보다는 훨씬 더 낫다고 할 수 있다. 그래도 그때까지 뒷바라지를 열심히 잘했으니 결과는 두고 볼 수밖에 없다고 하는 마음이라면 또 몰라도 애당초 노력도 하지 않고 좋은 결실만 기대하는 사람 측이라면 잘 한다고 할 순 없다.

이렇게 인간은 이따금 기원해야 할 일이 있는데 이것을 심령과 통하는 방법이라 하는 사람도 있다. "지성이면 감천이라"는 우리말도 여기서 의미를 더하며 여성이 임신하는 일, 열 달을 잘 보내는 일, 또 무사히 출산하고 잘 키우는 일에도 "정성 어린 기원적 노력" 같은 것은 겸해야 될 것으로 본다. 그렇다고 잘 안 될 땐 굿을 하라, 무조건 가서 빌라 하는 의미는 아니다.

다만 인간은 그런 믿음, 사랑, 바람의 점철이라 할 때 우리는 놀러 다니는 불쌍한 인간이 아닌 무엇이나 착실히 하는 인간, 성실히 하려는 자세로부터 좋은 결과가 있을 수 있겠다는 면에서 너무 과학, 과학 하다 중요한 세계 하나를 빠뜨리는 일이 없도록 하기 위해 정신세계의 단면을 이야기해 본 것이다.

그런데 여기 재미있는 이야기가 있다. 그건 지리산 마야고의 이야긴데 키는 36척이요, 16척이나 되는 다리를 가졌다는 지리산 정상의 성모사에 있는 마야고의 신상(神像)은 우리나라 애국의 여신이라 불린다. 일성에 의하면 엄천사 스님 법우가 마야고와 사랑에 빠졌다가 딸 여덟을 낳고 이 딸들을 무당으로 키워 인근 여덟 고을에 가서 살게 된다. 그래서 지리산을 우리 샤머니즘의 뿌리라 하는데 우리 고유의 음악인 판소리도 이곳의 산물이며 이곳에 통용되는 "하머"라는 심정 언어는 특이의 정감이 넘치는 말로 남이 어려움을 당할 때 위로할 목적으로 쓰이고 있다 한다.

내 아기의 운수를 내가 만들어 주자, 내 손주의 운명을 좋은 쪽으로 만들어 주자 하는 치맛바람이 신생아의 택일 출산에까지 뻗쳤다. 또 "기왕이면 다홍치마"라고 좋은 날, 좋은 시를 타고 나면 장래가 불을 보듯 평탄하다는 잘못된 생각이 사회를 혼란시키기도 했다.

요즘엔 제왕절개가 유행하니 사주팔자 정해 놓고 낳을 수 있을 것이다 하고 제법 그럴싸한 논리를 형성, "좋은 게 좋은 거지 뭐" 하면, 그게 아니랄 사람도 없다.

그러나 이 무슨 해괴한 발상이며 요행이나 바라는 추태랴. 역학에 몰이해해도 이럴 수가 없고 신의 섭리를 부정해도 정말 이럴 수가 없다. 인간이 잘되고 잘못되는 것이 다 자신의 노력에 근거하고 있거늘 어찌 그런 생각으로 신생아의 장래에 먹칠하려는 것인지 어이가 없다.

출산을 비유하는 말로 밤 이야기가 있다. 밤나무에 밤이 열렸는데 가을이 만추하여 익으니 밤송이가 벌어진다. 그러면 밤이 떨어질 것 같지만 떨어지지 않는다. 그래서 밤이 언제 떨어질 것인가 지켜보니 완숙하여 떨어지고 싶을 때 떨어진다는 것을 알았다.

물론 바람이 몹시 불거나 장대로 두들기면 떨어지기는 하겠지만 그건 맛이 없거나, 설익은 것, 쭉정이들이고 제대로 익어 떨어질 때의 밤이 최고로 잘 익고 맛이 있다.

인간은 안 그럴까? 인간도 자기가 나오고 싶을 때 나와야 제대로 되는 것, 이때의 일(日), 시(時)가 자기의 사주인데 이것을 자작했다면 이 신생아는 태어날 때부터 조작으로 꾸며지는 인생이 되는 것이나 아닌지?

또 운명은 운수와 명수로 구분되고 하나는 타고나는 것, 다른 하나는 태어난 후에 자신이 만드는 것이라 해석하는데 후천적 노력이 배제된 선천적인 것이 아무리 좋아도 좋은 결과를 맺지 못한다고 경험 있는 분들은 말한다. "어찌 인공으로 운명을 좌지우지하려는지 알 수 없다"고!

하기야 돈만 많으면 행복하다는 잘못된 풍조가 잠시 일기는 했지만 돈 때문에 불행해진 여러 결과를 보며 이 조작이 거꾸로 잘못되지나 않을까 하는 우려마저 생기게 하는 일면도 없지는 않다.

그것이 고학력일수록 더 극성이며 의사님들도 난센스인 줄 알면서도 원하니까 해주었을 뿐이라 하는데 실제는 여러 사람들이 몰리다 보니 자신이 바라는 시간이 아닌 엉뚱한 시간에 수술하는 일이 다반사라고 한다. 그렇다면 오히려 나쁜 운수를 억지로 만들 수도 있다는 것이며 이런 일 때문에 아기는 모유를 못 먹고 수술 때문에 모체에 있는 마지막 순간을 "악" 하는 비명과 함께 도망치려는 긴박한 상태로 탄생의 순간을 맞았다면 얼마나 나쁜 엄마로 기록됐을는지 택일이고 뭐고 재고해야 하지 않을까 한다.

실제로 바람직하기는 진통을 줄이며 자연분만을 하도록 힘써 건강한 출산, 순리의 출산으로 장차 탈 없는 육아에 매진할 수 있게 하는 것이라 생각한다.

예부터 망령된 일은 망령된 결과를 낳는다 했고 이런 결과는 다스리기도 힘들다 했으니 올바른 지혜에 접근하길 바란다.

이국의 심령과학 어디까지

　과학, 의학 등의 분야에 첨단 기술이 개발되고 군사 분야에도 첨단 무기가 동원된다는 미국, 20세기 후반기는 세계를 통솔할 만큼 힘과 능력이 있다는 미국에서 몇 년 전 있었던 심령과학 이야기가 있다.

　그것은 극비리에 진행된 국방성의 지령으로 "태평양 어느 깊은 곳에 소련의 비밀 잠수함이 있으니 찾아라" 하는 것이었다. 이 명령을 받은 한 고위 관리는 즉각 명을 내려 잠수함을 찾도록 지시했으나 온갖 첨단 과학 장비를 다 동원했는데도 1주일이 넘게 감감 무소식이었다. 이 명령은 즉각 보고되어야 했고 임무 수행은 한 치의 차질이 있어서도 안 될 중대한 일이어서 밤잠을 설치면서도 잠수함 찾는 일에 온 힘을 기울여야 했다. 그러나 허사였다. 어떻게 이럴 수가 있단 말인가? 이 일을 맡은 책임자는 노심초사했다. 내일 모레까지 임무가 수행되지 않으면 자신은 옷을 벗어야 될 상황이었다. 그러니 어찌하면 좋단 말인가? 천길 물속의 일도 다 알 수 있다던 미국의 과학이 이렇게도 무참히 짓밟힐 수 있단 말인가. 하지만 방법이 없었다. 이젠 하는 수가 없다. 내일 자신은 사표를 제출할 수밖에 없다며 퇴근하여 친한 친구를 만나 마지막 자신의 입장을 피력해 볼 수밖에 없다 싶어 푸념을 하려는데, 이 친구가 먼저 자네 얼굴이 왜 이래 하며 자신의 초췌한 모습에 염려를 해오므로 이 사실을 말했다. 그랬더니 친구가 하는 말, 기왕에 엎질러진 일, 이러나저러나 30년 이상 잘 수행해 온 자네가 이렇게 종지부를 찍어서야 되겠는가 하며 마지막 가는 길이라면 이런 방법 한번 써보면 어떨까 하고 유명한 심령과학 이야기를 했다. 그러나 처음엔 이것이 최소한 미 국방성의 일이며 극비지령인데 심령과학에 의지할 수는 없지 않겠는가고 회의적이었다가 그래도 자멸하는 것보다는 낫지 않겠나 하는 권유도 있고 해서 가능성이라도 포촉해 보자는 생각이 들어 혹시나 하고 유명하다는 점쟁이(fortune teller)에게 갔다. 시간도 급하지만 기밀 엄수가 막중한 일이라 먼저 조건으로 절대 비밀을 약속하고 성공하든 실패하든 이 일은 누설되어서는 안 될 것을 굳게 다짐받았다. 대신 성공하면 엄청난 보상을 하기로 약속하고 심령과학의 힘으로 태평양상의 소련 잠수함을 찾기로 했다. 점쟁이는 10분간을 요청하고 무언가를 외우는 듯 영을 부르는 듯 정신집중을 하더니 "이윽고 찾았습니다" 하며 "북위 몇 도, 경도 몇 도, 수심 몇백 미터 깊이를 수색해 보십시오"라고 했다. "그래요? 믿을 수 있을까요?" "네! 틀림없을 겁니다." "시간이 급합니다"라고 했다. 둘은 다음날을 기약하고 헤어졌다. 국방성 고위관리는 즉각 근무지로 가서 비밀요원을 모집하고 극비리에 행동을 하기로 하고 항공기, 군함 그리고 첨단장비를 총동원하여 그 지점으로 급파했다. 얼마 안 있어 소련의 비밀 잠수함은 발견되었고 국방성에 보고됐다.

　이 이야기는 여기서 그치지만 후에 예언자에게는 특별 상금이 전달되고 이 관리는 살아남을 수 있었지만 결국 비밀이 새어 법정에 서는 몸이 됐다. 이 사실이 곧바로 신문, 잡지에 실리고 그래서 우리도 알게 되었지만, 미국의 국방성에서 어떻게 예언자의 점괘(이것을 심령과학이라 하지만)에 의해 움직일 수 있느냐는 것이 제소된 문제의 초점이었다.

그러나 다시 살펴보자. 미국 전 대통령이었던 레이건(Reagun)의 부인 낸시 여사도 대통령의 원거리 여행 시는 꼭 유명한 심령학자의 점괘에 의해 가도 된다, 안 된다를 결정했었다고 한다. 과연 심령학은 어디까지 와 있는 것일까?

어떤 사람은 형이상학이다, 주술이다 하기도 하고 또 어떤 사람은 극치의 염력이라고도 한다. 또는 영의 세계는 보이지 않는 정신의 세계라 하기도 한다. 이 어려운 문제를 종교의 주장과 연결시키기도 수월치 않지만 여하튼 최첨단 과학의 세계에서도 무시하지 못하는 것이 영의 세계요, 인간이 상당히 접근하는 것 같으면서도 아무도 접근하지 못하는 4차원의 세계라는 것이 현재까지 풀려진 과학 하는 사람들의 해석이다. 유리겔라 같은 사람은 일종의 텔레파시를 이용하는 것이라 하고 정신통일을 하면 염력이 그 세계에 도달할 수 있다고 하나 수천 년을 내려오면서도 완전히 풀지 못하고 있는 무형의 세계임에는 틀림없다.

그런데 이와 비슷한 것이 모자와의 관계에서도 나온다. 1권에서 잠깐 지적했던 일이 있거니와 친모자와의 관계에서 수수께끼 같은 이야기가 있다.

배 안에서는 탯줄로 이어져 태아는 엄마와 같이 숨쉬고, 먹고, 생각하고, 느끼게 되지만 태어나서 탯줄이 잘렸다고 둘이는 관계가 끊어지는 것이냐 하는 어려운 질문을 받고 이것을 해석하기 위해 여러 문제와 연결하고 문제의 초점을 집약해 보니 출산 후에 아기는 엄마와 어떤 기운으로 연결되어 있음과 서로는 멀리 떨어져도 모자의 관계는 이어지고 있다는 것이 결과론으로 입증됨을 간과할 수 없다.

미국의 동물과학 실험소에서 벌어진 어미 거북의 뇌파검사에서 나타났듯이 만 리나 떨어진 태평양 상에서 자기 새끼가 죽임을 당하고 있기로서니 실험대 위에서 뇌파가 갑자기 뛰더라는 보고서나, 우리나라 강원도 어느 지방의 계모가 자기 친자식은 건넌방에 재우고 전처 자식을 안고 자는데 엄마의 기운이 건넌방에서 자는 자기 아들에게 전달되더라는 이야기도 있다.

또 모유라도 친엄마의 모유가 아닐진대 유모의 젖은 자기 집에 있는 자식에게 젖기운이 날아가고, 돈을 받고 먹이는 아이에게 주어지는 것은 아니더라는 이야기에서, 아기와 엄마와의 관계는 특별한 관계라는 점에서 음미할 거리가 된다.

요즘 세태가 너무나 현실 위주, 과학 위주로 흐르다 보니 원인 모를 어떤 일에 접하고는 속상해하고 "얘가 왜 이러는지 모르겠다"고 무턱대고 아이를 나무라는 엄마들을 보게 되는데 이런 일도 좀 깊이 알고 나면 "원인 없는 결과는 없다"는 데 공감이 간다.

많은 부문에서 아기의 일거수일투족은 거의가 다 엄마에게서 받은 영향과 그것이 잘못됐을 때 나타나는 현상으로, 엄마가 전해준 것과 현재의 그것이 맞지 않는 환경이나 신체적 컨디션에 의해 일어난다. 이것은 모자간의 관계라는 점에서 심층 논의의 대상이 된다.

자라면서는 교육의 영향이나 변하는 환경에 적응하려는 노력으로 어느 정도는 달라질 수도 있겠지만 최소한 엄마 품에서 자라나고 있는 동안의 아기의 행동은 순수한 엄마로부터의 것이라 할 수 있다.

인간은 생각하는 동물이다. 사물을 분석하고 규명도 한다. 이젠 구시대적인 막연한 생각으로만 할 것이 아니라 머리로 판단하고 분별 있는 행동을 하는 시대이므로 이런 것도 다시금 생각해 보면 어떨까 한다.

우리가 미신, 비과학으로 여겼던 영의 문제가 미국에서 왕성해져 심령학으로 발전해 가는 것을 보고 우리도 문화 국민이라면 무엇을 느끼게 되는지 모른다. 그렇다면 무엇이 그 연결의 고리일까? 이것을 정신분석학에서 찾아보나? 아니면 심리학·유전공학 같은 데서 찾을 수 있을까? 아니다. 이것은 이것들을 합친 것에서 표현할 수 있는 동양의 기(氣) 혹은 혼, 영이라는 데서만 이야기해 낼 수 있는 것이지 서구의 과학으로는 떼어서 말하기 힘든 부분이라 할 수 있다.

우리는 인간의 건강을 이야기할 때도 심신(心身)이 건강해야 한다고 몸과 마음을 꼭 합친다. 그러나 이것이 잘못된 표현이라 말할 수는 없다. 시신(屍身)을 놓고도 꼭 혼백(魂魄)이라고 표현하는데 몸이 죽었다고 영(靈)과 혼(魂)이 죽었다고 하지 않는다. 그것이 염라대왕 앞으로 불려 가는지 또는 천당과 지옥으로 가는지는 종교적 표현일지는 몰라도 영의 문제, 혼의 문제를 무시하고는 살지 못하는 것이 오랜 인간의 생과 사의 문화다.

이런 문화 속에서 살고 있으면서도 때로는 무신론, 무혼론을 주장해 보기도 하지만 영생을 믿든 안 믿든 종교의 가치나 신념이 있는 한 우리는 모자와의 관계에서 모자는 출생 후에도 끈이 연결되어 있다는 것을 부정하지 못한다.

그래서 모자의 관계는 중요하고 자기 거울이며 영생이기 때문에

"자식이 훌륭하면 엄마에게 칭찬이", 잘못하면 "그 어미에 그 자식"
하는 것이 아닌가 싶다.

모쪼록 칭찬받는 엄마가 되기 위하여 지식을 넓히자.

그 외국여성은 갠가

대리모 이야기가 법정으로까지 비화하더니 이번에는 자기 장모의 몸에 자기 씨를 넣어서 아기를 얻으려는 미국의 소식이 들어와 화제를 일으키고 있다.

임신을 할 수 없으면 남의 애라도 데려다 키울 것이지 이 무슨 해괴한 일을 하는가? 딸과 사위의 것을 시험관에서 수정시켜 장모의 자궁에서 키우다니! 우리 동양에선 이렇게 한다면 개나 하는 짓이라고 비웃었을 텐데. 좌우당간 미국의 어떤 부부가 고민하다 못해 끄집어낸 아이디어라며 지금 출산을 앞두고 있다니 두고 볼 이야깃거리다.

이 기사를 읽은 모 신문사 기자는 '오이디푸스 콤플렉스'까지 들먹이며 아기가 출산했을 때의 촌수를 따져보았다. "아이 쪽에서 보면 그를 출산한 여인은 엄마이면서 외할머니가 될 것이고 부를 때는 엄마할머니라고 불러야 하는지 의문을 제기하고 또 엄격히 따지면 엄마는 누나이면서 엄마이고, 아빠는 매부이면서 아빠"도 된다. 또 할머니 입장에서 보면 사위이면서 남편도 되고 그 애는 손자이면서 자식도 되고, 엄마 입장에서는 아들이면서 동생이고 아빠 입장에서는 아들이면서 처남이 되니 앞으로 이 아기의 혈연관계(질서)는 큰 혼란이 일어나든지 구구한 설명이 첨가되어야 할 것 같다는 표현이다.

이것은 무질서의 표본이요, 우생학적 측면에서도 제2세 탄생 때 문제가 야기될 수 있으며 전통적 가족 관계를 무너뜨리는 추잡한 행위로 낙인찍어 마땅하다 할 것이다.

물론 오이디푸스 왕은 기구한 운명을 모르고 저지른 일로 결국 자기 자신의 눈을 찌르고 울부짖으며 정신이 이상해지는 인간의 혈연관계, 즉 바르지 않으면 그것 때문에 정신적 심리적 병이 되는 것을 묘사하고 있지만 이제는 과학의 발달 과정의 시험 도구로 신의 경지에 도전하려는 그릇된 실험 등은 제동이 걸려야 하지 않을까 생각한다.

그러지 않아도 세계는 하나요, 이웃이요, 문화 정보 교류가 활발해 국제화로 치닫는 차제에 이 일이 자칫 잘못 발전하면 인간이 개와 뭐 다를 것이 있을까? 개는 어미와 새끼가 붙어도 나무라는 사람이 없다. 그래서 우리는 만물의 영장이라고 자부하고 있다. 그런데 외국 관광 여행 갔다가 생긴 어떤 일, 또 어떤 결손 가정의 성문란이 만든 결과가 많은 범죄와 연결되고 옳은 가정을 침범하여 폭력하는 일들에서 원인의 원인을 캐고 보면 이런 것이 나타나고 있는 것을 보게 되므로 남의 일이라고 무심히 넘겨도 되는 것인지 염려스럽다.

그러나 우리는 5천 년의 역사를 가진 훌륭한 문화유산이 있어 다행이라 할 수 있고 그래서 행복한 것이구나 하게 된다.

우리의 생활 방식은 그간에도 많은 변화를 가져왔다. 물건을 사는 데도 돈 대신 카드가 등장하고, 카드는 필요할 때 사고 싶은 것 무엇이나 가맹점에서는 구입이 가능하게끔 되어 많이 편해졌다.

그런데 지난 추석 때만 해도 그 구입 방식을 보면 왜 한꺼번에 몰리는지 알다가도 모를 일이라는 분들이 있다. 돈이 없으니 보너스를 타야 쓸 사람들도 아니다. 추석 전날이래야 물품이 구비되는 시절도 아니다. 슈퍼나 백화점이나 그 외 모든 점포에 물건들의 구색을 갖추어놓고 손님 맞을 준비를 해놓고 있어도 그날에 임박해서야 고객이 몰리는 바람에 서비스를 잘하려야 할 수도 없고 잘못된 물건이 전달되어도 교환해 주기가 어려운 때, 너무 바빠 눈코 뜰 새 없이 모여드니 업자로서는 즐거운 비명일 수는 있으나 손님들은 좋은 대접을 받을 수 없는데도 거의 같은 시간들을 이용해 마치 약속이나 한 듯 새 떼같이 몰리는 것은 아무래도 좋은 현상이라고는 할 수 없다.

아무래도 사야 되고 준비할 것인데 하루나 이틀 전쯤 시간을 내서 미리 오면 친절하고 좋은 물건을 골라 살 수 있고 또 무거우면 배달까지 해주니 좋은데 참 알 수 없는 일이라고 하면서 민족성까지 운운할 지경이다.

어느 분은 그날이라야 서비스 용품이 나온다고 하지만 실제로는 그 이전에 서비스 용품을 나누어주지, 팔 물건을 진열할 자리도 없는데 어떻게 서비스 용품을 줄 수 있겠느냐는 말도 있다.

또 기왕에 민족성 이야기가 나왔으니 말이지 우리 민족성은 원래 팔자걸음을 걷던 민족성에 비유한다면 여유 있고 느릴 수는 있으되 그렇게 아귀다툼식의 생활을 좋아하지는 않았다. 그러나 현대는 시대가 달라서 그렇게는 살 수 없다고 젊은 분들은 말한다지만 실제로 시간을 아껴 효과적으로 이용하는 사람이나 물건을 잘못 구입해서 오는 스트레스 등을 생각하면 어느 편이 더 나을 것인가는 알 일이다.

그럼에도 불구하고 몰려 아우성치며 계산하느라 몇십 분씩 낭비하고 집에 와서는 남들이나 평하고 하는 것을 보면 신시대를 잘못 가고 있는 거나 아닌지 하는 생각이며, 여러분만은 앞으로 자신의 품위를 위해 시간을 잘 활용하는, 정신적·심리적 안정된 생활로 지혜로운 삶의 주인이 되길 빈다.

아무리 바빠도 5분 먼저 가려던 사람이 사고 나는 교통지옥의 여러 상황, 시간 맞추랴 허덕이다 오히려 시간을 못 맞추는 경우를 보며 미리 준비해 놓고 여유 있게 시간을 활용한다면 얼마나 좋겠는가를 생각할 때, 이건 작은 행동거지에 관한 이야기가 될지 모르지만 새 생활 운동의 일환으로, 또 태교를 열심히 한 분들에게 살짝 들려줄 이야기라고 느껴 적은 것이니 일등 주부로의 길로 매진하시길 바란다.

‘그랜저’를 타고 와 배추 3포기를 사 가지고 가는 사람 꼴도 꼴불견이려니와 1천만 원짜리, 5백만 원짜리 상품권을 가지고 와 비밀리에 상품을 구입하는 사회상도 아름답다고 할 수 없다는 것이 지난 추석의 우리나라 풍경이었다.

완벽한 남편과 불완전한 남편

우리는 어떤 남성을 완벽하다 하고 또 어떤 남편을 불완전하다고 할까?

모든 여성이 바라기는 자기 남편이 완벽하기를 바라겠지만 실제로 완벽하다는 기준을 설정하기란 그리 쉬운 것이 아닐 성싶다.

어느 성공한 사장님의 부인이 회사 일에 열중하는 남편을 보고 "당신은 회사 일에는 완벽할지 모르지만 나에게는 그렇지 못해요"라고 했고, 또 어느 연구가의 부인이 "당신은 돈을 벌지는 못해도 연구는 훌륭해요"라고 했다면 어느 쪽이 완전한 남성이 되는 걸까? 또 어느 남성이 국회의원 출마 실패로 놀면서도 부인에게 늘 미안해하고 "난 부족한 남편이요, 가장 노릇도 제대로 못하니까!" 하면 부인은 "아직 용기를 잃지 마세요!" 하고 격려를 했다면 그 남편은 완벽한가, 불완전한가?

인간은 늘 불완전한 것을 완전으로 이루어가기 위해 노력한다. 생활하며 걱정이 없으면 죽은 것과 같은 것이라 한다. 부족을 메우면 새로운 부족이 생기고 한 가지에 열을 쏟다 보면 다른 한 가지엔 소홀해지는 것, 이래서 두 가지를 다 완성으로 이끄는 완벽한 사람은 사실상 불가능하다고 본다.

그런데 우리는 늘 부족한 면에 신경이 쓰이고 그것을 꼬집다 보면 더욱더 상대방이 밉게 보이기도 하니 지혜롭게 판단하고 현명하게 대처하는 노력만이 불완전을 완전으로 이끄는 것이 되지 않을까 싶다.

불완전한 남편도 부인의 현숙한 내조가 있으면 완전한 쪽으로 가고 완벽한 남편도 부인과의 사이가 나빠지면 완벽이 깨지는 것을 흔히 본다. 부부란 이런 것을 좋은 방향으로 이끌 때만 행복이 지탱된다고 볼 때 우리는 운행의 기술사가 되어야 하지 않을는지……

혼수목록에 태교책 하나

요즘 혼수 목록을 보면 기본적인 가구, 침구, 식기를 제외하고도 TV, 냉장고 등 많은 가전제품과 요리기구 그리고 생활편의 도구들을 있는 대로 장만하는 사람들이 늘어가다가 요즘은 새로운 지혜로 재봉틀이 혼수품으로 끼게 되고 보석도 '이미테이션'으로 한다는 이야기가 나와 긍정적인 반응을 일으키고 있다.

시댁에 대한 예단도 꼭 해야 될 분 아니고는 생략한다든지 아니면 아예 그 준비금을 장래를 위한 적립금으로 한다는 생활개선 움직임이 있어 우리도 정신이 바로 드는 것을 엿보게 한다.

원래 이 혼수란 최소한의 필요 물건을 준비한다는 의미였다.『명심보감』에 수록된 수(隨)나라 학자인 왕 씨의 이야기를 보면 "혼인에 재물을 논하는 것은 오랑캐나 하는 일이다"라는 대목도 있다.

결혼이란 앞날의 새 세대가 부모, 친지들 앞에서 같이 살 것을 서약하고 새로운 생활 설계를 한다는 의미인데 많은 예물로 인사를 드리지 않으면 부족한 인간이 된다는 법도는 언제부터 형성된 어느 나라 예법

인지를 의심케 할 정도로 우리 사회를 부패시킨 것도 사실이다.

오히려 "우리 앞날 설계는 이런 방식으로 할 예정입니다"라며 "생활 지침이 되고 덕목이나 지혜의 책들을 장만했습니다" 하는 모습을 보이는 것이 장래를 걱정하는 부모님께 안심시켜 드리는 효도의 한 방법이 아니냐고 할 수 있겠다. 그렇다고 의상이나 가구를 선전하는 물질문명에 찌든 것이 아닌 부모님 모시는 도리나, 아기를 갖게 되면, 또 낳으면 어떻게 할 것이냐에 대한 지혜를 적은 책 등이 될 것이다. 이것도 공연히 화려하게 만든 것이 아닌 값이 저렴하고도 내용이 충실한 전문서적을 고르는 지혜 말이다.

『명심보감』 입교훈에 보면 "책을 읽는 것이 집안을 일으키는 근본이다"라 했고 안중근 의사가 남긴 "하루라도 책을 읽지 않으면 입 안에 바늘이 돋는다"라는 말이 우리 사회 곳곳에 새겨져 있는 것을 보며 우리도 이제는 허세나 유행 등 물질문명의 노예가 되기보다는 물질의 지배자로서의 위치 구축이 필요한 시대라 하고 싶다.

필요한 혼수, 필요한 예물을 탓하는 것이 아니라 이것 때문에 비정한 물의가 일어남을 보고 이런 것을 좋은 쪽으로 돌렸으면 하는 생각에서다. 혼수는 많을수록 좋다가 아니라 필요한 어떤 것을 준비했느냐고 할 때 그들은 앞날을 어떻게 설계할 것이라는 포부를 읽게 되고 그러므로 부모님들은 그들을 좋은 길로 인도하는 길잡이 역할을 하게 될 것이다. 결혼하면 핵가족이 되고 그렇게 되면 부모 자식이 이산가족이 된 듯이 멀어져 인생을 포기하는 부모님들을 위해서도 뭔가 옳은 방향 설정이 필요할 것이다.

결혼은 인륜지대사(人倫之大事) 중에서도 중요한 행사로 생의한 전환점이 되는 큰 행사라 해서 결혼을 앞둔 여성들의 혼수 또한 소홀히 하지 않는다. 그것의 많고 적음이나 비싼 것, 싼 것은 문제되지 않으며 좋고 나쁜 것도 크게 문제되지 않음은 이 문제 때문에 일어나는 불상사를 보며 오히려 이것을 예절이 아니라 생활과학으로 연결하며 보다 나은 삶을 위한 지혜로 개선했으면 한다. 기왕에 결혼이 장래를 위한 첫출발이고 새 생활의 설계라면 우리는 그런 쪽의 도움말이나 도움되는 서적을 몇 권쯤 준비하는 것도 의미 있는 일일 것이다.

그중에는 태교책이 꼭 들어가야 한다. 그것은 지난 일을 돌이켜보면 참고가 될 만한 서적은 없고 무엇을 어떻게 해야 좋은지 몰라 동네방네 떠도는 이야기나 구전된 태교를 잘못 알아 잘못했던 일을 되새기며 이제는 전문화된 책으로 필요한 순간을 위해 준비하는 자세도 갖춰야 하겠다.

얼마 전만 해도 별것 없으니 "나중에 사지 뭐" 한다든가 어떤 것이 좋은 것인지 모르니 적당히 필요할 때 구입하겠다는 식의 의견을 갖고 있었겠으나 사후에 잘못을 느끼고 후회하는 일이 없게 하기 위해 시기별, 단계별로 자세히 그리고 현대에 맞게 쓰인 전문서적이 있으니 고르는 지혜를 갖는다면 미리미리 구하는 자세야말로 자기 행복을 설계하는 규수로서의 훌륭한 자세라 할 수 있다.

물건은 언제나 필요하면 사고 또 유행이 자꾸 바뀌고 있으니 당장 필요한 몇 가지면 되지만 지식, 지혜, 지침서로 여겨지는 서적은 다음에라는 말이 맞지 않는다.

필요 이전에 알았다가 필요할 때 사용할 수 있어야지 급한 일을 만났을 때 뒤적거리다가는 "배 떠난 뒤 손 흔드는 격"이 되기 쉬우니 미리 준비하는 습관을 익혀 두자(이 글을 쓰는 동안에도 "저는 임신 6개월인데, 4개월인데, 또 어떤 분은 8개월인데요, 어쩌면 좋아요!"

하면서 안타까워한다). 제발 그러지들 말고 미리미리 준비하자.

또 이런 책은 값으로도 그리 부담이 가지 않고 부피도 걱정이 안 되며 미리 알아 둬야 될 부분, 실제로 행동으로 옮길 때 필요한 부분, 또 차츰 익혀 쓸 수 있는 부분들로 나뉘어져 돈이 있으면 사고 없으면 안 사도 되는 것이 아니다.

그뿐 아니라 거기서 얻는 값은 돈으로 환산할 수 없을 만큼 큰 것, 가령 몇천 원으로 천만 원의 가치나 그 이상의 가치를 낼 수 있다는 데 의미가 있다. 이자는 그렇게 되지 않는다.

모쪼록 행복을 위한 준비로 혼수에 태교책 한 권만은 꼭 넣는 풍습이 정착되길 바라며 부모님이 준비하든 친구에게 선물로 하든 서로를 위하는 마음이 진정으로 표현되는 중요한 일이 될 것이다. 그러나 겉볼안으로서가 아닌 값의 고하 간에 내용에 충실한 전문 서적을 고르는 일이 더 중요하다 할 것이다.

왜 한 달도 안 된 아기를 데리고 다니나

    요즘 길을 가다 보면 아주 어린 신생아를 포대기에 싸서 안거나 업고 다니는 산모들을 목격한다. 그들은 꼭 볼 일이 있어서라고 할지 모르겠지만 아무리 시대가 변하고, 포대기가 잘 만들어졌다고 해도 한 달도 안 된 어린 아기를 데리고 바깥출입을 하는 것은 그리 잘하는 일이 아니다.

    얼마 전 유태인들의 육아에 대한 글을 보다가 역시 하고 느낀 것이 있는데 유태인들도 1년 이하의 아기를 데리고 바깥출입하는 것을 보면 옆에 가는 사람들이 눈을 흘긴다고 한다.

    그게 뭐 큰 잘못이겠느냐고 할지 모르지만 아기는 아기다. 아무리 건강이 좋고 자신 있다 해도 오염된 공기, 햇빛, 소음, 굉음, 충격 등 아무것도 좋을 것이 없다는 것이며, 일찍 이런 것에 익숙해지지 않아도 되며, 자칫 잘못한 것이 한평생 지우지 못할 어떤 나쁜 원인이라도 되지 않게 하기 위해 이런 일은 삼가는 것이 더 좋다 한다.

    "병원에 가야 하겠기에" 하는 사람이라도 가급적 이런 일은 피하는 지혜를 습득하여 인근 병원을 이용하든지 아니면 특별한 이유 없이 병원에 자주 데리고 가는 것도 바람직하지 않다.

이러다가 잘못된 원인들을 보면 아기가 피로해져 괴로움을 당하거나 그렇지 않으면 체하거나 토하게 되고 감기 등 바이러스에 접할 확률 혹은 세균의 감염을 우려해 아기를 들여다본다고 한다. 직사광선에 얼굴을 노출시킬 위험 등 여러 가지 저해 요인이 있다.

그러므로 꼭 필요한 외출이 있으면 이웃집에 맡기고 다니든지 아니면 그렇지 않을 만반의 태세를 갖춘 후에 잠깐 데리고 나가야 하는데 그러기가 쉽지 않다는 것이다.

그렇다고 아기가 질식할 정도로 꼭꼭 싸서 데리고 다닐 수도 없고 택시를 탄다고 해서 안전하다고 볼 수도 없다. 또 차를 타고 내려야 하며 기다리는 문제며 소지품을 챙기느라 딴 데 정신 파는 일, 차가 갑자기 정지할 때의 일 등 많은 문제가 있어 가급적이면 신생아는 데리고 다니지 않는 것이 최고라는 것이다.

모처럼 해야 되는 어쩔 수 없는 일의 경우라도 포대기나 띠로 쌌으니 하고 안심하지 말고 목과 허리를 조심하며 엄마 가슴으로 안고 다니는 것보다 더 좋은 방법은 없으니 어떤 방법이 좋을까를 세심히 고려해야 되지 않겠나 한다.

많은 방법이 있겠지만 일단 신생아 외출에는 신경을 각별히 쓸 것을 원칙으로 하자.

물에 대하여 1

　금수강산 삼천리에 물의 축복을 받은 나라 하면 으레 우리가 손꼽
혔다. 그러나 공업화, 현대화되어 가는 과정에서 우리는 썩은 물, 오
염된 물에 직면하여 건강에 위협을 받고 있다.

　한강, 낙동강, 금강 할 것 없이 중금속으로 오염이 심각해질 뿐 아
니라 식수까지도 염려를 하게 되니 일반인은 물론이요, 아기를 출산
할 산모는 더없는 걱정들을 하게 되고 맑은 물, 좋은 물을 찾으려 애
를 쓴다.

　그래서 그간 미네랄워터, 퓨어워터 하며 순수한 물장수가 나오더
니 요즘은 생수, 약수 하며 오염되지 않은 물을 찾는다. 그뿐 아니라
집에서는 수도꼭지에 정수기를 달고 조금이라도 위험을 막아 보려
애들을 쓴다.

　그러나 새로운 실험보고를 보면 정수기에 바이러스가 생겨 정수기
를 거쳐 나온 물이 오히려 더 나쁘다 하며 세균은 수돗물의 몇백 배
가 발견됐다 하니 어떻게 하면 되나? 보건복지부나 소비자 연맹 조사

에 의하면 이런 물은 중금속이나 세제는 제거됐지만 실제로 철, 망간, 칼륨은 40~90%까지 제거되고 잔류 염소는 100% 제거됐고, 미네랄 등을 모두 제거해 버려 우리 몸엔 하등 이롭지 못한 것이라고 보고됐다. 특히 정수기를 통해 잔류 연소를 완전 제거하는 것은 소독약 냄새를 없애는 효과는 있을지 몰라도 이로 인해 미생물의 번식을 촉진하게 되어 오히려 해가 된다고도 했다.

때문에 철, 망간이 과다 함유된 특정 지역에서 수돗물의 정수는 괜찮을 수는 있어도 제한적인 것이고, 그렇더라도 필터의 적기 교체나 저수조의 철저한 위생관리 때만 약간의 의미가 있다고 했다.

그 이유를 다시 설명하면,

① 대부분의 필터가 당초부터 일반 세균에는 완전한 여과기능이 없다.

② 잔류 염소가 완전 제거되어 소독기능을 상실한다.

③ 과망간산, 칼륨은 완전 여과하지 못해 일반 세균의 먹이가 되는 유기물이 남아 있어 문제를 일으킨다.

④ 정수기의 내부가 직접 온도를 유지하므로 미생물 번식에 좋은 조건을 제공한다.

⑤ 또 일반 세균의 증가는 오염의 지표가 될 뿐 아니라 병의 원인 세균이 증식될 가능성까지 있어 위해의 우려가 있다.

이러니 우리는 어찌해야 되나. 산수(山水)는 좋지만 유황, 인, 철분 등의 함유가 다르므로 자신에게 맞는 것 안 맞는 것이 있고 시중판매 생수란 대장균이 우글거린다고 보고되고 순수한 물이란 아기를 병에 약한 체질로 만든다니 그저 수돗물을 하루 밤쯤 재우거나 나쁜 냄새가 없을 때 식수로 이용하거나 하는 생활의 지혜를 발휘해야 되겠다.

　물은 우리 몸의 2/3를 차지하며 땀도, 피도, 눈물도, 호르몬도 다 물이 재료다.

　상수원을 파괴하는 행위, 상수원을 오염시키는 행위가 사라지지 않는 한 또 정화시설을 확충하지 않는 한 어찌해야 할 것인가? 그러나 현실을 저버릴 수 없으니 현실에 적응할 지혜에 접근하는 것 외에 더 좋은 방법은 없는 것 같다.

물에 대하여 2

식수오염 문제가 심각해지다 보니 우리는 물 문제에 적지 않은 신경을 쓰게 된다. 아침 일찍 일어나 약수터로 달리기도 하고, 수도꼭지에 장치를 해 보기도 하며 시판되는 생수를 사먹는 데까지에 이르렀다.

그러나 어떤 물을 어떻게 마시는 것이 과학적이며 건강에 탈이 없겠느냐고 고심하게 되어 분자 구조로는 6각형 물이 최고라느니 시판되는 물에서도 세균이 엄청나게 발견됐다느니 하는 보도가 연일 지상으로 발표되고 보니 화려한 금수강산의 자랑이었던 맑은 물, 맑은 하늘이 왜 이리됐는가 하며 오염된 물을 생각하면 답답하게 된다. 그래서 전에는 어떠했는가를 살펴보니 예전에는 중수, 경수 하며 물을 무게로 감식하고 마셨다. 그뿐 아니라 모양으로 판독하여 둥근 물은 술 담그는 데 쓰고 모난 물은 약 달이는 데 썼다 한다.

또 지역적으로 서울 사람들은 인왕산에서 흐르는 물을 백호수라 이름 짓고, 북악산 옆 삼청동 물을 청룡수라 하고, 남산에서 나오는 물을 주작수라 하여, 장 담그는 데는 청룡수다, 머리 감는 데는 주작수, 술

빚는 데는 백호수가 좋다는 식으로 물도 골라 쓸 정도였다 한다.

그래서 이런 물을 길어다 배달하는 물장수가 있었고 이들은 물을 길어 팔 때 속임수를 쓰지 않고 그곳 물은 누구의 권리, 저곳 물은 누구의 권리 하여 세도 있는 집안과 연줄을 대고 물장수를 했다는 기록도 있다.

그러나 요즘 생수라 해서 시판되는 물은 그런 물이 아니라 지하수를 뽑아 올려 병에 담은 것으로 얼핏 보면 무공해의 맑은 물로 좋겠다는 생각이 들지만 실제는 수요가 늘다 보니 수량 부족이 생겨 다른 물도 배달되고 이것을 분석해 보니 균이 득실거린다는 소식이 자꾸 나와 시(市)와 보건복지부에서도 내년부터 공식허가를 주어 철저히 하겠다고 했다가 다시 반복하며 이것도 보장이 안 되니까 시민의 건강을 위해 보류하겠다는 발표를 되풀이하는 것으로 보아 임산부는 특히 지혜를 발휘해야 할 것 같다.

수돗물은 정부에서 국민 건강을 위해 열심히 하는 것이니 기본적으로는 수돗물을 마시되 냄새가 나거나 할 때는 피하며 색이 뿌옇게 되었을 때에는 약품의 과잉 투입이니 피하며 이런 때를 위하여 저장해 둔 엽차, 보리차, 옥수수차 등으로 대신하고 날씨가 좋아지고 수돗물에서 이물질, 이상한 색, 이상한 냄새가 없어졌을 때 다시 마시는 지혜를 쓰면 어떨까 한다. 그것은 맑은 물 복원에 비용과 시간이 많이 들기 때문이다.

물에 대하여 3

　물을 전문적으로 연구한 '한국 물 응용과학 연구회' 주최의 강연회에서 한국과학기술원 전 교수는 '물의 환경설'을 주장하며 세포가 정상적으로 활동하기 위해서는 바이러스 등 이상 세포의 확산을 억제해야 한다는 것이 실험으로 확인됐다.

　건강을 위한 정상세포의 환원은, ① 구조형성 이온수를 마셔야 하며, ② 물을 냉각시키거나 적당한 자장 처리가 되어야 한다고 말했다. 자장 처리란 물에 90도 각도에서 자장을 걸어 주는 것으로 이렇게 하면 물의 표면 장력이 생겨 구조화가 잘된다.

　또 서울대의 최 교수는 「이온수와 위장질환」이란 발표에서 '알칼리성 이온수'가 변비 치료에 효과를 주었다고 한다. 정상인의 대장 통과 시간이 24시간인 데 비해 변비 환자는 72시간인데 찬 이온수를 4주간 마시게 했더니 43시간으로 단축됐다. 이런 결과는 이온수뿐만이 아니라 규칙적인 배변 습관이나 풍부한 섬유질의 식사와 운동 등 다른 요인도 있었으나 이온수의 효과를 부정하지 못한다고 했다.

이렇게 볼 때 물은 오각형보다 6각형 구조가 되어야겠는데 이 구조를 강화시키는 방법은 염화물, 황산, 탄산 등이 함유된 음이온수가 아닌 칼륨, 나트륨, 아연, 구리, 망간 등이 함유된 양이온수라야 한다는 것으로 귀결짓는다. 그러니 이온수라 하더라도 어떤 이온수인가를 확인하는 지혜가 있어야겠고 6각형은 온도가 낮을수록 많이 생긴다니 얼음이 되기 직전의 물이라 생각하면 틀림없을 것 같다.

우리는 식도락 민족

우리는 가난했던 지난 시절을 생각하며 음식도 잘 해먹지 못하는 민족이라 생각하고 그저 외국 음식이 최고라는 식의 생활을 한 때도 있었다. 그러나 옛 정취를 되새기며 음식 만드는 방식, 맛 표현의 다양성 등을 더듬으며 우리 고유 음식에 눈여겨보니 참으로 우리는 식도락을 좋아하던 민족이 아니었나 하게 된다.

어느 나라든 간에 가난에 찌든 생활, 혼란했던 전시에는 어쩔 수 없다. 그러나 평화롭게 됐을 때 보면 알 수 있듯이 그저 중간층만 되어도 그들이 집에서 어떤 음식을 해 먹나를 보면 짐작이 가는 것으로, 우리의 경우 가령 된장찌개만 하더라도 그 안에 고기가 얼마나 들어갔느냐가 아니고 고추가 몇 개 들어갔느냐, 호박이 들어갔느냐에 따라 혹은 이것이 찌개냐, 국이냐에 따라 맛이 다르고, 간을 어떻게 했느냐 하는 데서 짭짤하다, 간간하다, 텁텁하다, 개운하다, 구수하다, 싱겁다 등 입맛에 맞는 것이 된다.

약간 자극이 되게 하려면 고춧가루를 넣었느냐 고추장을 풀었느냐로 그 맛이 달라지고, 그 위에 파를 약간 썰어 넣었느냐 아니냐에 따라, 두부를 넣었느냐 아니냐에 따라 건건하다, 구수하다, 시원하다로 맛이 달라지는 것을 보면, 우리들의 음식은 서양 사람들이 흉내 낼 수 없을 만큼 식도락의 경지를 함축하고 있다고 해도 이상할 것이 없다.

더욱이 이것은 지방에 따라 고장에 따라 나오는 특산물을 가미하는 데 따라 달라져 경상남도 바다 근처에서는 재첩(조개)을 넣으므로 유명한 재첩국이 되고, 전라도 지방에서는 버섯을 넣으므로 버섯국이, 냉이를 넣으므로 삽살한 냉잇국이, 쑥을 넣으면 쑥국, 시금치를 넣으므로 시금칫국, 또 겨울에는 시래기를 넣으므로 시래깃국이 되고 아욱으로 아욱국, 제주도에서는 전복을 넣고 된장찌개를 끓인 뚝배기국이 되는 것을 보면 철철이 철에 따라 또 기후에 따라 무한히 달라지는 맛을 감미하며 살아온 민족, 의복보다는 먹는 것을 맛나게 해 먹던 생활관습을 보면 어느 나라에 내놓아도 손색이 없는 식도락의 국민이었다는 데 부족함이 없다.

현대의 생활방식이 변하여 왜식, 미국식, 중국식, 이태리식으로, 또 홍콩식, 대만식, 프랑스식, 서독식, 이제는 소비에트식까지 다양하게 바뀌고 있으나 오히려 그들이 우리나라에 와 우리 음식에 반한 것을 보면 우리 음식은 버릴 것이 아니라 발전시키면 얼마든지 해외로 진출할 수 있는 훌륭한 것이라는 점을 부정할 사람은 없다.

주부가 되신 여러분은 모쪼록 우리의 자랑인 우리 음식을 개량 발전시키는 데 소홀하지 말자.

건강식품과 건강 식생활 1

　요즘 우리가 살기 좋아졌다니까 건강에 적지 않은 신경을 쓴다. 그래서 자연식품이다, 무공해식품이다 하여 오염되지 않고 비료, 농약에 찌들지 않은 식품을 골라야 한다 하고, 그것도 모자라 퓨전식품, 디자인식품, 기능성식품 등 다양한 식품이 선을 보이며 우리의 미각을 업그레이드시킨다고 야단인데 참으로 새로운 먹을거리가 우리를 자극하며 지나는 식객들의 시선을 모으고 가던 길을 멈추게 한다. 또 건강식품이라는 선전이 나오면 그쪽으로 우르르 몰리는 것을 보면 건강이 얼마나 중요한 것인가 하는 것을 새삼 느끼게 한다.

　그러나 실제로 건강을 유지하는 방법이 건강식품이나 자연식품에 따른 것이냐 하며 예의 분석해 보고 섭취, 소화, 배설까지의 과정상의 문제에 접근해 보니 실제는 그 떠들썩한 식품에 있는 것이 아니라 오히려 조리하고 섭취하는 방법에 있음을 알고 아차 하게 된다.

　물론 좋은 재료가 있어야 맛난 음식을 만들 것이고 농약이나 비료 또 시꺼멓게 썩은 물이 아닌 맑은 물에서 자란 식품을 선택해야 된다는 1차적 의미에는 공감한다. 그러나 우리 섭생에 있어 그것을 모두 골라서 먹으려면 또 계속 먹으려면 거기엔 엄청난 노력이 들 것을 생각하면 너무 야단스레 서두를 일만은 아닌 것 같다.

한두 가지만 먹고 산다면 몰라도 음식은 사시사철 재료도 바뀌고 양념하는 법, 또 맛이 달라야 하는데 그것들이 한 곳에서 생산되는 것도 아니며 우리가 지켜서 재배되는 것도 아니다. 그래서 2차적인 문제에 돌입, 그것(반찬)을 어떻게 조리하는가에 초점을 맞추지 않으면 안 되고 그것은 세척과 다듬는 문제, 그리고 얼마만큼 맛있게 잘 익히느냐는 문제와 여름에는 간기 있게 또 시원하게, 겨울에는 푹 익히는 방법 등이 봄과 가을에도 나름대로 적용된다는 데서 의미를 찾아야 할 것 같다.

가령 여름에 새우젓찌개, 황새기젓 무침 같은 것은 아무리 좋은 음식이 많이 있어도 우리 입맛을 돋우지 못할 때 좋은 밑반찬인 것을 알아야 한다. 어떤 사람은 명란젓, 창란젓 등 젓갈류가 병에 담겨져 슈퍼에서 간단히 살 수 있는 것으로 현대적 대용품이라고 할지 모르지만 이것들은 가미된 것으로 우리 몸이 요구하는 신선한 간기(염분)는 아닌 것이다. 성분상의 간기를 섭취하는 방법이야 여하튼 맛있으면 되지 않겠느냐 할지 모르지만 그렇지 않은 것이 건강 식생활의 차이점이다.

그간 너무 영양가 하며 다양한 영양분의 함유량에 민감해진 우리가 이젠 비영양 식품을 가까이하려는 의미는 무엇일까? 영양은 우리 몸이 요구하는 만큼 필요한 것이지 그 이상으로 과한 것도 좋지 않다. 그럼에도 불구하고 잘 조미되어 병에 담겨 있고, 사기 쉽고, 먹기 편하니 그게 더 좋지 않겠느냐 하다가 자신도 모르게 복합 영양이 우리를 과영양 불건강으로 이끌어가고 있는 것은 아닌지 하게 되는 것을 보고 이제부터는 우리도 식생활 개선이 잘 먹는 것으로부터 정갈한 음식을 적절히 먹는 것으로 바뀌지 않으면 안 되겠다고 생각하게 되었다.

현대병, 문화병이 다 어디서 온 것일까? 너무 갑작스레 전통을 깨고 새로운 스타일의 식생활로 전환하여 생기는 것이나 아닌지 생각해 보자.

병원에서도 모르고 자신도 모르는 병의 발생원인 또 이것을 알고 예방적 조치는 안 하고 이유도 모를 병 앓는 사람이 늘어간다면 이것이 무슨 현상인가? 주부가 될 분들은 이런 점에 유의하여 원천적인 문제를 예방적 차원에서 시정하려 애써야 하지 않을까 생각한다.

잘못된 식생활 문화가 우리 인식을 좀먹어 오도된 생활 패턴을 하는 데서 오는 것이므로 이것이 건강식품을 되찾아야 한다는 말과는 의미를 같이 하지 못한다.

식품업자가 아무리 맛있는 음식을 병으로, 캔으로 만들어 냈다 하더라도 내가 사서 먹을 때는 내 입, 내 식구의 건강에 맞는 것이냐를 생각 않고 좋다니까 좋겠지 한다면 이것은 옳은 식생활 방법이 아니다.

건강 식생활이란 맛있게 만든 것이니까 몸에 좋은 것이라니까가 아니고 그 사람 그 입에 맞느냐 하는 데 있다. 물론 맛있게 만들어야겠지만 사람들의 컨디션에 따라 더 짜야 한다든가, 좀 더 달아야 또는 싱거워야 한다든가 좀 더 매워야 맛있게 먹을 수 있다든가 하는 다양한 면이 있다. 자기 입엔 맛있어도 시부모의 입엔 안 맞는다면 이런 것도 생각해야 한다. 아무리 영양가가 있어도 시부모님은 그 많은 영양이 필요 없을 수도 있다. 이것은 신생아도 마찬가지다. 이것을 모르고 자기는 애쓰고 맛있게 만들었는데 하며 푸념할 필요는 없다.

그래서 건강 식생활은 건강식품에 있지 않고 건강 식생활이라는 새로운 용어가 필요하다. 계절, 날씨, 풍토, 그 사람의 컨디션에 맞춰 조미하고, 더운 것 찬 것이 사람에 따라 다른 것도 잊어서는 안 된다. 예로부터 음식은 정갈하게 해야 된다고 했다. 여러 가지 양념을 많이 섞어서 맛있는 음식이 되는 것이 아니고 조미하여 입에 맞는 음식이 되어야 하는 것이 중요하다.

영양가는 몸이 필요로 하는 만큼, 요구하는 만큼 섭취하는 것이지 여러 가지를 섞었으니 영양식이 될 것이라는 의미와는 다르다. 참 건강을 위해서 건강한 식생활에 눈을 뜨자.

건강식품과 건강식생활 2

　우리 조상님들이 과거에 전통 음식을 어떻게 마련했나를 알아보니 건강식품이 따로 있는 것이 아니라 여러 가지를 어떻게 조화시켰는가에서 의미를 찾을 수 있고 그것들은 색깔과 음양의 이치로 열과 냉을 어떻게 배열했는가에서 알 수 있었다.

　즉 시금치는 푸른색, 당근은 붉은색, 도라지는 흰색, 버섯은 검은색으로, 또 풋고추는 연녹색, 붉은 고추는 빨간색, 계란은 노란색과 흰색으로서 다섯 가지의 색을 함께 섭취할 수 있는 비빔밥이나 잡채 요리 등이 있는 것을 안다.

　그런데 이것들이 우리 몸에 어떻게 좋은가를 보면 푸른색은 간에 좋고, 붉은색은 염통에, 노란색은 콩팥(신장)에 좋다는 것을 알아 단순히 색조화뿐만 아니라 어떤 것이 건강을 유익하게 하느냐는 데 머리 쓴 조상님들의 지혜에 놀란다. 이런 다섯 가지 색의 조화는 '오행방법'에 근거한 것으로 이것을 다시 맛이라는 면에서 분석해 봐도 매운맛, 짠맛, 쓴맛, 신맛, 단맛 등 다섯 가지로 구분할 수 있다.

또 조리하는 온도에서도 이것은 뜨거운 것으로부터 따뜻함, 그리고 미지근함으로, 다시 서늘함이나 차가운 것 등 다섯 가지로 구분되며 각 재료의 기운이 적절히 조화되게 조리하는 것을 솜씨로 봤다.

구절판이나 전골 등을 만들 때도 보면 우리는 중국이나 서양요리와 달리 처음부터 재료를 섞는 것이 아니라 한 가지씩 혹은 따로 따로 볶는다든지 삶아서 무친 후 나중에 섞거나 올려놓아 먹게 하는 방법으로 재료가 갖고 있는 각각의 맛과 특성을 살리는 지혜를 발휘했던 것이다.

더욱이 철따라 바뀌고 익는 정도에 따라 효소 작용이 다른 전통음식, 지방마다 특색 있는 방법은 사람에 따라 다른 입맛을 흡족하게 한다. 앞으로는 건강식품에 대한 인식을 새로이 해 건강식품보다 건강 식생활 방식을 아는 데 노력하자.

김치를 맛있게

우리 조상들의 슬기로운 고안, 발효 음식, 건강식품이라고까지 김치에 찬사를 보낸다면 웃을지 모르지만 김치는 우리의 자랑이요, 잘 사는 나라 선진국 사람들의 동맥경화, 비만, 고혈압, 당뇨, 심장병, 암 등의 원인을 제거해 주는 데 손꼽히는 식품으로 선택된 것이라 한다면 놀랄 사람이 있을 것이다.

그것은 미국에서 각 종족들의 식사 연구를 하며 밝혀진 것이고 김치가 채소 음식이며 발효 음식이라는 점, 또 익는 정도에 따라 남녀노소에서 각기 다른 입맛을 돋운다는 데서 의미를 갖는다. 그래서 담그기가 쉽지 않으며 균형 잡힌 음식이라는 데도 인식을 다시 한다. 이제는 외국 사람들이 더 많이 찾는다는 것도 잊어서는 안 된다.

그러나 어찌된 노릇인지 원조인 제 나라 사람들이 이것을 기피하는 경향이 있으니 그건 편의 음식과 식생활 패턴이 달라지게 되었다는 의미가 있겠으나 실은 무성의나 핵가족에서도 원인을 찾을 수 있다. 또 아파트 생활이라 냄새의 문제가 있고 외식을 자주 하다 보니 시어 꼬부라진 김치처리 문제며 담그는 방법에서도 문제가 발견되었다. 그런데 음식점에서는 나름대로 특수 조미하는 방법이 있고 그것을 자주 먹다 보니 입맛이 달라진 것이라 하겠다.

따라서 이런저런 기피 현상이 생겨 자연 멀어지게 됐다지만 세계를 여행하면 그곳의 독특한 맛을 보고 싶듯 우리 고유의 김치를 소홀히 하는 사람을 훌륭한 주부라 칭찬할 수는 없게끔 되어가고 있는 것을 어쩌랴?

아무리 식생활이 달라지고 변했다 해도 우리 김치가 과학화, 현대화, 국제화된다면 무시할 수는 없을 것을 알게 되고 보니 우리 김치는 젖산의 발효 음식인 데다 좋은 섬유질과 다양한 양념의 고른 배합 그리고 현대의 고단백, 많은 영양을 잘 조화해 소화 흡수에 도움을 준다 하여 고장에 따라 200여 가지의 담그는 방법이 소개되고 보니 손님 치를 때나 아기 돌날, 부모님 생신날, 남편의 승진을 축하하는 음식에 맛있는 김치를 담글 지혜를 익혀 두는 것은 현숙한 주부의 조건이라 하게 되었다.

이런 것을 위해 김치 박물관, 김치 연구회도 만들어지고 학술 발표회, 김치 전시회 등을 갖는다 하며 김치 정보지도 보급한다니 반가운 일이며 일본 사람들이 김치에 맛들어 덜 짜고 덜 매운 김치를 만들어 '일본 기무치' 하고 해외 수출을 한다는데, 우리나라에서 본격적으로 원상회복의 채비를 차리게 되어 기대해 본다.

너무나 당연한 일을 야단스레 하는 것 같지만 까딱하면 김치마저 일본에서 수입하게 되지 않을까를 염려하며 우리 고유의 전통을 유지 발전시키지 않으면 안 되겠다는 우려가 있어 이것을 전한다. 이제는 김치냉장고도 생기고 다양한 김치전시회, 시식회도 열리고 있으니 말이다.

앞날은 여러분의 것이니 부디 좋은 가정, 자신 있는 사회의 역군으로 복을 누려야 하지 않겠나 하는 의미다.

여성의 역할

"여성은 국부다, 또 밑거름이다, 고로 국력이며 21세기는 여러분의 손에서 좌우될 것이다"라고 표현하는가 하면 이것은 다른 말로 "세계는 남성이 지배한다. 그러나 그 남성을 여성이 지배한다"는 말과 의미를 같이 하기도 한다.

모든 인간은 여성의 몸을 빌려 만들어지고 태어났고 우리도 그 예외일 수는 없다. 그렇다면 여성이 여성으로서의 할 일이 무엇이냐에 관심을 기울이지 않을 수 없는 상황에서 과연 여성의 역할은 무엇일까 하고 분석해 보니 장차 아기를 낳고 행복을 창출할 여러분의 미래 설계는 좀 더 섬세하며 내조자적 입장을 소홀히 할 수 없다는 데 초점을 맞추게 된다.

요즘은 남녀평등을 부르짖으며 동질성으로 치닫고, 남녀가 같은 것, 남녀는 친구인 것같이 느껴지지만 창세기 이래 남성과 여성의 역할이 구별되어 온 것은 무슨 이유이며 오늘도 그것이 불변의 법칙으로 존재하는 것은 무슨 까닭이겠느냐고 조명해 볼 때 우리는 자신의 존재와 역할 의무에 대해 회의를 느끼는 것은 사실이다.

　여성은 여성이요, 남성은 남성이라는 데 의심할 여지가 없고 단지 그 역할 분담과 합치의 조율을 어떻게 해야 되느냐는 데서 행·불행이 좌우될 수 있다면 여성은 여성으로서의 역할 분담에 충실해야 되지 않겠느냐는 데 이의를 제기하지 못한다.

　풍습상의 문제를 전제해 놓고 여성이 꼭 부엌에서 일해야 하며 남성은 육아에 무관심해도 되느냐고 아주 작은 지엽적인 문제에 집착하는 여성들을 가엾게 생각하며 할 수 있다면 남녀의 구분 없이 현실 참여하는 것은 좋으나 그러면서도 여성과 남성의 역할 분담은 있어야 할 것임을 전제한다. 그것은 개발도상국 시대, 물밀 듯이 들어온 외국 문화의 범람이 우리를 오도시킨 일이나 국제화·정보화 시대의 전환기적 의식은 잘못된 것을 바로잡아야 한다는 당위와 맞먹기 때문이다.

　아기 낳는 일을 남성이 대신할 수 없듯이 사회적 일을 여성이 다할 수 있다고는 할 수 없으며 설혹 더 잘할 수 있을지라도 그러다간 다른 한쪽에 잘못된 일이 발생할 가능성과 아기는 엄마 품을 그렇게도 좋아하기 때문이며 여성이 여성으로서 맡은 바를 소홀히 했을 때의 문제는 무엇으로 커버하겠느냐는 당면과제에서 여성은 여성으로서의 역할이 분명 있음을 상기한다. 요즘에는 가사에도 남녀구분이 없다지만 그래도 모성이 담당할 몫은 따로 있는 것 같다.

난자의 생리(받으려는 생리)

여성은 모든 것을 주는 사람인가 보다. 아기에겐 젖을 주고 식구에 겐 음식을 만들어 주며 빨래를 해주고 새 옷을 갈아입혀 주며 늘 따 스한 마음과 말과 사랑을 주는 것을 보면 여성은 자신이 갖고 있는 것을 다 주는 것이 생리인 것 같다.

그러나 남자(남편)의 입장에서 보면 여성들은 어쩌면 무엇이나 받 으려는 사람, 요구하는 사람, 기대하는 사람이 아닌가 하리만치 모든 것을 바라는 사람이라는 생각이 들기도 한다. 그것을 일컬어 난자의 생리라 할 수 있다.

한번 자기를 맡긴 남성에게는 무엇인가 대가를 받으려는 것 같기 도 하고 자기를 위해서라면 온갖 희생도 무릅써야 한다는 생각을 하 는 것 같기도 한 심리적 표현이 마치 난자는 정자를 받아들여야 생식 능력이 발휘되는 것과 같다. 자기능력 발휘를 위해 남편에게 주기를 바란다고 느끼게 한다.

어느 때는 조그만 것을 바라지만, 어느 때는 큰 것을 바란다. 그래서 남편의 어깨를 무겁게도 한다. 그것이 무슨 조화인지는 모르지만 일컬어 난자의 생리란 이름으로 풀어보니 역시 생활을 담당한 주부의 역할은 그럴 수밖에 없는 그것이 삶의 수단이라는 면에서 이해를 하게 된다.

그러나 요즘 여성들은 고답적인 그런 것에 만족하지 않는다. 직업 전선에 뛰어들어 같이 돈을 벌고 남편의 어깨를 가볍게 해주며 문명 생활을 향유하려 노력한다. 그러나 그랬다고 과연 난자의 생리가 달라지고 있는가 하는 점에서 돌이켜보니 실제로 가는 방향은 같다. 차제에 의식의 전환이라도 있어야지 생활이 향상되고 주거 환경에 변화가 있었다 하여 그것이 행복과 직결된다고 할 수는 없다.

그러는 동안에 뭔가 잃어가는 것이 생기고 잘못되어 가는 것이 생기고 그것을 돌이킬 수 없는 상황으로까지 몰아가고 있는 사회의 인간관계에 있어 특히 엄마가 자기 분신을 위해 쏟아야 할 시간을 빼앗기는 일이라든가, 아기를 위해 충분한 사랑을 주지 못하는 일, 직업이 있기 때문이라며 올바른 육아를 하지 못하는 일 등은 무엇인지 잘못 발전해 가는 일면이라 느껴져 난자의 생리를 역행하는 일이라 말하기도 한다.

우리는 오랫동안 신의 섭리와 자연의 순리에 순응하며 가진 것을 흠뻑 주는 훌륭한 육아 생활태도로 삶을 이어왔다. '내리사랑'이라고 부모에게서 받은 사랑을 다시 자기 분신에게 주었다. 그러나 개인주의가 이기주의로 변하여 주는 대상까지 변해 가는 것을 보며 이것이 무슨 생리일까도 의심케 되는데 현대 여성의 일부는 자기 활동을 자기과시 내지는 편함과 호화, 사치 풍조로까지 치달아 어떤 사람은 화장도 남편에게 잘 보이려는 자기 치장이 아니라 제3자의 시선에 초점을 맞추고 있다. 이렇게 되면 부족을 느낄 사람은 누구일까? 남편이나 자녀의 심정은 어떠할까? 욕구 충족을 못하여 딴 곳에서 충족하려는 심리가 생길 때 행복을 이루려는 꿈은 산산조각이 나는 것이나 아닌지 걱정도 된다.

물론 바쁜 것은 시대의 산물이니 몸이 두 동강이 나는 한이 있어도 계획의 차질이 없으려면 그래야 할 것을 이해하지 못하는 것은 아니지만 내일 잘 먹으려고 사흘을 굶어야 한다는 논리에는 정면으로 도전한다. 만약 행복하기 위해 하는 일이라면 돈의 축적이 아닌 인간성의 축적, 근원적 사랑의 베풂이 긴요하다는 것을 잊지 말기를 바란다.

이것 때문에 사회에는 많은 문제가 일어나고 있고 제기되고 있으나 처방전 없는 파행심이라 볼 때 태교를 열심히 하려는 사람들만이라도 열심히 해 나중에 미궁으로 빠지는 일이 없도록 하자.

난자는 정자를 받는 것뿐만이 아니라 수정란이 생명으로 탄생하게끔 하는 이상의 역할을 한다는 것을 생각하며 무엇을 줄까, 언제 줄까에 세심한 배려를 아끼지 말자.

그간 3, 4세 영재교육, 어린이 조기교육 등이 유행하여 아기는 출산 후에 특수교육만 잘하면 되는 줄 착각했으나 현대 정신분석학 연구 결과에서 보면 심신에 부담된 조기교육이 어린이의 정신질환이나 심리적 저해 요인으로 경종을 울리는 것에서 오히려 신생아 때 잘하는 것이 조기교육보다 더 좋은 것이라는 연구가 있음을 알린다.

과학은 너무 기술에 치중하여 본말(本末)을 전도하는 경우가 있다. 태교를 연구하는 입장에서 보면 인간에게 미치는 영향은 출생 전이 본이고 출생 후가 말이다.

이제 여러분은 출산을 눈앞에 두고 있다. 아기를 낳는 데에도 열심히 하겠지만 아기를 낳고 난 후 선생님에게 맡길 때까지 어느 만큼의 특성을 발견하고 앞으로 어떤 지도를 하면 내 아기에게 맞는 방법으로 영특하게 키울 것인지에 대해서도 설계를 해야 할 것이다. 흠뻑 주고 좋은 결과를 받기 위해 훌륭한 엄마로서의 자질을 구축해야겠다.

난자는 포용하는 생리를 갖고 있다는 의미를 되새기며 사고의 전환을 위해 풀어본다.

물질 위주 탈피, 가정행복 위주로

선진 미국의 시사주간지 『Time』지가 밝힌 현대 미국의 젊은 가족들은 1990년대까지만 해도 첨단의 유행과 물질적 숭배라는 데 치우쳐 숨 가쁘게 달려가던 생활을 멈추고, 보다 인간적인 삶과 행복을 누리려는 방향으로 궤도 수정을 해 2000년대는 자기 가정을 위주로 사는 것으로 나타났다.

전후 베이비붐 시대에 태어난 세대들이 사회의 중견으로 자리를 잡으며 사회구조에서 승진의 가능성이 보이지 않자 다른 곳에서의 가능성을 찾고자 한 것이 이들을 히피족과 같은 삶을 즐기는 사람으로 만들었으나, 현대 생활은 가족과 함께 더 많은 시간을 보내는, 복고적 가족제도에로의 전향을 그리게 된 것이라고 설명한다.

그간은 보다 잘살기 위해 은행 빚을 내서라도 유행 제품을 소유해야 하고 물질적 가치만이 최고인 양 추구하느라 쉴 새 없이 바빠야 했지만 이젠 가랑이가 찢어질 정도로 뛰고 해봐야 자신의 건강만 해칠 뿐 남는 것이 무엇이냐 하는 데 눈을 떠 이제부터는 조금 덜 쓰고 살더라도 소박한 꿈과 즐거움을 간직할 수 있는 삶, 즉 가정과 우정과 지속적 평안함을 추구하겠다는 쪽으로 생활 패턴이 바뀌고 있다는 것이다.

손수 페인트칠은 물론 잔디를 깎거나, 봉사활동 등을 즐기고 경제적 부담 없는 헌옷 고쳐 입기, 자전거 타기를 자동차 대신으로 하고 흩어졌던 가족들이 다시 모여 할아버지 시대에 즐기던 치즈와 마카로니를 즐긴다.

『타임』지와 CNN이 함께 성인 5백 명을 대상으로 그들의 생활을 조사한 결과 69%가 "인생을 좀 더 천천히 또 느긋하게 살기를 원한다"고 답했다는 것이며, 89%가 "가족과 함께", 61%는 "먹고살기가 나아지지 않아서"라는 반응을 보였다는 것이다.

미국인들이 이렇듯 변한 것은 1987년의 증시 대폭락 사건에 기인된다는 이야기와 레이건 대통령 시절 외형적 삶의 지표는 화려했지만 실제는 빈부의 차만 심화됐고 인플레이션 등 실제 수준은 1973년 이전 수준이라는 의견들이었다고 한다. 그래서 BMW사의 자동차 판매고도 현재는 1985년에 비해 30% 정도가 감소했고 선망의 대상이던 증권 브로커직도 너무 고달파 기피하고 있다. 영화관에 가느니 집에서 비디오 보는 것이 낫다고 하며 비디오 판매량만 13% 증가하고 봉사활동 인구는 23%가 증가했다 한다.

인간의 행복한 삶이 무엇인지 망각하고 무제한적으로 물질만을 추구한 결과가 어떤 것일까는 반드시 생각해 보아야 할 일이라 하겠다며 이렇게 변하고 있다.

요즘 우리나라에서도 한없는 물질 추구만을 위해 가치를 잃은 폭력과 낭비가 조장되어 사회를 좀먹더니 급기야는 어디서부터 어떻게 이 풍조를 고쳐야 할지 딜레마에 빠져 들어가는 현상 앞에서 연세가 높으신 분들은 탄식만 하는 것을 자주 본다.

발전은 해야 하고 변하는 것을 막을 수는 없고 그런 와중에도 변하지 않는 진리, 즉 아기는 엄마가 낳는 것, 임산부는 아기를 훌륭히 낳아야 하는 것 등을 엄숙히 생각하지 않고 일회용 기저귀, 일회용 우유팩을 버리듯 쉽게 생각하는 일이 없도록 각별히 인식하게 되기를 빈다.

그것은 핵가족이 좋다 하여 많은 사람들이 결혼하면 독립하고 부모와 따로 살면 편한 듯했지만 아기를 갖고 출산 후에 맞벌이 부부가 되어 출근하려니 아기 봐줄 사람이 없었다. 탁아소에 맡기고 참 편하게 아기도 키우고 직장에도 다니게 되었다 했더니 아기는 역시 엄마가 직접 키우는 것보다 더 좋은 방법은 없다는 것이 다시금 확인되고 있다. 그래서 이제라도 자신이 키우려고 했더니 키우기 힘들어 죽겠다는 젊은 엄마들의 고충을 들으며, 간접적으로나마 이 미국 소식이 우리에게 어떤 교훈적 의미를 시사하는 바가 있을 것 같아 옮긴다.

시대가 바뀌면 그대로 따르게 되는 것 같아도 생활 패턴이 바뀐다고 인간(어린이)도 곧 그리되는 것은 아니니 이런 것을 미리 알아 두는 것도 아기를 낳을 분들에겐 조금의 도움은 되리라 느낀다.

우리는 문화가 없는 민족이 아니다. 오랜 전통과 아름다운 가족제도를 갖고 있다. 거기엔 좋은 면이 더 많았다. 그간 우리는 남의 것을 보며 우리 것을 버렸다. 그러나 이젠 다시 필요를 느껴 돌이켜보니 잘 가꾸면 새로운 것, 남의 것보다 가치 있는 것도 있으니 이런 것을 알고 발전시키자는 뜻이다.

미국은 잡탕 문화라도 잘 발전시켜 조화를 이루며 사는 사회라면 우리는 크게 오염되지 않은 문화를 간직한 국민이라는 견지에서 아름다운 우리 것이 보완 발전해 칭찬받고 귀감의 대상이 되는 쪽으로 정립된다면 얼마나 좋을까?

좋은 것은 좋은 것이고 아름다운 것은 아름다워야 하겠기에 이 뜻을 예비 부모에게 전하고 싶다.

지식개혁이 미래를 좌우

21세기는 지식이 권력을 낳는다. 권력의 본질이 변하고 있다고 주장하는 사람이 있다. 앨빈 토플러, 그는 요새 새로운 세기에 대처하는 자세로 지식이야말로 경쟁의 중심이며 그 지식은 편향적인 것이 아닌 융합, 통제에서 오는 것이어야 한다고 보고 있다.

물론 우리나라와 같은 권위주의의 전통 같은 것은 극복해야 할 과제도 있지만 세계는 점차 지식과 정보의 힘에 의존하게 되어 있어 그에 맞는 교육 혁신 등이 미래 사회 변화에 적응하는 길이라 평했다.

지식은 남에게 나누어 줄 수도 있고 여러 사람이 공유할 수도 있어 총을 가진 사람이 총 없는 사람보다 힘 있고, 돈을 많이 가진 사람이 돈을 적게 가진 사람보다 더 힘이 있다는 범주의 것이 아니다. 때문에 지식은 점점 중요해지고 있으며 그것이 분산될 때 민주주의도 꽃을 피우게 된다.

지식의 분배는 ① 이미지, 상징, 분배 체계가 대중 지향으로부터 개인 지향으로 달라질 것이다. ② 교육도 시험을 거치는 방법이 아닌

질문을 많이 받는 제도의 교육 혁신이 이루어져야 한다. 그것은 고도의 경쟁 시대의 인간을 위한 것이 되어야 신속한 변화로 적응할 수 있는 정신 사용의 노동자가 될 것이기 때문이다. 어떤 나라나 고도로 발전된 경제를 가지려면 진보된 제도를 가졌다. 때문에 관료주의는 대량 생산과 일정 직업에 바탕을 둔 공업경제 체제에서나 효용이 있었지만 단선(직선)적인 시대로부터 복선(횡선)의 시대로 탈바꿈을 하지 않으면 안 된다. 일본이 그것을 알아차렸듯이 반관료식 변식 테스트에 참여해야 한다. 대기업들도 격변의 상황 속에서 적응시킬 수 있는 구조, 즉 새로운 상품에 자신과 소비자를 신속 밀접하게 연결시킬 수 있는 능력을 배양하지 않으면 살아남지 못한다는 데서 온 것이다.

그렇다면 개인의 생존 양식은 어떨까? 요즘 젊은이들을 보면 개성이 강하고 개인적 선택을 좋아한다. 지난날 사회가 부과한 정해진 형식들을 거부하며 느끼지 않고 쾌락과 다양성을 기대한다. 물론 거기에는 개인적 고립도 있을 수 있다. 작은 마을에서 세계관이 같은 친구를 찾기 힘들듯 새로운 도전도 있다.

그래서 미국은 2세 교육에서 유럽과 아시아에 뒤지고 있다는 소리가 나오기도 한다. 물론 그런 주장에는 동감한다. 그러나 학교 교육만 살피는 일은 중지되어야 할 것은 퍼스널 컴퓨터의 보급에서도 나타나듯이 현재는 억만 대에 이른다. 중요한 것은 우리에게 필요한 지식을 습득하는 방법을 아는 사회를 창조하는 일이다. 그것은 교실을 넘어서는 것일 수도 있다. 즉 역동적인 문화적 학습과정, 그리고 언론매체들과 관계있는 다양한 형태의 지식을 습득하면 된다.

일본의 후쿠야마 같은 이는 역사의 종언을 불렀다 하나 나는 오히려 후쿠야마 씨의 종말을 말하고 싶다. 그것은 두 개의 자유와 공산

사상이 다투다가 다양한 종교로 변모해 가듯 종교적 이념에도 상충하는 시대가 시작될 것으로 전망한다. 그렇게 볼 때 동서간의 경쟁이 끝난 것이 아니라 오히려 극도로 어지러운 시대를 맞게 되지 않겠나 하는 우려를 갖게도 된다. 만약 작은 나라들이 제각기 핵무기를 갖게 된다면 어떻게 될까 하는 데서 말이다.

이제 지식의 소유와 분배가 새로운 제국주의를 낳을 가능성에 대하여는 지적 소유권을 둘러싼 싸움이라 하겠으며 다른 한편에서는 어떤 종류의 지식은 제한될 수도 있다고 본다. 가령 핵무기 제조식과 같은 것이다. 결국 지식의 융합과 통제가 투쟁의 중심이 될 것이다.

그렇다면 세계의 경제권이 블록화하는 경향에 대해서는 여러 가지 가능성의 시나리오다. 만약 유럽이 폐쇄적이 된다 할 때의 미국과 아시아의 유대며 한국의 남북 간의 변화와 새로운 준비 경쟁을 유발하지 않게 하기 위해서도 미국은 동북아의 안정장치로 역할을 해야 한다.

동양사회가 서양과는 달리 각기 다른 문화 전통을 갖고 있다는 것이 장차의 변화에 어렵게 적응하지 않겠느냐는 것은 다를 수도 있다. 전통적인 권위와 유교적 복종을 고집한다면 모르되 현명한 지도자는 공업경제 이후의 단계로까지 발전시키고 있음을 보여 주었다. 큰 나라들도 고도성장의 발전을 유지해 갈지는 모르지만 견해의 차이는 있겠다.

끝으로 우리 한국 사람들이 21세기를 위해 적응해야 할 일이라면 지식 개혁과 교육혁신이라 할 수 있겠다. 그것은 국내적으로도 우선순위의 도전이다.

다음은 세계 어떤 나라도 순전히 독립된 주권 국가가 없다는 것이다. 오늘날 여러 나라에서 옛날 주권의 정의는 이미 사라졌다는 데 인식을 같이하고 있다. 고로 장차 한국이 통일된다 하더라도 넓은 국제 사회의 미래와 연계될 것이며 자신의 미래라고 혼자만의 것으로 만들 수는 없는 것이라는 점이다.

다시 말하면 다양화 속의 일부며 다원화 속에서 일익을 담당하는 시대라는 점에서 지식이 발전해야겠다는 것이며 이것을 개발하는 풍토 조성이 자신에게도 유리할 것으로 믿는다.

앵오상천지교의 현대적 의미

공자에 이어 맹자 이야기가 2천 년 이상 동양권의 귀감이 되어 왔다.

그런데 변한 현대 사회에 알맞게 해석을 하고 보면 환경에 영향받아 인간이 형성 발전한다는 의미는 원론적이요, 기본적 의미이긴 하지만 그러니까 어떤 환경을 만들어 줄까에 대한 긍정적 방법론이 없는 것이 옛날 동양권의 이론이거나 교육 방법이었다는 것으로 결론 짓고 이것의 현대적 방법을 찾아보니 무조건 좋은 환경이 아니라 사람은 개개인의 성품, 기질, 두뇌, 용모, 재능 등이 다르며 엄마로부터 받은 영향이 달라 그의 개성에 따른, 또는 인성, 감성, 적성에 맞는 환경이라야 한다는 것이 진전된 의견이라 하겠다.

다시 말하면 예술적 재능이 있는 사람(아기)은 그런 사람들이 사는 곳, 사색하는 주변에서 그 분위기를 접하며 살게 되면 한 가지를 보더라도 필요한 것을 볼 것이고 또 운동을 좋아하고 장차 운동선수가 될 소질이 있다고 여겨지는 아기는 오히려 운동하는 사람이 모이는 곳, 학교, 운동장, 공원, 선수 훈련원 등이 맞을 것 같고, 그러나 과학 실험 같은 것을 좋아하는 자질이 있다고 생각되는 아기는 과학실이 있는 곳, 연구실이 있는 곳, 과학전람회 등을 자주 찾는 것이 좋을 것이다. 또 음악을 좋아하는 아기는 아주 쉬울 것 같다. 매일 TV, 라디오에서 나오는 음악 소리며 자신들이 테이프나 레코드를 틀어놓고 감상하거나 환경만 만들어 보아도 좋은 영향을 받을 테니까, 문제는 어떤 음악을 들려 줄 것인가에만 신경을 쓰면 될 것이다.

그러나 독서를 좋아하게 하려면 그것은 당연히 엄마가 많은 독서를 하는 것이 제일일 것이고 그것이 싫다면 딴 집 아기라도 책을 사 주고 책을 재미있게 보게 하면 좋은 영향을 받게 될 것이라 믿어진다.

세계적으로 명성을 떨친 유명한 음악가족 정명화, 경화, 명훈의 어머니 이 여사의 육아 지침이랄까 경험담을 들어보면 제일 먼저 관심을 두어야 할 부분은 그 아기의 재능과 취미 평가다. 이런 것이 선행되지 않고는 아무것도 안 된다. 그런 연후에 피아노를 좋아하면 피아노를, 바이올린을 좋아하면 바이올린 쪽으로 방향을 맞추어 주느라 노력했다는 것이 그의 결과론이다.

우선 그의 재능을 발견하고 그 환경을 제공해 보니까 적응을 잘하고 발전하게 된다. 요즘 어떤 엄마같이 자신은 딴 짓을 하며 돈만 지불하면 학원에서 선생님이 알아서 잘해 줄 것으로 알고 무조건 갖다 맡기고 잘 안 되면 내가 이렇게 돈을 들이는데 왜 안 되느냐 하는 것은 몰라도 한참 모르는 처사가 아닌가 지적하고 싶다.

맹모삼천의 의미는 알지만 내가 어찌 할 것인지는 몰라 그건 그저 좋은 말이라 치부해 놓고 자신은 외국에서 왔다는 과학적 방법이라면 무조건 이거다 하고 따르려 한다는 일부 엄마들의 잘못된 처신을 지적하는 것이 아니라 작게나마 방향 제시가 되었으면 한다.

맹모삼천은 아기가 환경에 영향받는다니 좋은 곳으로 옮긴다는 뜻이지만 내가 옮길 곳은 태중에서 아기에게 어떤 영향을 주었나와 출생 후의 특성을 보아 방향을 정하고 그런 쪽으로 영향받도록 노력해주는 것이라고 해석하고 현대적 의미로 발전시켰으면 하는 것이다.

필요 조건을 충분조건화해 가는 과정은 엄마의 임무이기 때문이다.

1억 5천만 년의 신비를 간직한 신생아

지구의 생명체가 출현하기까지 1억 5천만 년 걸렸다니까 내 아기는 거기에 10개월만 더 보태면 되겠다.

이 말은 요즘 미국 NASA의 과학자들이 연구한 것으로 지구에 생명체가 생긴 진화의 과정을 밝히고 보니 종전의 아미노산이 바다에 떨어져 서로 결합될 수 있는 수준에 도달하기까지의 10억 년 정도로 측정했었으나 NASA 과학자들은 매 1억 6천만 년마다 지름 240km의 거대한 운석이 지구와 충돌했다면 지구 표면은 불모화되어 진화 과정의 모든 생명체를 말살시켰을 것이므로 지구상에 초기의 화학적 진화는 그 이상이 될 수 없을 것이라는 데 착안, 기껏해야 그 이내였을 가능성이 높다는 견해다. 그렇다면 생명체의 진화 기간이 있고 인류의 역사가 있고 하니 내 아기는 1억 5천만 년의 신비를 지녔다고 해도 잘못될 것이 없겠다.

이 이야기는 공상 과학의 이야기 같기도 하지만 1만 년 전 인류의 역사도 아직 확실치 않아 미지의 세계를 알고 싶어 하는 사람에겐 일

말의 이야깃거리로, 또는 인간이 어디서 와서 어디로 가나, 또 남녀가 합궁하면 새 생명이 발생, 태생, 출생까지 하는데 어떻게 해서 이렇게 해서 이렇게 됐을까를 생각하는 의문을 가진 사람에게 10개월의 태중생활 말고도 또 약간의 해답을 줄 수 있는 재미있는 과학의 발표라서 옮기는 것이다.

그거야 어쨌든 나만 잘 먹고 잘살면 되지 않겠느냐고 할 수도 있겠지만 우리는 생각하는 동물이니까 같은 조크를 하더라도 과학적 수치로 "얘! 내 아기는 1억 5천 년하고 10개월 진화해 탄생했으니……" 하면 재미있지 않을까.

기왕에 여러분은 하나의 생명체를 창조한 분으로 역사에 기록될 텐데 그런 것도 모르면 어떻게 하냐고 할 때 좀 쑥스러울 것 같기도 해서 풀어본 것이다.

다른 행성에도 생명체가 있을 가능성이 있다는 희망을 주고 있는 이때 조그만 보탬이라도 됐으면 한다.

또 달리 표현하면 우리 한민족은 1만 2천 년 전 지구 최후 빙하기에 몽골 근처에서 동으로 동으로 살기 좋은 땅, 따뜻하고 풍성한 땅을 찾아 옮겨 온 민족, 그것이 백두산에서 뿌리를 내린 단군의 후손이란 설에서 보면 1만 2천 년하고 열 달이 될지도 모르겠다.

여하튼 원인이 있어 생긴 결과니 두 가지 중 하나를 선택하면 되리라.

영재교육

이제 여러분도 엄마가 되면 내 아기를 어떻게 영재로 만들 수 있을까 하는 데 머리를 쓰게 될 것이다. 그러나 영재교육 방법이 너무 소리만 요란해 정말 어떤 것이 올바른 것인지 몰라 소문에 의존하다 어려움을 겪는 경우를 보며 현재 영재라고 불리는 사람들의 예 몇 가지와 실상을 앎으로써 판단에 도움이 됐으면 하여 조명해 본다.

일반적으로는 아기가 보고 듣는 때가 되면 장난감 등 소리 나는 인형을 사오거나 집짓기, 조각 맞추기 등을 사와서 갖고 놀게 한다든지 심하면 일찍부터 영재 교실에 데려 간다고 하지만 금번 미국 하버드 대학교를 수석으로 졸업한 신조을 군이나 지난번에 같은 하버드에서 수석을 했다는 김지아 양, 또 서울대 총학생회장을 지냈다는 이정우 군이 외무고시, 사법고시 양과에 합격했는데 그들의 이면을 살펴보니 이들은 어려서부터 공부를 열심히 하라고 지도한 것이 아니라, 신 군의 경우 세 살 때 부모님이 도서관에 데려가 책 보는 모습을 보인 것이 인연이 됐다고 술회한다. 때문에 자신도 한 학기에 책 50권 정도

읽는 것은 습관이 되었고, 그러다 보니 공부하는 데도 큰 도움이 됐다고 했다. 자신은 미국에서 교육받으며 성장했지만 학문을 중시하고 자식들을 위해 많은 것을 희생하는 예전 한국 어머니들의 교육 전통에 힘입은 바 크다고 말했다.

그에 의하면 대부분의 미국 부모들은 자신의 일을 최우선으로 하고 자식의 문제를 그다음으로 생각하는 데 반해 자신의 부모는 공부를 강요하지는 않지만 공부할 분위기와 여건을 최상으로 제공해 주었다며 그런 점에서는 한국과 미국 부모들의 중간형이었다고 하는 점에서도 재래 한국식 교육의 장점도 있었다 하게 된다.

또 같은 하버드에서 지난 번 수석 면류관을 쓴 김지아 양은 어릴 적부터 소문난 귀재였는데 그 후 컴퓨터에 천재, 5개 국어에 능통, 또 고등학교 때는 오케스트라의 바이올리니스트로 활동하여 미국의 명문 케리스 음악학교에서 특별 입학을 권유하는 초청장이 왔어도 거절하고 사회 활동에 적극 참여했다. 그러면서도 수석의 영예를 얻은 데 대해 부모는 "뭐 천재 교육법이라고 내놓을 게 없습니다" 했다는 것이며, 단지 펜실베이니아 캠퍼스의 학구열이 아니겠느냐고 오히려 한국의 입시제도하에서 공부했다면 2류 대학밖에 못 갔을 것이라 했고 공부는 강요보다 분위기가 제일이라 했다는 것이다.

재미있는 것은 이런 학생들의 소식이 미국의 신문 등 매스컴 인터뷰에 실리자 현재 미국인 부모들도 한국식 교육에 열을 올리고 있다는 데 우리는 그런 것도 모르고 미국식이 최고로만 알고 무조건 미국식을 쫓는 데 열을 올렸던 지난 일을 되새기며 이제는 우리 것의 음미도 잘하는 기회를 마련해야 될 것으로 안다.

물론 미국에는 많은 석학들이 있어 그들의 우수한 연구를 배우려고 가야 한다면 잘못은 없겠지만 공부하는 방법까지야 미국 어느 주 어느 대학 방법이라고까지 소문난 것이 없으니 과거 개화기에 미국 의존적이었던 사고는 정리되어야겠다는 것이 노학자들의 의견이다.

우리는 우리 나름대로의 방법이 있어 그것이 잘 맞을 때는 성적이 부쩍부쩍 오르고 그렇지 않을 경우엔 강요해도 되지 않는 것이 공부 하는 환경이라 볼 때 공부는 기회와 여건에 좌우된다 하겠다.

어느 분은 6·25 전쟁으로 고등학교 공부를 충분히 못했지만 후에 어떤 기회가 오니 타의 추종을 불허할 정도로 열심히 학구열이 일어 늦게라도 박사학위를 받게 된 일이라든가 역사에 길이 남을 연구서 를 쓰게 됐다는 것을 보면 공부는 하고 싶을 때 해야 잘되는 것이라 하겠다.

"억지가 사촌보다 낫다"는 말은 여기에는 해당이 되지 않으며 입 시를 위해 일등을 강요할 수 없다는 것을 엄마들이 이해하는 기회가 됐으면 한다.

이렇듯 영재도 그의 자질을 발견하고 그가 좋아하는 것을 하려 할 때 그것을 뒷받침하는 것이며 그렇지 않을 경우는 재능 발휘나 열의 가 나지 않는 것이라 해 엄마들은 아기일 때 어떤 쪽에 재능이 있는 가에 관심을 갖는 것이 영재개발의 지름길임을 알리고 싶다.

요즘 극성스러운 엄마들의 교육 열의 때문에 어린이들이 정서 장 애를 일으키고 있다는 이야기를 들으며 영재를 원하는 만큼 그 후에 오는 의욕 감퇴에도 신경을 써서 보다 어려운 문제가 야기되지 않게 해야겠다. 이런 실정을 예방하기 위해서도 올바른 방향 설정이 선행 되어야 할 것 같다.

0세의 이브카 씨의 의견

일본의 유아 교육의 대가인 이브카 씨가 이런 말을 했다.

아기가 태어나면서 우주인 같은 복장을 한 사람들이 지켜 서서 수술하고 있는 모습을 보았다면 느낌이 어떠했을까?

더욱이 수술할 때의 마취를 생각해 보자. 과연 태아가 좋아했을까?

"으악" 하며 소리를 쳤다면 그건 무슨 뜻이었을까를 생각하며 인공분만의 장단점을 생각해 볼 시점이 아닌가 한다.

프랑스에서 실시한 원숭이의 출산을 비디오로 보았더니 산후에 엄마 원숭이는 후들후들 떨면서도 새끼의 보를 거두고 젖을 빨도록 끌어안으며 무언가 소곤거렸는데 이는 탯줄을 끊기 전이며, 또 체내에 있을 때와 같은 대화로 의사소통을 하는 것으로 볼 수 있었다. 이건 출생의 시작이 아니라 태중 생활의 연장이며 이제부터는 모체 밖에서 새로운 삶을 영위해야 된다는 커뮤니케이션이 아니었겠느냐는 것이었다.

또 인도 등지에서 행해지는 자연분만을 보니 구미와는 다르게 아기 눈이 초롱초롱하고 다음 날엔 웃기도 한다. 그런데 마취를 하고 제왕절개로 낳은 아기는 눈이 그렇지 못했으며, 아기가 웃는 것을 '유아 미소 신드롬'이라고 하여 병적인 현상이라 하는 말도 들었다.

이것이 발달한 의학의 이름 짓기라면 우리는 전통적 방법에서 무엇인가를 찾아야 하지 않겠나 한다.

적어도 지능이 최고로 발달한다는 중요한 시점에서 마취로 정신을 몽롱하게 한다는 것은 좀 생각해 보아야 할 일이다. 그리고 인간의 뇌는 자연분만 시 머리가 자궁 밖으로 나오는 순간 "팍" 하고 발달한다는 영국의 발표를 인용했다. 이때가 태중 생활로는 마지막 단계요, 그간 축적한 것이 막 피어나는 단계로 굉장히 중요한 시점이다.

이미 미국에선 병원 출산이 줄고 산파에게 해산을 요청하는 쪽으로 옮겨지고 있다는 것을 알아야 한다. 그것은 출산이 인공적인 방법보다는 오히려 자연적인 방법이 월등히 낫다는 의미이며, 그동안 의학적인 출산에 문제가 있었음을 간파했다는 의미로 해석해야 하는 것이다.

현대 의학이 '태'를 자르는 방법도 이상한데 여기서 탯줄이 왜 긴지 그 원인을 생각해 보자.

탯줄은 엄마가 안고 젖을 먹일 수 있도록 하기 위한 것인데 먼저 잘라 버리면 이 의미는 묵살되어 버리고 만다. 탯줄은 성인의 장과 같아 음식이 위에서 소화될 뿐만 아니라 장에서 다시 흡수된다는 것을 생각해 보고 저장고로서의 역할을 한다고 생각을 하면 태아가 필요로 할 때 엄마가 즉시 제공하지 못한 것을 조금씩이라도 보충해 주는 곳이기 때문이다.

우리가 모자의 관계를 보면 놀랄 일이 한두 가지가 아니다.

인간의 지혜는 괄목할 만큼 발전한 것은 사실이다. 특히 과학과 기술, 의학과 기계, 기구도 많이 개발되어 모든 것을 그에 의존하려는 생각들로 꽉 차 있다. 그러나 그것은 착각이 아닐는지 모르겠다. 조금만 더 깊이 들어가 보면 인간은 이해하기 어렵거나 이해에 도달되지 않는 신비한 부분이 많다는 사실에 접근하게 된다. 무엇보다도 생명 그 자체가 그렇고 그 구조가 아닌 방대한 능력에 대한 것이 그렇다. 구성요소는 알고 있지만 그것을 갖고 온갖 노력을 해봐도 인간을 만들어 내지는 못했다.

인간의 성장도 마찬가지여서 유전자의 세포가 분열하며 형성 발전된다는 사실은 알면서도 어떤 설계도에 의해 분열이 이루어지는가는 아직껏 밝혀내지 못하고 있다. 하물며 마음이나 감정이 무엇이며 이것들이 어디에 위치하고 있으며 어떻게 축적되어지는가에 대해서도 알지 못하고 있다. 마치 과학으로 큰뇌와 생리적인 조직 등을 밝히고 있지 않느냐고 할지 모르지만 천만의 말씀이고 실제로는 아직 아무 것도 아니라 할 수 있다. 잠이나 기억의 메커니즘이라는 근본 문제에 있어서도 과학은 명확한 답을 하지 못하는 실정에 있는 것이다.

인간의 성장, 발달이나 학습을 어떻게 하는 것이 가장 효과적이냐 하는 것에 대해서도 자주 바뀌고 자꾸 어린 연령으로 내려오고 있는 것을 보더라도 현재 진행되는 과정을 유지할 것인가, 아니면 개정해야 할 것인가에 대해서도 명확하지 않다.

요즈음 유아 교육이 제일일 것 같이 야단이지만 원천적인 문제에 접근하지 않은 유아 교육은 반쪽만의 교육이 아닌가 생각해 봐야 하며 나머지 반쪽은 태내에 있을 때 어머니가 담당해야 할 부분이라 해야 옳을 것이다. 중요한 핵심은 지식을 중심으로 한 능력 배양이 아니라 심성과 인격, 즉 성품 형성에 있다고 보아야 할 것이다.

그것은 인간의 능력을 최대한 발휘해 볼 수는 없을까 하는 데 대한 것이며 한없는 가능성을 찾아보니 많은 실험 결과가 있는 데서이다.

모든 유전공학이 유전자 조작, 염색체 복제 등으로 Totato, Liger, Mt. pig(산만큼 큰 돼지) 등 많은 실험을 하고 있지만 1985년 일본 쓰쿠바 과학기술 박람회에서 보인 토마토(수경재배로 한 나무에서 13,000개 열림)는 유전공학이 아닌 재배 방법의 새로운 기술로 이룩됐다는 것을 보면 인간의 무제한적 능력을 사용 가능한 쪽으로 돌리는 데 눈뜨는 것은 과욕이라 할 수만은 없다.

인간은 왜 인간의 문제에 소홀한가. 너무 어렵고 임상실험하기가 힘들어서인가. 시간이 너무 오래 걸리는 일이라서 하다 포기하는 건가 하여 몇 가지 예문으로 간접적 결과론을 삼고자 한다.

우간다의 한 엄마는 아기를 출산하기 직전까지는 일상적인 일을 했다. 분만의 진통이 시작되자 이 여인(지이바)은 혼자 적당한 장소에 가서 쭈그리고 앉아 아기를 출산했다. 그리고는 한 시간가량이 지났을 때쯤 이 아기를 안고 친척집을 찾아다니며 자랑하더라는 것이다. 엄마의 가슴에 늘어뜨린 띠 속에서 먹고 싶을 때 젖을 먹고 자고 싶으면 잔다. 이렇게 키워진 우간다 아기들은 2~3일 되면 벌써 앉을 수도 있다. 잠자는 시간은 그리 많지 않고 눈을 뜬 채로 지내는 시간이 길다. 또 6~7주 되는 아기 3백 명을 조사해 보니 대개가 능숙하게 기었으며 혼자 앉는 일은 아주 쉽게 익혔다.

이것은 유럽(구미)에서 자란 24주(6개월) 된 아기와 맞먹는 행동이었다.

이것이 꼭 좋은 것이냐 하는 것을 떠나서도 개발 능력에 관한 얘이기 때문에 참작의 여지는 있다 하겠다.

흔히 따뜻한 지방에서의 출산은 쉽고 이런 아기는 자라는 것이 빠르다고 알려져 있지만 꼭 그런 것 같지는 않은 것이 추운 러시아의 퉁구스족은 유목생활을 하는데 영하 40℃의 강추위 속에서도 분만을 한다. 그런데도 그들은 출산을 간단한 생리현상쯤으로 여긴다며 출산 후 얼음물에 담그기도 한다. 때문에 출산 준비 같은 것은 아예 하지도 않는다.

또 오스트레일리아에서는 지금도 거의가 자가 분만을 한다. 물론 위급한 사태를 대비하여 구급차가 준비되어 있기는 하지만 조산원이 산모 곁에서 시중을 드는 정도라 한다. 이것이 오히려 병원에서 보다 신생아 사망률이 낮다고 한다.

그런데도 일본, 한국에서는 병원 출산을 당연한 것으로 알게 됐으니 출산이 무슨 병도 아닌데 왜들 이러는지 알다가도 모를 일이다.

대개의 포유동물은 어미가 갓 태어난 새끼의 몸 구석구석을 핥아 주는데 특히 엉덩이를 핥아 주는 이유가 속히 배설구를 열어줘야 하기 때문이라고 한다. 이런 것이 섭리이며 자연 현상이라면 인간의 인공분만은 과연 어떻다고 보아야 할까? 마취로 아기의 뇌를 몽롱하게 하는 일 제왕절개로 아빠가 Touching할 수 없는 일 등은 신비한 생명에 우리들 생각이 미치지 못하는 것이나 아닐지?

출산 때는 엄마와 아기 간에 호르몬의 분비가 촉진이나 억제되는 현상을 일으키고 있다는 것을 아는지 묻고 싶다.

또 병원 출산을 완벽하다고 생각하고 있지만 '분만관리'라는 엄격한 시설을 갖추고 있다고 하지만 분만실의 밝기는 3천 럭스가 넘는

밝은 등을 켜고 있다. 30럭스 정도의 어두운 자궁에서 나오는 신생아의 입장에서 보면 눈이 부실 수밖에 없다. 때문에 출산된 아기는 눈을 뜰 수가 없다. 이렇게 보면 신생아가 지닌 어떤 능력을 손상시키는 거나 아닐는지? 산모나 신생아를 위한다기보다는 병원 규격에 맞추려는 것 같은 실태를 나무라는 입장이 되지 않기를 바란다.

단지 생명에 외경심을 두고 여기에 대처하는 지혜가 있어야겠다. 『매지컬 차일드 케어 *Magical Child Care*』라는 조셉 피어스의 책에서 보니 현대적 출산 기술을 원숭이에게 실시한 결과 마취를 하고 절개로 출생한 새끼 원숭이는 굉장히 무력해서 멍청하기까지 했다. 그래서 어미 원숭이도 도와줄 수 없게 되었다니 과연 이것이 무엇을 의미하는 것일까는 생각해 보아야 한다.

원숭이를 인간과 비교할 수는 없겠지만 인공분만과 자연분만을 비교해 보니 신중히 생각해야 할 일이 있지 않나 하는 장면이라 할 수 있다.

최근 생리학의 발달과 정신분석학의 입장에서 태아의 심성이 감성변화에 따라 작용한다는 것이 해명되는 것을 보며 엄마의 혈액 속에 분비된 화학물질이 아기에게 커다란 영향을 미친다는 사실이 입증되었고, 이것은 뇌의 활동을 신경섬유 서로 간의 교류로 포착했던 지난 시대의 방식으로는 전혀 알 수 없었다.

심지어는 신생아가 생후 3개월까지도 보이지 않는다고 했지만 최근에 이르러서야 비로소 생후 1개월로 변경된 일이라든지 그러나 아직도 생후 즉시는 앞을 보지 못한다는 학설이 통용되고 있는 데 대해 아연실색한다.

이런 오류는 심리학의 대가이며, 정신분석학의 기초를 확립했다는 프로이트로부터 잘못된 것이 아닌가 하고 추측된다. 다시 말하면 프로이트는 "신생아는 2~3개월까지 웃지 않는다"라든가 "태어나 2~3개월까지는 지능이 존재하지 않는다" 그래서 "인간의 정신은 2~3년이 지나지 않으면 발생하지 않는다"라고까지 했다. 이런 주장이 잘못 정착하다 보니 모든 것이 엉뚱한 방향으로 설정되기 시작한 것이 아닌가로 느껴진다.

그 외 미국의 화이트 박사, 또 유아 교육을 연구한 많은 다른 학자들에게서도 "신생아는 2개월까지 잠을 잔다"든지 "신생아는 심리적 미분화의 유기체"라고 했던 잘못된 학설 때문에 우리는 신생아 연구에 소홀했고 잘못된 방향으로 나갈 뻔했다. 그러나 이제 다시 생각해 보니 신생아는 키우는 방식에 따라 얼마든지 발전할 수 있는 한없는 가능성의 초능력 상태라는 데 눈을 뜬다.

1982년 베네수엘라의 국립정신병원을 방문했을 때의 일인데 신생아를 침대 한가운데 놓고 침대 한쪽엔 엄마가, 다른 쪽엔 간호사가 앉아서 서로 아기에게 "아가야" 하고 자기 쪽을 보도록 부르는 장면이었는데 몇 번이고 부르는 사이에 아기는 엄마 쪽을 향했다.

이 일은 다른 아기들에게도 실험했는데 결과는 모두 같았다.

이건 무얼까? 엄마의 목소리는 이미 태아 때에 학습되었다는 의미와 그것은 신생아에게도 그대로 연결됐다는 의미라 할 수 있다.

목소리 말고도 그냥 뉘어 놓은 채 두 사람의 얼굴을 20~30cm 떨어진 곳에서 아기에게 갖다 대 보라. 아기는 자기를 사랑스러운 얼굴로 바라보는 엄마 쪽으로 향하게 된다. 이것은 젖 냄새나 숨소리에 익숙하기 때문이고 오감(五感) 작용이 아닌가 하며 어느 면에서는 보다 높은 영감일 수도 있다. 태어난 지 얼마 되지 않은 상태의 일이지만 이런 일은 아직까지 과학자들에게 크게 연구 대상이 되지 못했던 장면이라 생각된다.

다시 생각해 보면 이런 것은 경험한 엄마들은 다 아는 이야기이지만 의학의 분야가 아니기 때문에 의사들은 그냥 지나쳐 버리는 부분이라서 별일 아닌 것 같았으나 요즘 전문지식이 잘못 전해지고 있다는 면에서 돌이켜보면 그간의 학설에 수정이 가해지도록 하는 것은 중요한 과제라 아니 할 수 없다.

여기 흥미 있는 이야기로 여러 사람의 목소리를 녹음한 테이프를 아기에게 들려주었더니 합성된 목소리엔 전혀 손발을 움직이지 않았다는 것이며 더욱이 기분이 좋지 않아 보이거나, 재미가 없다는 듯 딴 곳을 향하더라는 것이었다.

이런 실험으로 볼 때 아기는 사람의 목소리나 어떤 소리에 반응한다기보다는 엄마의 목소리이기 때문에 반응한다는 것을 알았다. 더욱이 음악도 엄마가 임신 중에 자주 듣던 태교 음악은 신생아를 기쁘게 혹 안정시켜 주지만 새로운 음악에는 별 반응이 없다는 것을 알게 됐다.

1975년경부터 미국에서는 자폐증 어린이가 증가하고 있는 원인에 대해 조사 연구한 결과, 그 원인이 출산 후 즉시 신생아실로 옮겨지기 때문에 모자 관계의 결함으로 부각되기 시작했다.

이것을 실험하기 위해 두 가지 유형으로 구분하고 한 아기는 곧장 신생아실로, 다른 아기는 엄마의 가슴으로 옮겨 단 10분간 엄마와 접촉하게 하고 신생아실로 옮겼다. 이 두 개 조의 실험은 그 후 2년까지도 진행됐는데 결과는 어린이가 우는 횟수, 말을 잘 알아듣는 것 등으로 나타나고 어머니 쪽에서는 안아 주는 것, 뽀뽀하는 것, 애정 표시 등의 차이를 보였다. 특히 10분간의 접촉이 없었던 어머니들은 기저귀가 젖은 것에서도 신경질적인 반응을 보였고 아기에 대한 고통과 고민의 하소연이 많았다.

이에 대해 클리블랜드 대학교의 크라우스 교수는 『엄마와 아기의 유대』라는 책에서 출생 후 즉시 엄마와 접촉한다는 것은 상당히 중요하다며 지로우 박사는 모자관계의 분기점이 된다는 것을 알았다.

이것은 개의 어미와 새끼 실험에서도 잘 나타났다. 1985년 모리나가 씨가 쓴 『엄마와 아기 상호작용의 심리학』에서 개가 새끼 몇 마리를 낳았는데 그중 1마리를 3주간 격리시켰다가 다시 어미 곁으로 갖다 놓았더니 어미 개는 으르렁대며 다른 새끼들만 감싸더라는 것이다. 그 후 14일쯤 되어 모리나가 씨는 슬그머니 어미 눈을 피해 젖을 먹도록 했는데도 억지로 먹이기는 했으나 못마땅하게 여기더라는 것이었다. 이렇게 되니 새끼 개도 다른 놈들과는 잘 어울리지 못하는 이상한 성격이 형성됐다. 마치 '미운오리 새끼'와 같은 꼴이 된 것 같았다.

그 후 16주 또는 6개월 후에 그들의 관계를 다시 살펴보았지만 역시 이놈은 꾸어다 놓은 보릿자루만큼이나 서러움을 받더라는 이야기다. 생후 단 3주간의 이별이 이렇다고 볼 때 요즘 유행하고 있는 탁아소의 문제를 재고하며 인간 문제는 어떤 것인지 알고 갈 일이다.

또 어떤 사람은 아직도 유전 문제에서 헤어나질 못하고 잘하면 자기 공, 못하면 조상 탓으로 애매한 조상을 욕되게 하는 일이 있으나 막상 각각의 유전자가 갖고 있는 정보량은 막대하지만 우리는 그 가운데 1% 남짓한 정보량밖에 현재화(顯在化)하고 있지 못하다고 일본 미쓰비시 생명과학 연구소의 나카무라 씨는 말한다.

또 쓰쿠바 대학 유전자 실험 센터의 무라가미 씨는 한 유전자가 갖고 있는 정보량을 문자화한다면 무려 30억이며 그것은 환경에 의해 발현하는 것인데 그 정보는 어디까지나 우리 몸을 형성하는 데 요구되는 프로그램에 쓰인다고 하니 역시 인간의 능력이나 성격과는 관계없는 것이라 할 때 우리는 환경 문제를 어떻게 효율적으로 할 것인가에 대한 과제가 남는다고 말한다.

즉 올바른 출산, 그리고 엄마의 좋은 환경이 아기의 장래 문제와 직결된다고 보아 자연분만보다 더 좋은 것은 없다고 할 수 있다.

그 정성은 바르게 판단하고 잘못된 유행에 휩쓸리지 않는 지혜라야겠다.

1973년까지만 해도 일본의 도키자네 씨 같은 이는 태교를 "엄마의 뇌와 태아의 뇌는 신경섬유로 연결되지 않았다"는 등 잘못된 인식으로 부정적인 시각이었다. 그러나 그의 제자인 오오시마교시 같은 사람은 "뇌와 호르몬 등의 화학물질 연구"를 발전시키면서 태교의 합리성을 생체학적 전달 루트로 변화시킨다. 즉, 태교는 교육이라는 차원에서가 아니라 아기에게 말을 건다든가, 젖을 준다든가 안아 준다든가 했을 때의 정서 발달이 무엇인가를 기억할 능력이 생기기 전에 가해지는 것이라고 토를 달았다.

다시 말하면 언어 이전의 교육이라든지 생후 10분간의 접촉과 같은 것에서 주어지는 요소라는 것으로 그 애를 천재, 영재로 키운다기보다는 그 후 교육에서 얻기 힘든 값어치 있는 효과라 표현하고 있는데 이는 현대적 접근 방법의 과학적 해명이라 할 수 있다.

언어가 아니고서도 인간사를 소통하는 일은 많이 볼 수 있다. "눈으로 말한다", "표정으로 말한다"는 등의 말이 있듯이 정글에서 키워진 타잔도 처음엔 말을 못했지만 손발로, 눈치로 의사소통을 했듯 엄마와 아기는 오감으로 소통하는 방법이 있다.

이것을 보다 바람직한 방향으로 하고자 하는 것은 태교라는 범주에서 찾을 수 있다. 그것은 영감, 육감일 수도 있고 요구를 직감하기 때문이기도 하다.

1. 아기는 느끼는 바에 따라 교육되어진다.

2. 아기는 패턴으로 인식한다.

3. 아기는 이해하기보다 기억한다.

4. 아기는 어려운 것이 따로 없다.

그래서 다양한 요소를 부여한다.

1. 반복을 계속한다.

2. 설명은 필요 없다.

3. 성급한 결과는 기대 말라. 가정교육은 한 살 전부터다. 가정교육은 엄마만이 할 수 있다. 신생아의 능력을 바로 알자. 엄마는 창조적 예지를 갖고 있다.

옛 일본왕은 백제의 제후였다

서기 503년 백제의 무령왕이 일본의 제왕[동생왕-계체(繼體)]에게 구리거울을 주었다는 이야기가 있다. 일본에서 논란된 청동거울(일본 국보 고고2호)에 새겨진 사마(斯麻)라는 글자를 새롭게 풀이하여 우리를 놀라게 하고 있다. 그것은 1971년 7월 5일 충남 공주의 고분 1호에서 발굴된 백제 25대 무령왕릉의 지석(誌石)의 글자 사마(斯麻)가 그것과 똑같다는 판독에서 연유됐다.

그간 일본은 동경국립박물관에 소장된 스다하치 망경의 명문은 우리를 식민지로 경영했다고 역사를 왜곡해 왔다. 그러나 우리는 반박할 자료가 없어 억울한 '임나일본부설'을 부인도 못하고 있었던 것이다.

이번에 동국대학교 소진철 교수가 연구해 밝힌 논문에 의하면 6세기 초에 "백제 대왕은 의왕(일본국왕)을 하나의 봉건제후처럼 거느렸다"는 새로운 해석을 함에 한일 양국의 고대사 연구에 새 장을 열게 됐다고 한다.

스다하치 망경은 1834년 오사카에서 한 촌부가 밭을 갈다 발견해

헌납한 지름 19.8cm의 거울로 인물상과 48자의 영문이 새겨져 있는데 여기에 사마(斯麻)라는 글자가 있고 이것을 일본 원로학자가 귀히 여겨 황국사관에 입각하여 사마가 남제왕(男弟王)에게 헌납한 것이라는 해석으로 이 거울에 있는 '계미년'을 323년, 563년, 623년 등 엉뚱한 추정을 해 정당한 해석을 의도적으로 포기하려는 저의를 보여 왔다. 그러나 결국 남제왕은 4년 후 일본의 실권을 장악하는 계체(繼體)로서 그는 오늘까지 계속되는 일본의 황가의 직계 중시조(中始祖)가 된다는 것이다.

그렇게 해석될 때 일본 황실의 만세일계(万世一系)는 계체의 아들인 흠명(欽明)을 이어 명치(明治), 대정(大正), 소화(昭和) 그리고 현 평성(平成)에 이르는 근세사까지 몽땅 그 뿌리가 뒤바뀔 가능성이 짙다는 것이다(요즘 평성이 역사상의 한일관계를 인정하기 시작).

그러나 그럼에도 불구하고 우리에게 반증할 사료가 없다는 이유로 일본의 국보로까지 지정된 이 거울의 명문 해석상의 차이를 믿었으나 앞으로는 어떻게 할 것인지 자못 궁금하다. 만약 그렇게 될 경우 한·일 간은 문화교류뿐만 아니라 역학 관계에 있어 제후란 왕의 명령을 받는 한 고을의 원님 같은 성격으로까지 해석할 수 있을지는 몰라도 그와 비슷한 관계라는 데 의미가 있다 할 것이다.

이런 관점에서 보면 아무리 고대사라 할지라도 한·일 관계에 있어 우리는 큰나라(형님의 나라)였었는데 지금까지는 어떻게 거꾸로 해석되어 왔는지 역사 왜곡에 간교했던 과거사를 또 한번 맛보는 계기가 되지 않을는지 하며 하루 속히 올바른 고대사 조명에 획기적 단계가 되길 빈다.

이런 이야기는 전에도 종종 있었다. 일본 규슈지방의 여러 유적, 비석, 동리의 풍습에서 또 동경 근처의 무덤이나 절에서 백제, 고려의 영혼이 깃든 부장품이 발굴되고 지금까지 모신 절이 존재하고 있음을 보고 있으며 지방 이름이나 사당 같은 것에서도 우리말, 우리 얼이 남아 있어 우리 문화의 흔적이 남아 있는 곳이 한두 군데가 아니다.

그러나 일본의 한반도 침략 이후 변조되기 시작한 문화의 왜곡은 극에 달해 우리말, 우리 글, 우리 성씨도 없애려고 했던 침략사에서 무언가 그들이 꺼림칙하게 여겼던 우리 선조들의 위업에 새로운 역사 인식이 필요하다고 느껴진다.

일제 36년의 과거를 연상하니 괘씸해서가 아니라 세계가 이웃같이 화평하며 상호 협조의 이해 속에 호혜 평등을 내세우며 인류 복지를 향해 사상적 냉전도, 영토 침략도, 또 권위주의의 전쟁도 없애는 마당에 무엇을 위한 왜곡인가 하겠다.

21세기는 새로운 역사 창조의 세기라 볼 때 사실은 사실대로 밝혀져 미움과 시기, 질투를 없애고 형제애의 새로운 협조 체제를 구축하기 위하여 잘못되어 왔던 과거를 말끔히 청산하기 위해서는 영명한 판단이 있어야 한다는 생각이다.

유사 이래 인류는 부단한 경쟁으로 보다 잘살기 위한 투쟁을 해온 것은 사실이나 그렇다고 안보 협력이 유엔의 기치하에 잘 되어가는 이때도 침략적 근성을 버리지 않고 이웃을 불안하게 하고 호시탐탐 기회만 노려서는 안 되겠다는 의미다.

동양이나 서양이나를 가릴 것 없고 지배주의라는 케케묵은 정치 형태를 벗어 버리고 서로 돕는 이웃으로 살기 위해서는 역사를 바로잡는 일, 그것이 선행되어야 할 한·일 관계가 아닐까 한다.

얼마 전 우리 사회에는 형님 먼저, 아우 먼저 하는 유행어가 있었다. 형님이 존대를 받든 아우가 잘살게 되든 다 좋은 일이며 사촌이 땅을 샀다고 배 아플 사람이 있지도 않다. 그저 서로 도우면 도운 만큼 편안하고 넉넉하고 풍만해질 것을 너무 재주에 매달려 앞서 가다가 또 땅에 떨어지는 일 없게 하기 위해서도 안정된 생을 누리게 되기를 빌 뿐이다.

원래 이 청동기물(동경)에 대한 옛이야기는 많다. 이규태 씨가 쓴 글을 보면 당태종의 경계에는 동경으로서 의관을 바로 하고 잘잘못을 알며 얻고 잃음을 밝힌다 했고, 거울은 정치를 밝히고 바로잡으며 경계하는 심벌로 상징되었고 백성을 다스리는 사람은 천제의 대행자로서의 증명으로 이것을 지녀야 했다.

그래서 천하를 지배한다는 것을 "거울을 쥔다"고 했고 대원군이 왕정 복귀할 때도 거울 이야기가 있다. 뿐만 아니라 일본의 신궁에도 시조인 아마데라스의 왕통을 잇는 거울 야다노가가미가 있단다. 서기 4~5세기에는 위나라 임금이 사마태국왕인 히미코에게 동경을 내려 왕조를 인정하는 이야기도 전해져 내려온다.

이렇게 청동의 거울은 얼굴을 들여다보는 일보다는 어떤 상징 혹은 신통력의 수단으로 그 용도가 있었다. 진시황은 동경으로 사심을 품은 궁인 궁녀를 잡아내는 데 쓰고 우리나라 후백제의 궁예도 그의 처가 간통하는 것을 이것으로 찾았다 하며 고분 출토를 하다보면 동경은 묘의 네 군데 구석에서 발견되는데 그것은 죽은 시신에게까지 요사한 기운이 덤비지 못하게 하는 신통력이 있다는 의미라 해석되기도 했다.

채홍(採紅)의 역사를 되새김 - 치욕의 역사

우리는 지난날 국력이 약해지면서 이웃 강대국의 지배를 받았던 쓰라린 역사를 갖고 있다. 이때는 또 헌녀라는 이름의 성 수탈로 여인들을 공출하는 치욕의 역사가 뒤따랐는데 이것을 채홍이라 불렀다.

지금 와서 돌이켜보면 창피하기도 하고 난센스라 할 만큼 웃을 수도 없는 이야기지만 망국의 서러움이 빚어낸 이 치욕의 역사는 하나의 장으로 기록되기도 했다.

정숙해서였는지 요염해서였는지 왜 하필 여인들을 달라 하고 빼앗아 갔는지는 모르겠으나 침략군들은 꼭 우리나라 여성들을 데리고 갔다. 아니 끌어갔다고 해야 옳을 것 같다.

그중 운이 좋은 사람은 그래도 인간 대접을 받는 자리에 앉기도 하고, 후실 혹은 아기를 많이 낳은 어머니로 대접을 받기도 했으나 그렇지 못한 사람은 노비로 고생도 많이 했다.

고구려의 20대 장수왕 54년엔 위나라로부터 헌녀를 요구받고 28대 보장왕 4년에는 당나라의 요구로 몇만 명의 헌녀를 했다 하며, 고려

때는 원나라로부터 요구받아 13~16세의 헌녀를 연례적으로 했다. 또 고려 고종 42년에 원나라 장수가 강릉 호장의 젊은 아내까지 납치했단다. 그래서 중국에는 한국사람 같은 인상이 많이 보이는가 한다.

후에 이 분의 아들이 어머니의 소식을 듣고 3만 리를 찾아 헤매다 6년 만에 고생하는 어머니를 만나 모시고 돌아온 이야기는 우리를 뭉클하게 하기도 한다.

그래서 이런 때가 오면 부모들은 비통함을 억누를 길 없어 더러는 샘에 빠져 죽기도 하고 대들보에 목을 매기도 했으니 앞으로라도 이런 일이 없게 하기 위해서도 현대 여성들은 경제적으로 예속되어 가는 것도 모르고 물질 만능, 외국물건 좋아하기에 빠져도 되는 건지 되새겨 볼 일이다.

이뿐만이 아니다. 임진왜란 때와 병자호란 때도 일본으로 끌려간 여인들이 수십만에 달했다는 것이며 제2차 세계대전 때는 10만 명 이상의 한국 여성들이 정신대라는 이름으로 일선에 배치되어 군인들의 노리개로 개만도 못한 생활을 했다는 것이 속속 밝혀지고 있다.

혹은 죽고 혹은 살아 지금도 세상을 멀리하고 집단촌을 만들어 여생을 보낸다는 이야기며, 한평생 숨기고 살던 어느 할머니가 이젠 더 참을 수 없다고 자신의 굴욕된 정신대 생활을 폭로하기도 한 것을 안다. 요즘엔 UN에 제소하고 참상을 폭로하는 운동도 벌이고 있다.

왜 하필 한국 여성들을 그렇게 노렸는지 또는 그렇게도 한국 여성에 매혹됐는지는 몰라도 인간 이하의 생활로 끌려간 치욕의 역사는 잊을 수가 없다.

남자들이 오죽 못 나서 싸움에 지고 이런 일을 당하게 했느냐고 할 수 있겠으나 그 남성을 누가 낳고 누가 키웠는지 생각하면 어머니가 될 여러분은 장차 자기 자녀를 어떻게 낳고 어떻게 키울지 지켜볼 일이다.

나라의 흥망성쇠는 당장 생활을 윤택하고 화려하게 하는 데 있지 않고 10년 후, 20년 후의 일과도 연결되며 이런 원대한 계획도 엄마가 하는 일로 지금 하는 일이나 생각과 무관하지 않음과 또 부부간의 일과도 연관 있다고 볼 때 오늘을 사는 우리의 지혜가 무엇이냐에 관심을 쏟을 만도 하다.

지난날의 우리 역사는 치욕적이었다. 누가 그렇게 만들었으며 누구에게 책임을 전가할 수 있단 말인가?

오늘 우리가 흥청망청 사는 것이 다음 세대에게 좋은 것을 물려 줄 수 있다고 할 수 있을 지 아닐지는 여러분의 마음에 달렸겠지만 어느 나라 역사를 보더라도 그 나라의 흥망성쇠는 그 나라 여성들을 보면 알 수 있다는 어느 철인의 말처럼 우리의 오늘을 조명해 보는 것도 장래를 위해 무가치하다 할 수 없다.

우리는 문화 민족이요, 서서히 세계의 이목이 동방으로 집중되고 있는 것을 안다. 일본은 군비를 확충하고 있고 한·일 간의 수출입 비교는 계속 수입 초과로 시달린다. 여성들은 이것이 어떤 결과를 가져 올 것인지에 관심을 가져야겠고 자신의 행동이 어떤 의미인지에 대해 서로 의견을 나누어야겠다.

21세기는 군사적으로 대국이 되는 것이 아니라 그보다 더 무서운 경제적 예속이 되지 않도록 정신 차려야겠다.

또 하나의 채홍의 역사가 되살아나지 않게 하기 위하여, 또 아름다운 여성의 미, 여성의 행복이 지속되게 하기 위해 느낌(feel)으로 살지 않고 생각(think)으로 사는 생활 방식을 터득하게 되길 빈다.

그런 중에도 우리 여성의 역사를 보면 우수한 일면을 갖고 있기도 하다.

태교 문헌만 보더라도 몇백 년 전에는 여성의 손에서 집대성됐고 여성이 이것을 완성하였다는 사실에 놀라움을 금할 수 없다. 여성의 역할이 무엇인가에 대해서도 마디마디에 분명히 열거하고 있었다.

훌륭한 아기를 출산·육아하고 장차 나라에 큰일을 하게 하기 위해 떡을 썰며 아들에게 모범을 보인 한석봉의 어머니며, 아들의 기생집 출입을 막기 위해 자신의 애마를 목 베게 한 김유신 어머니의 역할, 정몽주의 어머니, 신사임당 등 훌륭한 여성들이 많다. 물론 현대에도 그런 여성들은 많다. 그러나 일부 여성들이 나라를 망치려 날뛰고 있다. 이런 여성은 배척되어야 하고 족집게로 뽑듯 뽑아버려야 한다.

이런 사람이 늘면 늘수록 나라가 망하기는 누워 떡먹기가 될 것이고 여러분의 노력은 물거품이 될 위험도 있으니 이런 일은 싹이 자라기 전에 잘라야 할 것을 당부한다.

그것은 우리가 행복해야 되겠고 우리 자손이 행복해야 되기 때문이다.

다시는 이런 치욕의 역사가 없게 하기 위해 주먹을 불끈 쥐자 세계 여성들이 우리를 지켜보고 있다.

이제부턴 우리도 아래의 몇 가지를 뉘우치며 다시는 이러지 않도록 해야겠다.

· 어른을 공경할 줄 모르는 여성
· 남성을 얕잡아 보는 여성
· 남편을 이해할 줄 모르는 여성
· 말을 곱게 하지 못하는 여성

- 글 읽기를 싫어하는 여성
- 진리를 모르는 여성
- 우리를 잊고 나만 아는 여성
- 소비 절약을 할 줄 모르는 여성
- 돈 쓰기를 너무 좋아하는 여성
- 아기를 가슴으로 키우지 않는 여성
- 육아를 남에게 맡기는 여성
- 덮어놓고 영재 교육에 미치는 여성
- 도박에 빠진 여성
- 놀기에 열중하는 여성
- 자녀 교육을 돈으로 해결하려는 여성
- 괴기영화 좋아하는 여성
- 거짓말, 훼방, 모함을 좋아하는 여성
- 욕심을 앞세우는 여성
- 음식을 외국식으로 일관하려는 여성
- 물질에 노예가 되려는 여성
- 값비싼 것을 선호하는 여성
- 잘못된 점을 고치지 못하는 여성
- 너무 먹고, 살빼기 하는 여성
- 오염의 책임을 남에게 돌리려는 여성 등 여러 가지 행위를 잘하
  려 하지 않으면 앞날이 밝을 수 없다.

거품경제와 대공황의 교훈

　현 우리나라 경제는 얼마 전 일본이 경험한 것처럼 거품경제 현상
이 눈에 보이게 나타나고 있다 한다. 조정 국면이 있지 않으면 1920
년대 미국이 경험한 대공황 전과 다를 바가 없다고 지적한 한국 경제
의 비관론이 일어 소개하면, 일부 주부들은 과소비를 아랑곳하지 않
고 있으며 근면으로 이룩한 경제 발전은 부동산 투기 열기와 주식의
한탕주의와 겹쳐 근로정신을 해이하게 하고 쾌락주의, 패배주의는 폭
력과 사치나 낭비를 부채질하여 가치관을 혼란시켜 많은 문제점을
야기하고 있어 급기야는 이 나라 경제를 비틀거리게 한다 하며 1920
년대 미국 경제와 비슷하다고 묘사했는데, 그것은 제1차 세계대전이
끝난 뒤 전승국인 미국은 전쟁 특수로 성장하기 시작한 왕성한 기업
이 성실한 노동력과 손을 잡고 세계경제의 주도권을 잡았으며 이를
계기로 고도성장이 진행되어 일반 대중도 물질적 풍요를 누렸고, 뿐
만 아니라 소득이 증가하고 주가가 나날이 오르니 곧 부자가 될 기대
감이 월부 가전제품과 자동차까지 눈 하나 까딱 않고 사들였고, 결국

은 골프다, 테니스다 하는 고급 스포츠에 열을 올리게까지 했었다. 모두는 기뻐했고 이러다가 국민은 정신이 혼미해지기까지 했다.

신문, 잡지 등 매스미디어는 유행을 가속화시켰고 해외여행에서는 많은 달러를 뿌렸다. 도시화, 기계화는 공해를 만연시켜 시민들은 교외로의 이주가 성행 교통난도 한몫을 하게 되니 자동차는 교외를 질주하게 되고 교외는 전원주택 건설 붐을 일으켜 대중들은 불로소득의 맛을 알게 되어 버렸는데 횡재를 한 돈은 주식시장으로 몰려 주식은 춤을 추었다는 것이다.

그러나 절제를 잃은 물질적 풍요가 갈 곳이 어딘가. 급기야는 방종과 낭비로 불로소득자가 판을 치게 되니 경제는 모래성같이 될 수밖에 없었다. 이때는 이미 정부도 위정자도 거대한 흐름을 막지 못해 1929년 10월 갑자기 밀어닥친 부동산 가격 하락으로 주가는 하락하고 경제는 걷잡을 수 없는 공황으로 빠지게 되니 문을 닫은 은행이 1천 개요, 실업자는 6백만 명에 달했다는 것이다.

풍요를 구가하던 미국은 일본에게 필리핀의 태평양 함대가 있던 미군기지를 강타당하고, 하와이 진주만까지 빼앗기며 정신 차리기 시작해 그래도 저력이 있는 나라였기에 제2차 세계대전을 승리로 이끌 수 있었다는 것이다.

그러나 우리는 과연 어떤가. 우리 저력은 무엇이기에 미국이 이미 겪었던 자본주의의 병폐를 재현해 보고자 하는가?

아직 자제력이 있다고 느낄 때 정신 차리고 이런 사람들에게는 철퇴를 내림으로 경제를 제자리로 희생시킬 각오를 해야지, 부정부패는 만연되고 외제품, 외국 건축 자재가 공공연히 주택을 치장하며 잘못된 골프장 건설 붐이 장마로 한 마을을 삼켜도 돈만 있으면 무사하고 별것 아닌 노동 임금이 열심히 일하는 근로자, 교육자, 연구가의 월급의 몇 배로 앞서 훌륭한 사람의 인격은 땅에 떨어지고 한탕주의 노름판, 술집의 메뉴가 파리의 갑부들만이 맛본다는 제비집 요리, 버드텅 (참새 혓바닥 요리), 곰발바닥 요리로 휘청거리는 지하 경제는 어찌해야 될지 아찔하기까지 하다.

실제로 임금 상승으로 경쟁력을 잃었다 하여 수출하는 기업들의 어려움이 있고 흑자를 기록하던 수출 시장은 수입초과 100억 달러를 초과했다는 울적한 마음을 누를 길 없으련만, 어디 돈이 쓰이는지 십만 원짜리 수표는 어린이용이요, 백만 원, 천만 원짜리나 부인들용이라니 검은 손이 이 나라를 어디로 끌로 가는지 한심스럽다.

은행은 돈이 없고, 소비 절약운동으로 정신을 차리자는 운동이 일고 있어도, 능지처참할 인간들의 못된 짓만 늘어간다면 누가 이 일을 바로잡을 것인가?

얼마 전 매스컴에서 나온 소식으로 우리에게 경종을 울릴 또 하나의 정보는 앞으로 얼마 후 정확히 1995년부터는 그간 많은 도움을 주던 IBRD 자금이 끊긴다는 것이며 작년에 벌써 세계은행으로부터 자금인출이 끊긴 우리로서는 이젠 더 이상 개발도상국의 혜택을 받을 수 없게 됐다니 이제부턴 자체 조달의 길인 증권이나 국채 등의 방법이 정착되어야 한다는데 현재와 같은 상황에서 무난하게 될지 많은 염려들이 있었다.

잘 먹고 잘사는 것이 무엇인지는 모르겠으나 이런 어려운 상황이 전개되는데도 나 몰라라 할 수는 없을 것 같아 전하고자 하는 것은 우리도 어려움을 예방하는 지혜 있는 민족이었다는 점에서이다.

허리띠를 졸라 매기 시작하면 남들이 100년 걸릴 일을 20년 만에 해낼 수 있었던 저력 있는 민족인데 너무 허풍선 같은 거품 경제가 우리를 이 지경으로 몰고 가고 있음을 느낀다면 우리는 다시 시작할 수밖에 없다는 것을 알고 또 할 수 있다는 것을 믿기 때문이다.

우리는 현재 남북통일을 전후한 경제개발, 합작투자, 수출회복 등 할 일도 많고 후발국을 위한 차관을 해주어야 할 일도 한두 가지가 아닌데 자신이 비틀거린다면 무엇을 할 수 있을까 우려된다.

전문적인 정세 판단은 따로 한다 하더라도 주부로서 알아둬야 할 급한 일이 있어 짧으나마 약간의 정세 문제를 전하므로 역동적 흐름의 물꼬를 트려 한다.

예로부터 나라의 흥망은 여자의 생각과 맞먹는다 했기에 도움이 되고자 할 뿐이다.

며느리의 말씨

"어머님 아버님, 추석에 못 가서 미안해요." 이건 TV에 출연한 어느 요리사가 TV에서 고향의 부모님께 인사하라니까 한 말이다.

"아줌마 저 누가 찾아오지 않았어요?" 이건 어느 집에 세든 여성이 직장에서 퇴근해 한 말의 한 토막이다. 또 어떤 분은 "이것 주세요"를 "이거 줘요" 하고 "이렇게 하세요"를 "이렇게 해요"로, "네, 그렇습니다"를 그냥 "그래요"로, 심하면 남편을 "형"이라 하고 "어머님, 아버님"을 "엄마, 아빠"로 쉽게 하다 보니 중요한 자리에 나가서 경어를 쓴다는 것이 거꾸로 써서 창피함을 연출하는 일이 생기는 것을 종종 본다.

이 외에도 "그래요?"라는 말도 웃어른들께 할 때는 "그렇습니까?" 해야 함에도 불구하고 시대가 빨라졌다는 의미로 약어를 사용해 어른과의 사이에 금이 가고 "이렇게 하세요"를 "그러면 안 돼요"라 하는 것을 보면 어처구니가 없다. 평상시에 잘못하다가 후에 고쳐지지 않는 경우를 생각해 미리 고치라는 뜻이니 제멋대로 하다가 당하는 일, 외국 풍조에 잘못 젖어 좋은 예절과 미풍양속을 망치려 하고 있다는 평을 받는 일이 없도록 해야겠다.

이런 것을 괜찮다고만 하다가는 자신이 늙었을 때 아들딸이 엄마에게 "너 이렇게 해라" 할지도 모를 일이다. 이런 일은 그냥 둘 것도 아니어서 새로 엄마가 될 분들에게 예의를 지키길 권한다.

이런 풍토는 잘못된 문화라 할까, TV쇼가 주범이랄까, 아니면 청개구리 문화가 잘못 발전한 데서 온 것이라 할까, 잘 모르겠지만 앞으로는 방향(발상)의 전환이 되어야겠다.

호칭에 있어서도 마찬가지다. 남편의 이름을 부른다거나 "아빠" 하고 자기 아버지처럼 부른다는 건 어른들이 듣기엔 매우 못마땅하다. "여보"라거나 "당신"이란 말이 있는데도 잘못된 말을 쓰려 하는지 모르겠다고들 하시는데 기왕이면 예쁜 말, 품격이 있는 말을 써서 사랑받는 아내가 되자.

"말로써 말 많으니 말 마를까 하노라" 하는 옛시조도 있었고, 옛날 태교에 시집가면 삼 년간 귀머거리, 장님, 벙어리가 되라 했지만 현대는 그런 의미는 아니며 단지 말 잘하면 천 냥 빚도 갚는다는 것을 알고 아름다운 말, 예쁜 말하는 버릇에 이성을 가다듬자는 뜻이다.

왜 이런 얘기를 태교 글에 넣었느냐고 하겠지만 우리나라 여성은 인기가 높고 옷매무새며 걸음걸이에 있어서도 아름다움이 철철 넘쳐 흐른다 하여 선진국 여성들의 귀감이 되고 있는 이때, 말씨가 잘못되어 현대 여성은 왜 말씨가 그러냐는 등 많은 해외 동포들이 돌아가 이상하게 되어가는 우리말에 인상을 찌푸린다고 하니, 본국에 있는 우리로서 생각을 다시 해야 되지 않을까. 말 문화는 이제 막 생명을 출산한 엄마들이 만들 것임으로해서이다.

또 어떤 때는 "왜 그래요?" 하며 이상한 악센트로 어른이나 남편을 괴롭히는 유행어가 있다. 뭘 갖고 그러는지는 몰라도 자신의 감정이 나쁘면 상대방에게 "왜 그러느냐"고 뒤집어씌우는 이런 용어는 안 쓰는 것이 좋은 것은 그것이 화목으로 이끄는 여성(주부)의 지혜이기 때문이다(요즘 뜨기를 좋아하는 방송인 중 어느 부류와는 달라야 한다는 뜻).

자신이 하고 싶다고 듣는 사람은 아랑곳하지 않고 아무렇게나 내뱉는 소리는 안 되며, 화목한 분위기를 만들지 못하는 여성은 불행을 자초한다고 해도 이상할 것 하나도 없다. 말은 이 만큼 귀중한 것이니 골라 하면 좋겠다.

여인의 삼씨는 말씨, 솜씨, 맵시오, 여기에 마음씨를 더하기도 한다. 그중에서도 으뜸인 말씨는 자신의 품위를 위해서 또 가족의 화목을 위해서, 그리고 어른으로부터 귀염받고, 남편으로부터 사랑받는데도 제일로 꼽히는 것이다.

그런데 이것이 잘못되면 어떨까. 사랑도 귀여움도 친부모님의 인격까지도 다 깨뜨린다. 어떻게 할까. 뜻 있는 분은 나서자, 올바른 분위기를 위해!

새로운 모형 창출

우리는 새로운 인간의 모형을 창출하고 가능성의 지평을 여는 데 주저하지 말아야겠다. 그것은 여러분 자신이 새 인간형을 만드는 주역이기 때문이다.

새 시대를 맞는 새 인간형이란?

자신감 있고 너그럽고 풍족하며 여유 있고 성실, 근면하며 책임감 있고 남을 도와줄 줄 알고 나누어 먹을 줄 알며, 더불어 사는 문화 세계창조에 앞장설 줄 아는 사람을 일컫는다.

그것은 태교가 바로 인간을 만드는 밑거름이었기 때문이며 앞으로 계속될 출산에 있어서도 이것이 인간형에 영향하기 때문이다.

간추려 보면 다음과 같다.

너무 서두르지 말고, 너무 나약하지 말며, 책임을 남에게 전가하지 말고, 나만을 생각하지 말며, 서로 화목하며, 이웃끼리 욕하거나 미워하거나 시기하지 말며, 너무 물질에만 현혹되어 인간에게 소홀하는 사람이 되지 말고, 외국 상품을 너무 좋아하지 말고 가짜 상품, 가짜

라벨에 속지 말고 속이지 말며 거짓이 판치는 일 없게 하며 소에 물먹이기, 젖소를 한우로 팔지 않기, 생선에 물감 바르지 않기 등과 일획천금을 노려 마약, 필로폰 등을 젊은이에게 권하지 말고, 모이면 흩어지지 말며, 의타주의, 예속주의에서 탈피하며 다시는 나라를 망하지 않게 해야겠다. 인신매매, 폭력 등이 왜 일어나는가를 감시하며 원인부터 없애야겠다.

모든 인간은 평등하다. 그러나 그렇다고 존경받을 사람 따로 있고 천대받을 사람이 없다고는 할 수 없다. 남을 돕는 데 인색하고 자기만 안다면 돈이 많아도 무시당해야 될 사람이고 돈이 없어도 높이 받들어야 할 사람이 있듯이 윗사람은 작은 일에도 책임지는 일을 해야 하며 아랫사람이라고 아무렇게나 해도 된다는 법 없고 더욱이 남을 속이거나, 거짓말하거나, 남을 얕보거나 공짜 돈이나 부정한 뇌물을 받지 말며 이런 사람은 큰 벌을 받는 사회가 되어야 하고 주제 파악을 하는 사회가 되어야겠다.

그렇게 함으로써 앞으로의 사회는 그간에 지적됐듯이 서두름병, 이기주의병, 자기비하병, 새치기병, 외제선호병, 모방병, 책임회피병, 속임병, 가짜병 등은 사라질 것이고 살 만한 세상이 될 것이라 믿는다. 이런 일은 높은 곳으로부터 내려와야 하고 낮은 곳에서도 자각하는 기회를 마련하는 일뿐이라 생각한다.

우리 조상의 훌륭했던 일, 그 지혜를 소화하는 사람이 되어야겠다고 생각한다.

첫째 가정에서 시부모님을 공경하며 남편을 하늘같이 받들며, 자식들에게는 지혜와 용기와 사랑을 주며, 어른을 존경하며 이웃을 사랑할 줄 알도록 가르침으로 해서 사회가 안정이 되면 서로 헐뜯고 모함하며, 짓밟고 시기하며, 남의 치부를 들추고 망하게 만들고, 서로 단합이 안 되어 모래성처럼 허물어지거나 뿌리 없는 나무같이 쓰러지지 않고, 모이면 똘똘 뭉쳐 어려운 일도 무난히 해결할 수 있는 사회가 이루어져야 할 것이다. 좋은 것을 연구해 외국에서 깜짝 놀라게 만들며 우리 것도 자랑할 줄 알아야겠다.

21세기는 또 다른 우리의 세기로 오랜만에 우리를 회복시켜주는 세기, 우리 얼을 다시 찾고, 우리 자신을 만회하는 세기가 되어 우리 자랑이 세계에 꽃피우는 세기가 될 수 있도록 하는 일이 이제부터 엄마가 될 여러분에게 부과된 임무라 생각한다.

선진국으로 가는 국민은 감정에 치우치거나 기분 나는 대로 하는 것이 아니고 생각하고, 비판하고, 연구하며 이치에 맞는 일과 맞는 말을 할 줄 알아야 할 것이다.

너무 유행에나 집착하고 물질적 욕심에만 치우치다 보면 자신도 모르게 그렇게 된다는 것쯤 잊어서는 안 되겠다.

그것은 여러분이 어머니가 된다는 데 있으며 아기는 엄마를 닮는다는 데 있다. 내 아기가 훌륭히 되게 하기 위하여 무엇을 할 것인가는 엄마 마음에 달렸다.

지난 열 달간도 그랬듯이 이제부터 아기는 더욱 엄마의 언행에 영향받는다. 내 아기가 영특하고 건강하고 훌륭한 인물이 되게 하기 위해 나 자신은 무엇을 보여 줄 것인가를 생각하자. 세계에 많은 인물들의 성공 비결을 파헤쳐 보면 거의 모두가 엄마의 주관 있고 화합하는 언행, 성실한 노력에 영향받은 바 크다고 한다.

이런 영광이 바로 여러분 자신의 것이 되길 바란다.

정도를 헤아리자

세상사 매사에는 정도가 있다. 한문으로는 '程度'라 쓰는데 알고 보면 "아, 그 정도" 할 만큼 쉽고 누구나 이해가 되는 말로 다 잘 아는 말이다.

그러나 그 정도를 측정하는 일이 그리 쉽지 않다. 측정기도 없고, 저울이나 됫박도 없어 그런지는 몰라도 운동은 얼마만큼 해야 되는지 또 음식 섭취는 나에게 지금 어느 정도가 좋을지 말을 하는 데도 농으로 한 말이 상대방을 화나게 해 싸움이 벌어지는 것을 보면 농의 악센트가 어느 정도 되어야 하는지를 자로 재지 못한다. 매사에는 정도가 있는데 그 정도를 잘 알지 못해 문제가 생긴다.

정도는 음을 길게 正道 하고 한문 글자를 바꾸어 해석하니 그것도 맞는 말 같다. 옳은 길, 바로 알고 가는 길, 틀리면 안 되는 길하고 해석되는 정도도 틀린 의미는 아니다.

그런데 定度는 어떨까. 일정하게 해야 할 치수가 정해진 도수. 그렇다. 程度는 定度化해야 되는 것인데 매사에 정도가 얼마인지 알지 못하는 것이 많다.

출산 때 힘을 얼마만큼 주는 것이 정도인지 언제 힘을 주는 것이 적당한 건지 알지 못하니 아무 때나 힘을 주게 되고 아프니 아기가 빨리 나오게 하려고 힘을 주었는데 뭐 잘못된 것이냐 하면 틀리지 않는다. 그러나 정도에 맞게 했는지 되물으면 의아해진다.

매사에는 정도가 있는데 그 정도를 어떻게 맞춰야 하는가?

임신 중에도 건강한 아기를 만든다고 영양 있는 음식을 많이 섭취했다. 그랬더니 임부는 체중이 늘고 아기는 자꾸 커졌다. 그래서 이제는 자연분만을 할 수 없을 만큼 아기가 커져 있다는 것이다.

어머나, 그렇다면 얼마만큼 먹어야 하는 건지 알아야겠는데, 그 정도를 알 수 없다. 도대체 그 정도란 어느 만큼을 이야기하는 것일까? 넘치지 않게, 모자라지 않게, 또는 지나치지 않게, 틀리지 않게 하는 것이 정도란 것을 알면서도 그 정도를 맞추기가 어렵다.

가령 여름에는 시원하게 옷을 입으면 좋고 겨울에는 두터운 외투를 걸치면 적당히 체온을 유지하고, 몸에는 이상 없어 좋다. 또 배고플 때는 음식량을 좀 많이 해도 소화에는 지장이 안 생기니 좋고, 배부를 때는 아무리 좋은 음식을 접해도 속에서 당기지 않으니 안 먹으면 좋다.

그러나 정신적인 것, 마음에 관한 것, 느낌 등은 그 정도를 헤아리기가 힘들다. 감정적인 것, 욕심에 관한 것, 정열에 관한 것 등이 한계가 있을까. 우리는 범인(凡人)이라서 그런지는 몰라도 이들에 대한 정도를 헤아리지 못해 문제를 발생시키고 이를 제어하느라 고생이다.

히말라야 산을 정복하겠다고 마음먹은 알피니스트들은 히말라야를 정복해야만 직성이 풀리고, 국회의원이 되겠다고 노력하는 정치인은 국회의원이 될 때까지 무진 애를 쓴다.

마찬가지로 좀 살아보겠다고 결심한 부부들은 잘살게 될 때까지는 다른 말이 들리지 않는다. 그러나 잘살게 되는 것이 어느 정도인지 헤아리지 못하면서도 무한히 치닫는다. 성인군자가 아닌 이상 우리는 정도를 눈치 채지도 못한다.

그래서 옛날 동양권의 철학 사상에는 중용(中庸)이란 말이 있었다. 극과 극을 향해 치닫지도 낙오해서도 안 되며 어느 정도 되었다고 생각되면 아니 좀 못 미쳤다고 생각되더라도 최고를 향해 달리지 말라는 뜻이다. 적당히 그리고 치우치지 않는 자세라고나 할까?

그것을 노자의 사상이라고도 하고 학문으로는 『대학』을 읽어야 하고 그런 연후 중용에 입문하게 되니 곧 사서(四書) 삼경(三經)을 통달해야 고도의 어려운 경지 또는 형이상학의 경지에 이를 수 있다고도 했다.

그러나 쉽게 중간쯤 되는 때 과하지도 부족하지도 않은 때를 아는 것, 이것을 정도를 아는 것이라 설명하게 되지만 무척 힘든 이야기다. 그렇지만 우리가 이 정도를 헤아리지 못하는 한 더 어려워지기 때문에 정도를 지킬 줄 아는 것은 필요한 일이라 하겠다. 그것은 바르게 가는 길이며 자로 잰 듯, 저울로 단 듯, 알맞은 치수, 도수로 화를 모면할 수 있다는 데 의미와 가치를 인정한다.

세계에서 제일 좋은 민주주의도 그것에 도달하려는 정치 형태이며 그 달성을 위해 노력하는 국민의 희생도 그것을 획득하기 위한 행위이다. 그래서 민주주의는 어렵고 힘이 든 것, 안 되는 것 같으면서도 되는 것, 되는 것 같으면서도 어려운 것이란 생각이 든다.

우리 삶은 바로 그것을 해내기 위한 투쟁의 연속, 하나하나 해내고 나면 환희를 맛보는 생의 연속이라 할 것이다.

그럼에도 불구하고 어느 사람은 당장 도달하려 하고 어느 사람은 한 번에 도달하고 싶어 몸부림을 친다. 물론 곧 도달하게 되는 것도 있고 또 그렇게 하려고 노력하는 그 자체에 가치가 있다고 생각해야 하지 않을까? 그렇다고 옛날 농경시대같이 씨 뿌려 놓고 하늘만 쳐다보고 있을 수만은 없다. 그러나 그것은 구별되어야 하는 것이 잉태된 아기를 아무리 노력해도 열 달이란 세월을 보내지 않고 출산하고 싶어 해서는 미숙아를 출산할 수밖에 없는 것과 같기 때문이다. 매사에는 정도가 있어 정도를 맞춰야 하는 것은 중요하다. 정도를 잘 맞추면 탈 없고 건강한 아기를 출산하게 되지만 정도를 못 맞추면 실수할 수 있다.

정도란 알맞게 먹고, 알맞게 생각하고, 알맞게 유행을 따르고, 알맞게 행동하는 것이라 생각된다. 말에 있어서도 알맞게 감정을 넣고 빠르고 느린 속도, 즉 템포에도 적당한 알맞음과 악센트에도 알맞은 높고 낮음이 있다. 만의 내용에도 그렇지만 필요한 말을 하는 경우, 조크(농)를 하는 경우, 그저 지나치는 말, 생활에 필요한 말, 희망을 주는 말, 걱정되게 하는 말 등 각양각색의 말이 있어 적당히 골라서 하게 되면 듣는 사람 측에서는 금언이 될 수도, 싸움말, 즉 폭발이 되게 하는 말이 될 수도 있다.

이런 것을 가려 하고 분위기가 좋아진다면 그 여성(엄마)은 일등 주부요, 훌륭한 엄마로서 가정을 화목하게 하지만, 생긴 대로 멋대로 감정이 솟구치는 대로 지껄이면 그 가정은 파괴되고 만다.

자기는 다 잘하고 상대방은 다 잘못할 수도 없고, 설혹 상대방이 잘못했다고 해도 꼭 그런 의미만이 아닐 때도 종종 있다. 그것은 듣기에 따라 달라지는 경우가 있을 것을 보면 알게 된다.

그것은 출산한 여러분의 경우에서도 나타난다. 똑같은 자연분만을 했는데도 그렇고 똑같은 절개분만을 했는데도 그렇다. 그 많은 양상은 사람에 따라 체질에 따라 또는 당시의 환경에 따라 다르고 차이도 심하다. 그래서 태교에서는 자신에 알맞은 것을 고르는 것이 최선의 지혜라고 말한다.

방법은 방법으로 존재하는 것이지 그것이 같은 결과를 맺는다는 보장은 존재하지 않는다고 생각해야 한다. 그래서 정도는 중요하다.

같은 사람이 같은 방식으로 출산을 했다 해도 먼저의 경우와 나중 경우의 결과가 같지 않은 것은 당시의 환경 정도 여하에 달렸다.

그래서 이 정도를 맞추는 것은 늘 자신이 위치한 그때 그 환경에 맞추어야 한다. 그렇지 않는 한 그것은 한낱 물거품이 될 수도 있다.

우리는 이 정도가 무엇인지 늘 체크해야 한다. 그렇다고 이 정도라는 것이 아침엔 이랬다, 저녁엔 달라지듯 조변석개하는 것은 아니다. 자신에게 맞는 정도를 자신은 안다.

또 훌륭한 여성은 상대방, 즉 자기 남편, 혹은 시부모, 이웃의 정도까지도 잘 헤아린다. 이런 분은 늘 상대방으로부터 칭찬과 보호를 받는다.

진통도 출산도 마찬가지다. 어느 분은 유난히 고통스럽다 하고 어느 분은 그렇지 뭐, 뭘 그리 요란스러우냐 하기도 한다. 그래서 이 책을 집필하며 많은 경우를 비교해 보니 자기에게 맞는 정도를 택해서 잘한 사람은 큰일 없이 출산을 넘겼고 특별히 근심, 걱정하거나 유별난 행동을 한 사람의 경우는 대개 어려운 출산 경험을 한 흔적이 여기저기 눈에 띈다.

지혜를 발휘하여 자기에게 맞는 정도를 찾아 일을 겪게 되기를 비는 것은 출산이란 하나의 생명체를 몸으로부터 분출해 내는 엄청난 드라마이기 때문이다. 누구나 무사해야 하고 성스러운 일이 되게 하기 위해서 어떻게 하는 것이 자신의 정도인가를 알아보며 편안한 출산, 영광스러운 출산이 되는 데 조그만 참고가 되었으면 한다.

우리의 자각

　우리는 일본인을 모방주의나 축소주의라 평했다. 그것은 그간 일본이 너무나 외국 것을 모방하고 그것을 다시 작게 축소화하는 재주를 갖고 발전해 가니 미운 점도 있고 또 그것을 자기 것인 양 하니까 더 욕하게까지 된 것이 아닌가 한다.

　그러나 우리는 어떠한가. 자신을 돌이켜보며 우리의 지난 일을 회고해 보니 우리도 모방을 좋아하고 남의 찌꺼기나 들여다 공업화하지 않았나 하게 되며 상품 판매에서는 외국 유명 브랜드를 들여와 발전한 일면도 배제할 수 없다(물론 그러다가 공업화, 수출화, 국제화를 이룩하기도 했지만).

　그뿐만이 아니라 그런 것들이 판을 치다 보니 좋은 연구, 좋은 개발을 할 수 있었던 것도 묵살시키는 것은 고사하고 그런 것을 뒷구멍으로 뺏어 버리는 잔인함을 저지른 것도 무수히 많았던 일면을 보며 나아가서는 노력하는 풍토, 연구하는 풍토를 짓밟고 한탕주의에나 머리 쓰고 젊은이들까지도 쉬운 일만 하려 하는 등 나쁜 습성이 보이기까지 해 안타깝기도 하다.

이런 것을 가리켜 민족성이니 국민성이니 하며 우리 본바탕이 못되고, 몹쓸 것인 양 지껄여대는 사람이 있지만 그렇게 착각하는 태도부터 고쳐야 할 것은 우리 민족의 우수성이다.

오랫동안 왜침에 의해 짓눌렸고 살아남기 위해 눈치를 살펴야 했을는지는 몰라도 그러면서 우리말, 우리글, 우리 풍습을 고이 간직하며 세계가 변할 것을 기다렸다면 우리가 얼마나 훌륭한가.

그 어려운 약육강식 시대로부터 영토 전쟁, 식민지 팽창주의가 자취를 감추기까지 세계는 오랜 시련을 겪어야 했었다. 그런 와중에서도 또 6·25라는 동족상잔의 난을 치르면서도 이제는 선진국 문턱에 도달했다면 우리는 우리가 잘못된 민족이 아니라는 데서 정의를 새롭게 내리고자 한다.

과거 역사를 되짚어 보아도 기상이 높던 민족, 창의적인 연구를 게을리 않던 민족, 인간을 만드는 데도 태교에 충실했던 민족, 의상·음식·문화·예술 등 어느 면에서도 손색이 없었던 민족이라면 이제부터는 좀 더 발전하기 위해 단결하며 돕고 창조적 연구로 남의 것을 받아들이지 않으면 발전하지 못하는 민족이란 오명을 씻을 수 있어야 하지 않겠느냐 하는 것이다.

우리는 능력이 있다. 힘도, 신용도, 희망도 있고 세계 곳곳에서 우리를 부르고 있다. 잘된 사람은 나가서 우리를 빛내 주어야 한다. 가정에서도 이런 일을 뒷받침하기 위해 노력하고 힘써야 한다.

여럿이 회합할 때도 우리는 각자의 의견을 개진할 줄 알아야 하며, 그러나 남의 의견을 꺾는 것을 재미, 취미로 또 잘난 것으로 하지 말며 서로의 의견을 어떻게 맞출 수 있을까에 접근하는 풍토 조성이 필요하다.

전에 보면 아무것도 아닌데 소리만 높이면 되는 것으로 떠들어 회합 자체를 깨는 사람들이 있는데 이것을 도려내야 한다.

이번 소연방최고회의도 보자. 그런 상황 속에서도 상당히 냉정한 회의가 진행되지 않느냐 하는 모습을 볼 수 있었다.

이런 것을 보면 우리도 삿대질이 튀어가는 다혈질적인 행동에서 탈피해야겠다는 생각이다. 유유자적할 수는 없을지라도 냉철하게 판단하고 이성으로 귀결 짓는 합리적 사고에 바탕을 두어야지 무지한 사람처럼 소리만 높인다든지 잔꾀나 부리는 어리석음에선 졸업해야겠다. 돌아올 다음 세기는 세계의 중심이 동양이 될 것이라면 이것을 주도하기 위해서도 우리는 무언가 자각해야겠다.

또 1991년 9월 KBS 1TV에서 마련한 긴급진단 「이래서는 안 되겠다」를 보았더니 "차마 그럴 수가" 하는 탄식이 그치질 않고 저런 사람들이 있으니 이 나라가 잘되려다 말고 아시아의 네 마리 용 중 한 마리가 지렁이로 전락하고 있다는 말이 나오게 됐구나 하는 처절함을 맛보게 되었다.

"왜들 이러지? 뭐 돈에 원수라도 졌나? 정신이 있는 사람들인가?" 하는 생각과 예전에도 저런 사람들이 나라를 팔아먹거나 망치게 했을 것이라는 생각이 드니 법은 저런 사람을 처벌하지 않고 오히려 옹호하고 있었나 하게 되며 오죽했으면 저런 것을 TV화면에 담았을까 하는 생각도 하게 된다.

아니 뭐 김포세관은 그런 악당들의 물품 보관창고이며, 여성들의 사치는 높낮이도 없이 치솟기만 하는가? 골프 채 한 개에 100~200만 원, 양말 1켤레가 7~15만 원, 블라우스가 30만 원, 스커트가 40만 원, 속옷 팬티 등 몇 가지에 150만 원이며, 남성들 4~5명이 한자리에서 먹는 술값, 팁 값이 200~300만 원, 곰발바닥 요리 1접시에 35만 원, 제비집 요리 1접시가 40만 원, 참새 혓바닥 요리가 50만 원으로 특별 요리 먹은 음식 값이 1인당 70~120만 원. 우리나라의 고급 승용차 한 대가 1,500만 원이면 족한데 외제 승용차는 4,500~6,500만 원까지 그것도 1990년도엔 1,000여 대였던 것이 1991년에는 6,000여 대로 늘었고 고급 주택인지 비밀 아지트인지는 몰라도 건평의 최소가 70~80평부터 위로는 몇백 평까지에 한 가족 3~4인이 산다는데 주인이 무엇 하는 사람인지도 모르며, 경비 서는 사람들 말로는 이런 집이 무수히 있으며 범인 탐지기도 군데군데 설치되어 있다니 매우 놀랍다.

이 나라 산업은 인력이 모자라 속속 폐업을 해도 극복하려는 노력이나 연구는 안 하고 어떤 기업은 외제를 무제한으로 들여와 이 나라 생산업을 도산시키려 혈안이 된 듯하며 이제야 정부는 정신이 번쩍 드는지 기술인력 양성 방안을 내놓고 산업 대학을 만든다, 실시를 서두른다 하고 있으니 반가운 일이기는 하나 만시지탄을 느끼게 하고 있다.

도대체 무엇이 잘못되어 우리가 이렇게 되고 있는가?

지난 수 세기 동안 그 어렵고 암울했던 시절을 생각해 허리띠를 졸라 매고 살아나려는 노력을 기울이던 시절이 어제의 일이었거늘 벌써 배가 불러 그러는가, 원래 이 정도밖에 안 되었던 민족이었던가. 또다시 나라가 망해봐야 되겠나?

이제 겨우 UN에 가입하고 앞으로 통일을 향해 또 불황극복을 위한 노력 없이는 견디기 어려운 시점에 와 있음을 모를 이 없으련만 차마 눈뜨고 귀 뜨고 살 수 없게들 하고 있으니 이것이 누구의 잘못인가 말이다. IMF도 이래서 겪게 된 것이 아닌지?

아, 괴롭고 슬프다. 여러분도 느끼시겠지만 대가리가 썩은 놈, 머리에 똥밖에 안 든 놈들은 불원 천벌을 받을 테니까 참는다 하더라도 앞날이 기대되는 여러분은, 여러분의 세대, 새 생명의 세대를 위해 뭔가 굳게 결심하는 계기가 되어야겠다.

남북대화도 진행되고 있다. 눈을 돌리면 또 한편에는 근검절약하며 비지땀을 흘리는 젊은 세대들도 있다. 그들은 오늘만을 위해 살지 않고 내일을 튼튼히 하기 위해 열심히들 노력하고 있다. 우리 앞날은 밝다. 할 일도 많고 일할 여건도 좋아진다. 얼마나 더 잘살게 되느냐는 문제도 여러분 손에 달렸다. 시야를 넓혀 둘러보면 여러분은 옛날보다 훨씬 좋은 여건 속에 있다. 이것들을 어떻게 요리할까는 여러분의 의지와 연결된다. IT. BT. CT. NT. ST. ET. 시대다.

이젠 아기를 낳은 엄마로서 양 세대의 향도라는 의미에서 할 일이 기다리고 있을 것이다. 모쪼록 좋은 결실을 맺는 계획이 수립될 수 있기를 기대한다.

우리는 한국인이며 또 국제인이기도 하기 때문이다.

제9장

자료편: 부모은중경

부모은중경(父母恩重經)

『부모은중경(父母恩重經)』은 우리나라 해인사에 있는 불경인 팔만 대장경 안에 있는 것으로 나를 낳고 키우신 부모님의 은혜를 잊지 말고 보답해야 된다는 내용의 경전으로, 이것을 10가지로 나누어 설명하고 있다.

① 회람수호은은 자신을 잉태하고 지켜 준 은혜요,

② 임신수고은은 출산할 때 받는 고통의 은혜

③ 생자망우은은 자녀를 낳은 후 근심을 잊는 은혜

④ 인고토감은은 쓴 것은 삼키고 단 것은 뱉어주신 은혜

⑤ 회건취습은은 진자리 마른자리 가려 주신 은혜

⑥ 유도양육은은 젖을 먹여 키워주신 은혜

⑦ 세탁부정은은 불결한 것을 씻어 주신 은혜

⑧ 원행억염은은 멀리 여행할 때 염려해 주신 은혜

⑨ 위조악업은은 훌륭한 자식 만들기 위해 나쁜 일도 마다 않은 은혜

⑩ 구경연민은은 어떤 경우에라도 내 몸같이 보다 더 아끼시는 은

혜라 해석한다.

그러나 여기서는 그 내용을 간단히 요약하고 그것이 태교라는 관점과 연관된 것만 간추려 본다.

여기서는 잉태의 원인을 부모가 살을 섞고 어머니의 태와 아버지의 종자 3사가 합해진 것이라 하였다.

첫째, 잉태에 대하여

첫 번째 달: 그것이 마치 풀 위의 이슬과 같다.

두 번째 달: 엉킨 우유방울과 같다.

세 번째 달: 엉킨 피와 같다.

네 번째 달: 사람의 모습을 한다.

다섯 번째 달: 어머니 배 속에 오포가 생긴다(머리, 두 팔꿈치, 두 무릎).

여섯 번째 달: 어머니와 육정을 열게 된다(눈, 귀, 코, 입, 혀, 마음).

일곱 번째 달: 206개의 뼈마디와 84,000의 털구멍이 생긴다.

여덟 번째 달: 의식과 지혜가 생기고 구규(아홉 개의 구멍)가 뚫린다.

아홉 번째 달: 무엇인가 먹는다. 엄마는 5곡을 먹어라.

생장-아래로, 숙장-위로<수미산, 업산, 혈산>

열 번째 달: 달이 차 낳게 되는데 효순할 자식은 합장하고 오역할 자식은 ① 아기집을 찢고, ② 엄마의 염통과 간을 움켜잡고, ③ 발로 엄마의 엉덩이를 밟고, ④ 몇천 개의 칼로 배를 휘젓고, ⑤ 만 개의 송곳으로 가슴을 쑤시듯 고통을 준다.

태내오위(五位)

① 갈라함: 잉태 첫 1주일 – 미음(쌀물)의 거품처럼 끈끈하고 좀 굳
    어진 상태

② 알포담: 잉태 2주일 – 부스럼 딱지와 같다.

③ 폐시: 3주 연육(軟肉) 육단(肉團, 血肉)

④ 건남: 4주 견육(堅肉)

⑤ 발라사거: 5주 형(形) – 지절(支節)로 설명하며

둘째, 해산에 즈음하여

잉태하시고 열 달이 지나니 해산의 어려움이 다가오네.

아침마다 무거운 병에 걸린 것 같고 나날이 정신이 희미해지고, 그
두려움을 어찌 다 기억하며 근심하는 눈물은 가슴을 적시네.

슬픔을 머금고 친족에게 하는 말 죽지나 않을는지.

셋째,

자애로운 어머니 그대를 낳으신 날 오장이 모두 열렸네.

몸과 마음이 함께 까무러쳤고 피는 흘러 양을 도살할 것 같았네,
출산하자 아기가 성하냐고 묻고 환희가 평소의 갑절이 되었네.

넷째,

부모님 은혜는 깊고 무거워 사랑하심을 한때도 잊지 않네.

사랑이 무거우니 정을 참기 어렵고 은혜가 깊으니 슬픔 또한 갑절
이네.

다만 아기가 배부르기만을 바라시며 굶주림도 사양치 않으시네.

다섯째,

진자리 마른자리 갈아 뉘신 은혜 찬양하노라.

두 젖으로 굶주림과 목마름을 채워 주시고 소맷자락으로 바람을 막아 주셨네.

애처로움으로 잠 못 이루고, 재롱으로 기쁨 삼으셨네.

다만 무사함 뿐 자애로움으로 평안을 찾지 않으셨네.

여섯째,

덮어 주시는 하늘과 실어 주시는 땅의 은혜는 부모님 마음과 같다.

내 바로 친히 낳은 자식이라 종일토록 아끼시네.

일곱째,

옛날엔 얼굴도 아름다운 바탕이어서 모습이 풍만하게 무르익었네.

눈썹은 버들 빛으로 나뉘고 뺨은 연꽃도 무색했겠네.

구슬 같은 얼굴은 여위고 반룡에 비친 모습은 상하셨네, 달라지셨네.

여덟 번째,

자식이 집을 떠나면 어머니 마음은 타향에 머무르고 낮이고 밤이고 자식 따라 흐르는 눈물 몇천 줄인지.

원숭이가 제 새끼 사랑하듯 자식 때문에 애간장을 녹이네.

아홉 번째,

자식의 괴로움을 대신 받겠다고 소원하시며 먼 길 떠난다면 어머니는 안절부절 아들딸 괴로움은 잠깐이라도 어머니는 오래 간직하시네.

열 번째,

깊고 무거운 부모님 은혜는 앉거나 서 계시나 늘 자식 따라 있네.

연세가 백 살이 되어도 여든 살 자식 걱정.

이 은혜 언제나 끊어질지 목숨 다한 후에나 여읠 수 있을지.

태의 십삭론은 현대 과학으로 볼 때 약간 추상적 형이상학적 표현
이 있다. 그러나 부모님의 은혜라는 면에서는 불교적 도덕적 의미도
있다. 아직까지는 부모님께 느껴왔던 일을 이젠 여러분이 그런 것을
겪게 되리라.

요약 <분만 전 스케줄 표>

기간	요점	주의할 사항	권장사항	기타
며칠 전	마음가짐	* 자신을 갖자. 여성은 위대하다. (모든 엄마가 다 겪은 일)	위대	분만경험담 듣는다.
	몸가짐	* 편하게 경건하게 (훌륭한 어머니는 경망 않는다)		
	준비물	* 병원 연락처 메모, 임산용품 체크, 조안자 선정	Memo	친정부모가 좋다.
	익힐 것	* Relox 호흡법, 스트레스 해소, 생활 리듬 유지, 힘주기		
	분만체력	* 확인, 평소 체력으로 감당 가능	자신감	편한 체위를 생각하자.
	운동	* 엎드려 무릎 꿇고 하는 가사일(걸 레질) 좋다. 지압은 피한다.	엎드려	
하루 전	입원준비	* 전구진통이 시작되면 출산은 마라 톤 경주 같은 지구력으로	지구력	자신의 상태 파악
	분만방법	* 원하는 방법 정한다.		외국방법이 있지만 현 대적 전통방법이 무난
	준비, 조치	* 배가 심하게 땡땡해지면 준비, 차 타기보다 걷는 것 좋다. * 전치태반, 조산징후는 즉시 입원	땡땡	
	식사	* 진통 후의 식사는 가볍게		
	당황	* 혼자 있어도 당황하지 말 것	말 것	임신부는 차근차근히 한다.
	주의	* 계단내리기, 미끄러운 곳		
	혈압	* 고혈압과 단백뇨는 늘 체크해야 * 저혈압인 산모는 현기증에 유의한다.	체크	
당일 분만 전	입원	* 이슬이 보이고, 파수가 시작될 때 10분 간격으로 진통이 올 때		순서에 맞춰 하나씩 진행
	진찰	* 자궁의 개구상태 물어본다. 분만시간과 안전출산은 비례않는다. * 알레르기 체질 말해야	문의	
	분만 때 협조	* 소리 지르는 것 도움 안 된다. 남편 참석, 고통 이기는 데 효과 있다.	나쁘다	TV에서 소리지르는 장 면 (특수한 경우의 표 현이다)
	손, 발, 허리	* 허리가 시리면 보온하고 손발이 저리면 문질러 조절		
	호흡	* 호흡법은 저절로 된다고 함	저절로	

진통	* 진통 사이의 휴식기에는 쉰다. Relax가 안전출산의 열쇠라고 * 빈혈은 너무 걱정 말자.	Relax	나오기 전에 근육이 굳어지면 출산이 어려워지기 때문
음료	* 과일은 당분이 많아 안 좋다. (음료는 녹차나 섬유질 쪽으로) * 변비는 되도록 식생활로 해결	섬유질	
고령분만	* 개인차 있다. 걱정하면 근육 위축		자신감을 갖는 것이 최고
안전출산	* 달성감 있는 출산이 안전하다.		기쁨은 고통 뒤에 오는 것
힘주기	* 힘주기는 마지막에 저절로 하게 된다는 것이 경험자들의 말	마지막에	
잘못	* 아무 때나 잘못 힘주면 근육이 긴장, 실제로 힘줘야 할 때 어려워진다.	요주의	밤은 바람이 불어도 안 떨어진다. (아기도 마찬가지)
밤(栗)	* 밤도 떨어지고 싶을 때 떨어진단다.		
기쁨	* 감동의 순간을 미리 맛볼 수도		
예정일	* 지나도 태아 건강하면 괜찮다.	무사	
분만의 의미	* 해산이라고 몸을 푼다는 의미다.		윤희의 이치, 자연의 섭리
자연분만	* 가능한 한 자연분만을 결심하자.	순리	자연분만도 현대적으로 발전
약, 주사	* 주사나 약은 되도록 피한다.	태아에 해	
분만 당일날 스킨십	* 분만 시의 스킨십 중요		편한 임산부복으로
분만 5분 후 안아주기	* 분만 5분 후에 엄마의 왼쪽 가슴으로 5분간 안아주는 것은 평생의 모자정(情)에 좌우하니 꼭 해야 한다.	꼭꼭 해야	의사에게 부탁
오로	* 오로 처치, 소독은 간호사에게 부탁		
휴식	* 충분한 휴식과 수면 필요 (12시간 정도는 절대안정)		
잠자세	* 잠자는 자세는 옆으로 자주 바꿈 (바른 자세로 자면 자궁후굴, 요통의 원인)	좋다	
음식	* 치아에 부담 가지 않는 국, 죽 좋다.	국과 죽	미역국은 청혈작용(철분) 잣죽은 보혈
2일 되는 날 모유수유	* 침대에 누운 채 유방마사지를 한다. * 수유 전 젖꼭지를 깨끗이 닦는다.	좋다	출산하면 생리대 등에 바지류가 좋다.
초유	* 아기에게 초유를 수유한다.	꼭 해야	제왕절개 시 불가능 (배내똥 나온 수)
행동 개시	* 화장실, 세면장 출입할 수 있다.		

	땀처리	* 산후엔 땀이 나오고 젖도 흐르고 오로도 있어 옷, 이불 등 자주 갈며 더운 수건으로 닦는다.	좋다	걷기 등 운동 좋다.
	배변습관	* 변비가 되지 않도록 수분 많은 음식 섭취를 충분히 하며 배변습관을 운동으로 조절한다.	조절	
	김치	* 씹는 것, 매운 것, 짠 것, 신 것이 안 좋다.	안 먹음	씹는 것은 일주일 후에
3일 되는 날	식사	* 식사는 보혈, 청혈을 위해 충분히	영양식	필요한 일이다.
	기저귀 교환	* 기저귀 갈기를 직접 해본다. * 이제 오로처치는 자신이 해도 된다.		
	퇴원	* 오늘 퇴원이 가능할 수도 있다.	알아본다	
	운동	* 피곤하지 않을 정도의 실내걷기 해도 좋다.	좋다	건강회복 체크
	마사지	* 복부를 통해 자궁 마사지를 한다 (자궁 후굴통에 효과 있다).	가볍게	
	초능력	* 아기의 후각, 청각, 촉각 테스트	해본다	<울음소리 감지도 한 몫>
	봉합 이상	* 화음을 봉합했을 시 이상유무를 확인한다.	확인	
4일 되는 날	진찰과 퇴원	* 퇴원 전 진찰 시 생활지도와 육아 목욕지도를 함께 받아둔다.	받는다	쑥 삶은 물로 뒷물 좋다(산모 상처 아무는 데, 아기 땀띠 예방)
	수속	* 퇴원 수속은 미리 해두자.		
	퇴원 후	* 약 복용 함부로 안 한다.		
	아기돌보기	* 모유먹이기, 기저귀 갈기 등 자신이 직접 해도 된다. 그러나 아기 목욕 같은 것은 우선 부모, 친지들에게 부탁해 보자.	직접 한다	꿀물 먹으면 자궁수축에 좋다고 한다.
	퇴원 후 집안일	* 자신의 주변정리는 자신이 하도록 하고 식사준비나 청소 등 힘든 일은 도움을 받도록 한다.	도움	닭국, 쇠고기국 좋다. 잣죽, 깨죽 좋다.
	기타	* 무거운 것 들기, 장보기, 차타기, 심한 운동, 스트레스 등은 피한다.	피한다	찬음식 허한 데 안 좋다.
	복대	* 코르셋을 하면 체형에 도움		
	환경	* 주부로서, 엄마로서 새 생활설계 의논하고 기분에 맞는 환경 꾸민	꾸밈	
	바람	* 선풍기 등 찬바람 안 쐰다.	나쁘다	에어컨도 안 좋다.
	상면	* 시부모님께 상면시킨다.	기쁨	

분만 2주 부터	목욕	* 자신은 매일 집에서 가볍게 따스한 물로 한다. * 아기 목욕도 이제 자신이 씻긴다.	직접 한다	귀, 배꼽에 물 들어가지 않도록 한다.
	소독 빨래	* 오로 처치와 소독은 철저히, 이불 소독도 자주 * 아기 기저귀, 옷 등 쉬운 빨래는 해도 짜는 일은 피한다.	피한다	나중에 손목이 저리다고 함
	아기돌보기	* 되도록 많이 자신이 한다.		
	음식	* 영양 있는 것 많이 섭취한다. 그러나 푸른 야채 아기에게 나쁘다.	배앓이	푸른 변의 원인이라고도 함
	집안일	* 밥상차리기, 쉬운 가사일 등은 조금씩 협조하도록 한다.	협조	
	장보기	* 멀리 가는 것은 아직 이르다.	이르다	
	머리감기	* 구부려 하는 것은 아직 이르다.		
	휴식	* 자주 하고 잠도 잔다.		낮잠도 좋다.
	병균	* 바이러스성 감염에 요주의	주의	
	독서	* 시력에 영향이 있다.	안한다	
분만 3주 부터	아기옷	* 너무 덥지 않게 춥지 않게 * 기저귀는 통풍이 잘되는 것으로	습진	손수 만든 것이 더 좋다.
	방안공기	* 겨울철 아니면 자주 갈아 준다. 맑은 공기가 건강에 좋다.		
	눈꼽, 코딱지	* 아기에게 생기면 모유 몇 방울 떨어뜨리고 약간 눌러 거즈로 닦는다.	약 안 좋다	
	사타구니	* 빨개지면 기저귀 빼고 말리면 파우더로 조치하면 된다.		심하면 연고 발라 준다.
	너무 울면	* 배고픈지, 열이 있는지 알아보고 어른께 여쭈어 본다.	여쭈어 본다	3x7일 전에 튀김, 프라이 먹으면 아기 열꽃이 생긴다. 집안에 흉한 일 들이지 않는다.
	너무 자면	* 아기는 먹고 자는 것이 일과다. 걱정말고 편히 재워라.		
	경기	* 소화불량, 경기에 기응환 있다(푸른 변에도).	기응환	
	설사	* 금식시키고, 보리차 약간으로	탈수 예방	
	엄마의 잠	* 8시간 이상도 좋다.		
	머리 감기	* 가볍게 샤워로 가능하다.		충분한 휴식은 모유생산에 도움

분만 21일 후 (3x7)	출근(근무)	* 정상 생활로의 복귀를 준비 (출근 시는 서서히 조심한다)	맞벌이	
	우유	* 영양을 위해 먹이고 싶을 때는 온 도, 청결, 맛, 양에 신경쓴다.		꼭 안고 먹인다.
	의복	* 엄마는 보온성이 높은 옷을 입어 라. 아기는 기온에 맞춰야	보온	찬바람은 후에 신경통 의 원인된다고 함
	운동	* 가벼운 운동, 일 가능하다.	가능	외국에서는 달리기가 체형회복에 좋다는 설 도 있다.
	성생활	* 가능하다(오로가 끝나면).		
	주위환경	* 신선하고 아름답게 또 주변의 협 조를 받는 방향으로 한다.		
	병원	* 예방접종 시나 이상이 발견될 시 자신의 검진도 겸해 간다.	필요할 때	
	외출	* 가벼운 외출 가능하다(산모). (신생하는 100일 후가 좋다)		
	손님맞이	* 금줄 걷고 빈객 맞을 수 있다.	금줄	
	삼칠일	* 떡 만들어 돌리는 풍습 있었다.		

임동근
경희대학교 법정대학 졸업
재일 東和신문사 본사 부사장 역임
전인교육협의회 이사
한국실업교육회 지도교수
미국 퍼시픽웨스턴 대학교 철학박사 학위 취득
MRA 청년지도자
현대태교아카데미 원장

〈활동경력〉
1981년
· 현대 태교 아카데미 설립
· 『엄마랑 아빠랑』 서적, 태교음악, 카세트테이프 제작
· 현대 태교 아카데미 지사 설립
1983년
· 새 세대 육영회 청와대 진언
· MBC TV 출연 「안녕하세요 '변웅전'입니다」 — 자녀교육(태교로부터)
1984년
· MBC TV 출연 「차인태 살롱」 — 여성과 태교(풀잎이 움직이는 소리)
· 무학여고, 영등포여고, 창덕여고 졸업반 전원 태교 특강
1985년
· 『KBS 여성백과』 기고 1, 2, 3월호
· 새 세대 육영회 중고교사
· 이화여자대학교 건강교육과 특강
· 금융연수원(여행원) 4회
· KBS 1TV — 정갈한 음식과 별난 음식(사미)
1986년
· 로타리멤버 강연
· MBC TV 「태교」 — 태교는 미혼여성의 지식
· 『KBS 여성백과』 기고 3, 4, 5월호
· 한국공항 여직원 2회
· KBS TV 신간안내에 태(胎) 소개
· KBS 라디오 하이웨이
· 경성, 중앙, 한양 금란, 경희, 홍익여고, 신경여상 졸업반 전원
· MBC 라디오 「'임국희' 여성살롱」 — 금기식품과 권장식품(중요성)
1987년
· KBS 라디오 서울 출연 3회 — 태교, 어떤 것인가(실천요령)
· 조폐공사 여행원(경산, 부여, 대전)
1988년
· MBC 라디오 「이종환의 여성시대」 — 태교 전통과 과학

· 대구(매일신문) 광고 「태훈(胎訓)」
1989년
· KBS 라디오 「황인용, 강부자」 시간 - 태교 실천과 결과
· 예지원 규수반
· 『민족문화』 신보 취재(제3호)
· 문화재 보호협회(신부반)
· 홍익, 진명여고, 관악, 동구여상 등 졸업반 전원
1990년
· 예지원(규수반)
· 혜화, 무학, 영등포 여고
· KBS 라디오 방송 3회(이호재) - 함께 알아봅시다
· 문화재 보호협회(신부반)
· 교정신문
· 예지원 창립 16주년 기념집 기고
· 한국의 집(신부반)
· 예지원(규수반)
1991년
· KBS 2 라디오 출연 - 태교는 남편이 더해야
· KBS 3TV(부모시간) - 태교는 언제부터
· KBS 1 라디오 방송 - 요즘 엄마들의 태교
· KBS 1TV 가정저널 초대석 이계진 시간 - 2세 교육 태교로부터
· KBS 라디오 여수 - 전화인터뷰(임신 중, 열 가지 방법)
· KBS 1TV 「신혼은 아름다워」 제주 출연(이수만과 함께)
· 삼성전관(주) 수원
1992년
· 예지원(규수반)
· 박사학위 및 출판기념회
· KBS 2 라디오(아침건강) - 기형아 예방
· KBS 2TV 「무엇이든 물어보세요」(임성훈) - 최초의 교육 태교
1993년
· MBC TV 「아침의 창」
· KBS 교육방송 출연(부모의 시간) - 태교 실천방법
· KBS 1TV 「아침마당」(이상벽, 정은아) - 열 달 배 속 교육
· SBS 「남편은 요리사」 출연 - 꽃게장
· KBS 라디오 인터뷰(국제방송) - 전통태교 고증
· MBC 임신육아교실 - 춘천, 여수, 청주, 충주, 포항, 제주, 울산, 마산, 전주, 안동, 원주, 진주
· 삼성전자 수원
1994년
· MBC 임신육아교실 - 부산, 제주, 강릉, 청주, 대전(앙코르), 순천, 춘천, 안동, 삼척, 포항, 제주
· EBS 녹화(부모시간) - 출산문화
· 예지원 규수시간

- 천도교 교학원
- 롯데쇼핑 여사원 10회

1995년
- 예지원 규수반
- MBC 임신육아교실 - 마산, 전주, 대구, 광주, 안동, 울산, 여수, 진주
- CATV G - TV 녹화 - 초보엄마(신세대 육아법)
- KBS 연속극 「딸부잣집」에 - 태교책
- 삼성전자 4회
- MBC 아침연속극 「행복」에 - 태교책
- CATV D - TV - 임신부(식습관 태교)
- KBS 3TV 부모시간 - 임신부가 조심해야 할 것
- 전례원 지도자반

1996년
- 태교대백과 태교음악 CD 발행
- 전례원(지도자반)
- MBC 임신육아교실 - 충주, 전주, 마산, 포항, 청주, 여수, 대전, 울산, 광주
- KBS 라디오 AM 4회 - 민족의 소리(우리 문화태교)
- EBS 부모시간 - 태교란 무엇인가
- 예지원 규수반

1997년
- SBS 「그것이 알고 싶다」 자문 - 소리 없는 교육 태교
- MBC 임신육아교실 - 전주, 진주, 포항
- 예지원(규수반)
- CH17(대교방송) - 육아는 임신 중 일과 연결
- 전례원(지도자반)
- EBS 어머니 시간 - 임부가 지켜야 할 사항

1998년
- 대전 TBJ TV에 출연 - 임신부 소식
- 안양 태교문화원(강사반) - 1개월 과정
- 안양 태교문화권(지도자 양성과정)
- KBS 2TV 노고하 - 미스테리 추적(태교)
- 전례연구원(지도자반)
- 예지원(규수반)
- 전례원(중, 고 교사)
- MBC 「시사매거진 2580」

1999년
- 전례원 제주, 대구, 광주, 본원
- KBS - 태교 다큐제작(인터뷰)
- 지도자 강의(교육장, 교장) - 24시간

2000년
- 성균관(예절학교) - 교원연수 5회

· 전례원(지도자 강의)-본원, 전주
· 평촌 삼법학회(지도자)-16시간
· MBC 임신육아교실-대전, 춘천, 여수, 대구, 제주, 광주
2001년
· 수원(지역사회) 교사-4시간
· 전례원 지도자-대구, 제주
· MBC 임신육아교실-충주, 원주, 청주
· 원광대 대학원 초빙교수
2002년
· Kinder 지도자-4시간
· MBC 임신육아교실-강릉, 전주, 대전, 원주
· Cable TV 육아
· 원광대학교 대학원 초빙교수
· 경기도 교육청(북부) 교장 350명
· 경기도 교육청(수원) 교장 600명
· 광명서 초등학교(학부모)
2003년
· 대구 전례원(지도자)
· 서울여성 플라자(임신부)
· MBC 임신육아교실
· 대학원, 지도자, 평생교육원
2004년
· 평생교육원(덕성여대)
2005년
· MBC 임신육아교실

태교시리즈 4

신비로운
출산태교

초 판 인 쇄 | 2012년 11월 30일
초 판 발 행 | 2012년 11월 30일

지 은 이 | 임동근
펴 낸 이 | 채종준
펴 낸 곳 | 한국학술정보㈜
주　　소 | 경기도 파주시 문발동 파주출판문화정보산업단지 513-5
전　　화 | 031) 908-3181(대표)
팩　　스 | 031) 908-3189
홈 페 이 지 | http://ebook.kstudy.com
E - m a i l | 출판사업부　publish@kstudy.com
등　　록 | 제일산-115호(2000. 6. 19)

ISBN　　978-89-268-3889-1 04590 (Paper Book)
　　　　978-89-268-3890-7 05590 (e-Book)
　　　　978-89-268-3881-5 04590 (Paper Book Set)
　　　　978-89-268-3882-2 05590 (e-Book Set)

이담 books 는 한국학술정보㈜의 지식실용서 브랜드입니다.

이 책은 한국학술정보(주)와 저작자의 지적 재산으로서 무단 전재와 복제를 금합니다.
책에 대한 더 나은 생각, 끊임없는 고민, 독자를 생각하는 마음으로 보다 좋은 책을 만들어갑니다.